ubu

prefácio
Angela Davis

posfácio
Guilherme Moura Fagundes

Malcom
Ferdinand

uma
ecologia
decolonial

pensar a partir do
mundo caribenho

tradução
Letícia Mei

9   PREFÁCIO
    Angela Y. Davis

15 NOTA DA EDIÇÃO

20 **prólogo**
    uma dupla fratura colonial e ambiental:
    o Caribe no centro da tempestade moderna

45 **parte I**
    a tempestade moderna: violências
    ambientais e rupturas coloniais
46 1. O habitar colonial: uma Terra sem mundo
57 2. Os matricidas do Plantationoceno
69 3. O porão e o Negroceno
84 4. O ciclone colonial

97 **parte II**
    a arca de Noé: quando o
    ambientalismo recusa o mundo
98   5. A arca de Noé: o embarque ou o abandono do mundo
108 6. Reflorestar sem o mundo (Haiti)
121 7. O paraíso ou o inferno das reservas (Porto Rico)
128 8. A química dos senhores (Martinica e Guadalupe)
136 9. Uma ecologia colonial: no coração da dupla fratura

151 **parte III**
o navio negreiro: sair do porão da modernidade em busca de um mundo
152 10. O navio negreiro: o desembarque fora-do-mundo
166 11. A ecologia quilombola: fugir do Plantationoceno
181 12. Rousseau, Thoreau e o aquilombamento civil
196 13. Uma ecologia decolonial: sair do porão

211 **parte IV**
um navio-mundo: fazer-mundo para além da dupla fratura
212 14. Um navio-mundo: a política do encontro
226 15. Tomar corpo no mundo: reconectar-se com uma Mãe Terra
237 16. Alianças interespécies: causa animal e causa Negra
253 17. Uma ecologia-do-mundo: no convés da justiça

266 **epílogo**
fazer-mundo diante da tempestade

275 **agradecimentos**

277 **notas**

311 POSFÁCIO
Sociedade contra a *Plantation*:
uma ressemantização ecológica dos quilombos
Guilherme Moura Fagundes

317 SOBRE O AUTOR

lista dos navios

parte I
a tempestade moderna
46 *Conquérant* [Conquistador]
57 *Planter* [Plantar]
69 *Nègre* [Negro]
84 *La Tempête* [A tempestade]

parte II
a arca de Noé
98 *Noé*
108 *Chasseur* [Caçador]
121 *Paraíso*
128 *Cavendish*
136 *Wildfire* [Fogo selvagem]

parte III
o navio negreiro
152 *Espérance* [Esperança]
166 *Escape* [Fuga]
181 *Wanderer* [Andarilho]
196 *Gaia*

parte IV
o navio-mundo
212 *Rencontre* [Encontro]
226 *Corpo Santo e Almas*
237 *Baleine* [Baleia]
253 *Justice* [Justiça]

epílogo
266 *Soleil d'Afrique* [Sol da África]

prefácio

Angela Y. Davis

As análises sagazes de Malcom Ferdinand em *Uma ecologia decolonial* me instigaram a refletir de inúmeras maneiras sobre muitas das minhas próprias ideias centrais e experiências de vida ao longo das décadas. Me peguei pensando que este é um livro que eu gostaria de ter lido anos atrás, especialmente quando tentava compreender as inter-relacionalidades de gênero, raça e classe. E, enquanto eu pensava sobre as diversas maneiras pelas quais sua abordagem teórica e metodológica poderia ter acrescentado ao nosso pensamento naquela época, compreendi como suas conceitualizações iluminam perfeitamente o contexto necessário para a compreensão filosófica e coletiva das nossas atuais condições planetárias.

Quem reconhece como o caos do capitalismo racial contemporâneo nos enreda, com seus contornos heteropatriarcais, assim como quem tenta imaginar futuros emancipatórios de maneiras que não privilegiem um único componente da crise, se beneficiará imensamente da leitura deste texto notável. Ferdinand nos convida a mobilizar métodos holísticos de investigação e respostas a crises fundamentados nas interdependências que nos constituem como um todo – plantas, humanos e demais animais, solos, oceanos – ao mesmo tempo que reconhece que o racismo posicionou a supremacia branca no coração de nossas noções do humano.

Ao aceitar o convite para escrever um breve prefácio para a edição estadunidense deste livro, lembrei de minha primeira visita à Martinica, em dezembro de 2019, quando ouvi falar do impacto devastador do pesticida clordecona nas populações da Martinica e de Guadalupe. Ainda sinto o choque que tomei enquanto me perguntava por que eu não tinha nenhum conhecimento dessa calamitosa intersecção entre o capitalismo racial e as agressões sistemáticas ao meio ambiente, incluindo suas expressões humanas. Ironicamente, a banana é um dos únicos produtos da cadeia alimentar que não foi poluído pela clordecona, desenvolvida justamente contra a broca-da-bananeira. O Caribe é uma parte do planeta com a qual vivencio já há bastante tempo um profundo parentesco espiritual por meio de sua literatura – especialmente Aimé Césaire e Maryse Condé – e de sua arte visual popular, pois tive a sorte de conhecer Euzhan Palcy em Paris no ano de 1983, logo após o lançamento de seu filme *La rue Cases-Nègres*,[1] quando eu buscava expandir minha consciência a respeito da crise ambiental que tinha lugar ali. Assim que comecei a ler *Uma ecologia decolonial*, rapidamente percebi que, embora seja importante aprender mais sobre um dos desastres ecológicos menos conhecidos do mundo, a pesquisa de Malcom Ferdinand, ao se engajar de maneira complexa e íntima com as condições do Caribe e das Américas, remodela radicalmente a forma como temos nos preparado para teorizar e nos envolver ativamente em protestos contra os ataques ao meio ambiente, de modo amplo.

Também fui tomada por ondas de autocrítica em relação a encontros anteriores com maneiras de compreender intersecções entre antirracismo e consciência ambiental. Há muitos anos, no rescaldo do meu próprio julgamento e após a conclusão bem-sucedida de uma sólida campanha global pela minha liberdade, ajudei a fundar a National Alliance Against Racist and Political Repression [Aliança nacional contra a repressão racista e política], uma organização que continua a defender prisioneiras e prisioneiros políticos e a participar em campanhas de educação popular sobre as ligações entre violência estatal e racismo estrutural. Uma de nossas lideranças, que já não se encontra entre nós, foi um organizador fenomenal chamado Damu Smith. Quando presidiu a repartição da Alliance em Washington, D.C., ele nos encorajou a incorporar desde cedo em nossos esforços o que agora chamamos de justiça ambiental. Nosso maior foco era contestar a repressão política e identificar a persistência da supremacia branca e do racismo estrutural, especialmente no âmbito do sistema jurídico penal. Lamento que naquela época não tenhamos reavaliado o quadro teórico que empregávamos para compreender a longa história da repressão racial e política nos Estados Unidos. Certamente reconhe-

---

[1] Obra baseada no romance semiautobiográfico de Joseph Zobel com o mesmo título, de 1950. [N.T.]

cíamos o colonialismo e a escravidão como as opressões históricas fundacionais que permitiram as trajetórias que levaram, por exemplo, ao encarceramento de Mumia Abu-Jamal e de Leonard Peltier. Mas a noção que tínhamos dos danos gerados pelo colonialismo e pela escravidão não era tão vasta como teria sido se houvéssemos compreendido a gravidade das conexões que Damu nos incitava a fazer.

Um tempo depois, Damu Smith se tornou um dos fundadores do movimento de justiça ambiental, ao qual Malcom Ferdinand se refere. No Dia da Terra de 2001, Smith discursou durante um protesto organizado pelo Greenpeace em frente ao capitólio dos Estados Unidos:

> Todos nós temos em nossos corpos, em nossos tecidos e em nosso sangue dezenas de produtos químicos oriundos de uma série de indústrias poluentes e processos industriais em curso pelo planeta. Particularmente nos Estados Unidos e em outros países industrializados, há fábricas como as de vinil, plástico e produtos petroquímicos que emitem toxinas perigosas que prejudicam a saúde humana e causam a morte de muitas pessoas [...]. Estamos sendo envenenados e mortos contra a nossa vontade. [...] Todo o planeta sofre com a poluição, mas existem algumas comunidades-alvo, comunidades que, como resultado da segmentação baseada em raça e renda, recebem uma parcela desproporcional da poluição do planeta e da nação. Pessoas racializadas,[2] Pretas [*African Americans*], latinas, indígenas, asiáticas e brancas pobres estão recebendo uma parcela desproporcional da poluição do país. Como resultado, os casos de doença e as

---

[2] No original, "*person of color*", termo de aliança política utilizado nos Estados Unidos, Canadá, Austrália e países da Europa Central. Sua tradução literal não consegue abranger os contextos de origem do termo, tampouco as subjetividades que ele abarca (pessoas oriundas ou descendentes de imigrantes do Sudeste Asiático, das Ilhas do Pacífico, do Oriente Médio etc.), uma vez que, aqui, os processos de racialização se deram de formas distintas daqueles dos países onde o termo surgiu e é utilizado. Além disso, sua tradução literal coincide com a expressão "pessoa de cor", historicamente utilizada no Brasil para apagar ou "amenizar" traços exclusivos de negritude. Por uma opção editorial que permeia toda esta edição e que visa buscar proximidades com a terminologia nacional sem perder a precisão, optou-se aqui pelo uso de "pessoas racializadas", ressoando o uso de "*personnes racisées*" por Malcom Ferdinand ao longo do livro. [N. T.]

mortes nessas comunidades são maiores. Temos que nos opor e desafiar o racismo ambiental.³

É interessante notar que o termo "racismo ambiental" foi cunhado pelo dr. Benjamin Chavis, o qual havia sido preso no âmbito do caso *Wilmington Ten*⁴ da Carolina do Norte e que foi libertado graças a uma campanha internacional, apoiada especialmente na França e encabeçada pela National Alliance Against Racist and Political Repression. Em 1982, ele descreveu o racismo ambiental como

> a discriminação racial na elaboração de políticas ambientais, a aplicação de regulamentos e leis, o direcionamento deliberado de comunidades racializadas para instalações de resíduos tóxicos, a sanção oficial da presença de venenos e poluentes que representam uma ameaça à vida em nossas comunidades e a história da exclusão de pessoas racializadas dos espaços de liderança nos movimentos ecológicos.⁵

O racismo ambiental foi e continua sendo um conceito crucial, que amplia nossa compreensão sobre a localização estratégica de lixões e aterros tóxicos, assim como de outras práticas que desvalorizam a vida de pessoas Pretas,⁶ indígenas e latinas. O trabalho de Ferdinand, no entanto, desmascara a lógica que nos impele a conceituar as agressões ao meio ambiente e a violência racista como se desconectadas e carentes de um tipo de articulação que preserva a discrição dos dois fenômenos na medida em que, quando os reunimos no conceito de racismo ambiental, tendemos a compreender mal a sua inter-relação

---

3   Protesto no Dia da Terra [Earth Day] organizado pelo Greenpeace, em Washington, 18 abr. 2001.
4   Como ficou conhecido o caso de dez ativistas dos direitos civis injustamente condenados e encarcerados por quase uma década após um motim em 1971 que reivindicava o fim da segregação escolar em Wilmington, Carolina do Norte. Os "dez de Wilmington" – oito estudantes Pretos do ensino médio, um pastor Preto e uma assistente social Branca – foram vítimas da turbulência racial e política da época e condenados por incêndio criminoso e conspiração. [N.T.]
5   Apud Peter Beech, "What Is Environmental Racism and How Can We Fight It?". *World Economic Forum*, 31 jul. 2020.
6   "*Black*", no original. Foi seguida aqui a mesma lógica da tradução do termo "*Noir*", em francês. Ver nota nas pp. 33–34. [N.E.]

profunda e fundamental. Ferdinand solicita não apenas que reconheçamos o papel que o racismo desempenha na definição de quem está mais vulnerável à poluição ambiental mas também – e sobretudo – como o racismo, especificamente o colonialismo e a escravidão, ajudou a construir um mundo fundamentado na destruição ambiental. Em outras palavras, o racismo não adentra o cenário simplesmente como fator determinante da maneira como os perigos ambientais são vividos de forma desigual pelos seres humanos, ele cria as próprias condições de possibilidade de ataques contínuos ao meio ambiente, inclusive aos animais humanos e não humanos, cujas vidas são sempre desvalorizadas pelo racismo, pelo patriarcado e pelo especismo.

O envenenamento das fontes de suprimento de água da cidade de Flint, Michigan, em 2014,[7] que resultou da mudança, motivada por medidas de austeridade, dos rios que abasteciam a cidade com água tratada, estava nitidamente ligado à industrialização capitalista em terras historicamente guardadas pelo povo Ojíbua. A trajetória que levou desde a produção de carruagens até o surgimento da indústria automobilística, sem nunca considerar as mudanças ambientais deletérias, incluiu, entre outros desenvolvimentos, a poluição do rio Flint, especificamente pela General Motors, motivo pelo qual esse rio não havia sido considerado, inicialmente, uma fonte de água potável. No entanto, sob medidas de austeridade, a mudança da fonte de abastecimento do rio Detroit para o rio Flint desencadeou uma enxurrada de problemas, incluindo a liberação de chumbo pelos tubos que transportavam água para a cidade, cuja população é majoritariamente Preta e onde mais de 40% vivem abaixo da linha da pobreza. De modo sintomático, mesmo antes que o impacto do chumbo nas crianças de Flint fosse reconhecido, a General Motors requereu o retorno do rio Detroit como fonte de água para a cidade, pois a água do Flint estava corroendo peças de motores e, assim, colocando em risco a rentabilidade da empresa. Aparentemente, era mais importante salvar os motores de automóveis do que as preciosas vidas de crianças Pretas, cujo destino rememorou a violência imposta ao povo Ojíbua, que originalmente habitava a área onde a cidade de Flint está localizada.

---

7   Laura Pulido, "Flint, Environmental Racism, and Racial Capitalism". *Capitalism Nature Socialism*, v. 27, n. 3, 2016, pp. 1–16.

Flint deveria ter sido uma lição para os Estados Unidos e para o mundo de que, quando a vida de crianças Pretas é ameaçada pela lógica do capitalismo contemporâneo, muitos outros humanos, animais, plantas, águas e solos são relegados com desdém ao espectro dos efeitos colaterais, um termo também utilizado para indicar a devastação de longo alcance do que temos chamado de complexo industrial-prisional. Pouco tempo após a calamidade de Flint, os protestos na reserva sioux Standing Rock, que exigiam a suspensão da construção do oleoduto Dakota Access, revelaram que ele havia sido redirecionado e que passaria pela reserva, a fim de evitar a contaminação da água de Bismarck, capital do estado de Dakota do Norte, assinalando abertamente que as vidas indígenas são inerentemente menos valiosas do que as vidas Brancas.

Malcom Ferdinand insiste para que não compreendamos lemas como *Indigenous Lives Matter* [Vidas Indígenas Importam] ou *Black Lives Matter* [Vidas Pretas Importam] como simples gritos de protesto que, embora certamente significativos para o povo das Primeiras Nações e para pessoas de ascendência africana, são, em todo caso, marginais ao projeto de salvaguardar o planeta. Em vez disso, ele nos encoraja a reconhecer que o significado mais profundo dessas afirmações é o de que não podemos manter a branquitude e a masculinidade como medidas de futuros libertadores, mesmo quando a presença de tais medidas está profundamente escondida sob universalismos sedutores como liberdade, igualdade e fraternidade. Ele reconhece a importância de novas perspectivas, novas trajetórias e novas formas de imaginar futuros, nas quais as toxicidades químicas e ideológicas – incluindo inseticidas como a clordecona lado a lado com o racismo e a misoginia – não mais poluam nossos mundos futuros.

TRADUÇÃO DE JÉSSICA OLIVEIRA

Nota da edição

A terminologia deste livro foi estabelecida em diálogo com o autor, que definiu em notas alguns dos critérios utilizados.

Sobre o uso de maiúsculas em "Preto", "Negro", "Vermelho", "Branco" e "Marrom" no contexto da racialização, ver a nota de rodapé na p. 23.

No que diz respeito à tradução de *"Nègre"* e *"Noir"* por "Negro" e "Preto", respectivamente, ver a nota da tradução nas pp. 33-34.

Sobre a tradução de *"marron"* e derivados por "quilombola", o autor adicionou uma nota na p. 42.

Tanto as notas de rodapé como as de fim são do autor, a menos quando indicado com [N. T.] (nota da tradução) ou [N. E.] (nota da edição).

uma ecologia decolonial

pensar a partir do mundo caribenho

*Para minha mãe, Nadiège,
e meu pai, Alex.*

*Às lutas dos náufragos
e às buscas ecologistas de um mundo.*

prólogo
uma dupla fratura colonial e ambiental: o Caribe no centro da tempestade moderna

Sem dúvida, não somos mais do que um fiapo de palha neste oceano enfurecido, mas, Senhores, nem tudo está perdido, basta tentar alcançar o centro da tempestade.
— AIMÉ CÉSAIRE, *Uma tempestade*, 1969

Joseph Mallord William Turner, *Slavers Throwing Overboard the Dead and Dying, Typhoon Coming On* [Escravistas lançando mortos e moribundos ao mar, tufão chegando], 1840. © Museum of Fine Arts, Boston.

uma tempestade moderna

Uma cólera rubra recobre o céu, as ondas se agitam, a água sobe, os pássaros se assustam. Os ventos em redemoinho envolvem a destruição dos ecossistemas da Terra, a escravização dos não humanos, assim como as violências da guerra, as desigualdades sociais, as discriminações raciais e as opressões das mulheres. A sexta extinção em massa de espécies está em curso, a poluição química escoa nos aquíferos e nos cordões umbilicais, o aquecimento planetário se acelera e a justiça mundial permanece iníqua. A violência domina a tripulação, corpos acorrentados são abandonados nas profundezas marinhas e mãos Marrons buscam a esperança. Os céus trovejam alto e bom som: o navio-mundo está no meio da tempestade moderna. Como enfrentá-la? Que rota buscar?

Este ensaio é uma contribuição à busca de uma rota com a particularidade de fazer do Caribe seu mar de pensamento. Para os europeus do século XVI, a palavra "Caribe", nome dos primeiros habitantes do arquipélago, designava selvagens e canibais.[1] A exemplo do personagem Caliban da peça *A tempestade*, de Shakespeare, "Caribe" significaria uma entidade desprovida de razão cuja fiscalização por parte das colonizações europeias e de suas ciências faria emergir lucros econômicos e saberes objetivos. Essa perspectiva colonial persiste ainda hoje na representação turística do Caribe como um intervalo de areia inabitado fora do mundo. Pensar a ecologia a partir do mundo caribenho é a derrubada dessa perspectiva, sustentada pela convicção de que os caribenhos, homens e mulheres, falam, agem, pensam o mundo e habitam a Terra.[2]

Diante do anúncio do dilúvio ecológico, muitos são os que se precipitam em direção a uma arca de Noé, pouco preocupados com os abandonados no cais ou com os escravizados no interior do próprio navio. Em face da tempestade ecológica, a salvação da "humanidade" ou da "civilização" exigiria o abandono do mundo. Essa perspectiva desoladora é exposta pelo navio negreiro, a exemplo do navio *Zong* na costa da Jamaica em 1781, representado na pintura de William Turner na página anterior. Ao menor indício de tempestade, alguns são acorrentados sob o convés, outros são lançados ao mar. As destruições ambientais não atingem todo mundo da mesma maneira, tampouco apagam as destruições sociais e políticas já em curso. Uma dupla fratura persiste entre os que temem a tempestade ecológica no horizonte e aqueles a quem o convés da justiça foi negado muito antes das primeiras rajadas de vento. Verdadeiro olho da tempestade, o Caribe nos leva a apreendê-la *a partir do porão da modernidade*. Com seus imaginários crioulos de resistência e suas experiências de lutas (pós-)coloniais, o Caribe permite uma conceitualização da crise ecológica associada à busca de um mundo desvencilhado de suas escravizações, violências sociais e injustiças políticas: *uma ecologia decolonial*. Essa ecologia decolonial é um caminho rumo ao horizonte de um mundo comum a bordo de um navio-mundo, rumo ao que chamo de *uma ecologia-do-mundo*. Três propostas filosóficas orientam tal caminho.

a arca de Noé, ou a dupla fratura colonial e ambiental

A primeira proposta parte da constatação de uma *dupla fratura colonial e ambiental da modernidade*, que separa a história colonial e a história ambiental do mundo. Essa fratura se destaca pela distância entre os movimentos ambientais e ecologistas, de um lado, e os movimentos pós-coloniais e antirracistas, de outro, os quais se manifestam nas ruas e nas universidades sem se comunicar. Ela revela-se também no cotidiano pela ausência gritante de pessoas Pretas e racializadas tanto nas arenas de produção de discursos ambientais como nos aparatos teóricos utilizados para pensar a crise ecológica. Com os termos "Pretos", "Vermelhos", "árabes" ou "Brancos", longe da essencialização *a priori* da antropologia científica do século XIX, refiro-me à construção da hierarquia racista do Ocidente, que levou várias pessoas na Terra a terem como *condição* a associação a uma raça, inventando Brancos* acima de não Brancos.[3] Por causa de tal assimetria, com o termo "racializados" refiro-me a esses outros, não brancos, cuja humanidade foi e ainda é questionada pelas ontologias raciais, traduzindo-se *de fato* por uma essencialização discriminatória.[4] Mesmo que tal hierarquia seja uma construção sociopolítica que não tem mais nenhum valor científico,[5] isso não leva, em contrapartida, à negação das realidades sociais e experienciais que tem origem nela – por exemplo, ao recusar-se a nomeá-las –, de suas violências e relações de dominação, inclusive nos discursos, práticas e políticas do meio ambiente.[6]

Nos Estados Unidos, um estudo de 2014 mostra que as minorias continuam sub-representadas nas organizações governamentais e não governamentais e que os mais altos cargos são ocupados majoritariamente por homens Brancos, com ensino superior e de classe média.[7] A situação é similar na França. As pessoas racializadas oriundas da imigração colonial e pós-colonial, que coletam o lixo das ruas, limpam as praças e as instituições públicas, conduzem os ônibus, bondes e metrôs, aquelas que servem as refeições quentes nos res-

---

* A fim de distinguir graficamente as cores "preto", "vermelho", "branco" e "marrom" da espessura dos processos históricos, jurídicos, sociopolíticos e ontológicos que operam na racialização, emprego a maiúscula nos substantivos *e* nos adjetivos "Preto", "Negro", "Vermelho", "Branco" e "Marrom".

taurantes universitários, entregam a correspondência, cuidam dos doentes nos hospitais, aquelas cuja recepção sorridente na entrada dos estabelecimentos é garantia de segurança, estão geralmente ausentes das arenas universitárias, governamentais e não governamentais preocupadas com o meio ambiente. Portanto, especialistas em meio ambiente com frequência tomam a palavra nas conferências como se todo esse mundo, com suas histórias, seus sofrimentos e suas lutas, não tivesse consequências na maneira de pensar a Terra. Disso decorre o absurdo de uma preservação do planeta que se manifesta pela ausência daqueles "sem os quais", escreve Aimé Césaire, "a terra não seria a terra".[8] Ou essa fratura fica totalmente oculta por trás do argumento falacioso de que os não Brancos não se preocupam com o meio ambiente ou então ela é relegada a tema secundário ao "verdadeiro" objeto da ecologia. Aqui proponho *fazer dessa dupla fratura um problema central da crise ecológica*, que abala as maneiras como esta é pensada e as suas traduções políticas.

Por um lado, a fratura ambiental decorre desta "grande partilha"[9] da modernidade, a oposição dualista que separa natureza e cultura, meio ambiente e sociedade, estabelecendo uma escala vertical de valores que coloca "o Homem" acima da natureza. Ela se revela por meio das modernizações técnicas, científicas e econômicas de domínio da natureza, cujos efeitos são mensurados pela dimensão da poluição da Terra, da perda de biodiversidade, das alterações climáticas e à luz das desigualdades de gênero, das misérias sociais e das vidas descartáveis geradas.[10] O conceito de "Antropoceno", popularizado por Paul Crutzen, Prêmio Nobel de Química em 1995, atesta as consequências dessa dualidade.[11] O termo designa a nova era geológica que sucede o Holoceno, na qual as atividades dos humanos se tornam uma força maior que afeta de forma duradoura os ecossistemas da Terra. Por outro lado, tal fratura abrange também uma homogeneização horizontal e esconde as hierarquizações internas de ambas as partes. De uma parte, os termos "planeta", "natureza" ou "meio ambiente" escondem a diversidade de ecossistemas, dos lugares geográficos e dos não humanos que os constituem. As imagens de florestas luxuriantes, montanhas nevadas e reservas naturais mascaram as imagens das naturezas urbanas, das favelas e das plantações. Também são mascarados os conflitos internos entre os movimentos de preservação da natureza e os da causa animal, *a fratura animal*, bem como as hierarquizações próprias a esta última, em que os animais selvagens "nobres" (ursos-polares, baleias, elefantes ou pandas) e os animais domésticos (cães e gatos) são colocados acima dos animais de criação (vacas, porcos, ovelhas ou atuns).[12] De outra parte, os termos "Homem" ou *ánthrōpos* mascaram a pluralidade dos humanos, colocando em cena homens e mulheres, ricos e pobres, Brancos e não Brancos, cristãos e não cristãos, doentes e saudáveis.

VALORIZAÇÃO			
planeta, meio ambiente, natureza		ursos-polares, lobos, águias, tigres, elefantes, baleias...	vacas, porcos, galinhas, ovelhas, cordeiros, atuns, salmões, camarões, *lambis*...
		fratura animal	
		natureza virgem, *wilderness*, florestas, montanhas, lagos, parques, safáris...	cidades, naturezas urbanas, favelas, *plantations*, campos de petróleo, periferias, criações, abatedouros...
		fratura ambiental	
homem, humano, *ánthrōpos*		homem branco, cristão, com ensino superior e de classe abastada	humanos, homens, mulheres, pobres, doentes, racializados, Pretos, Vermelhos, Amarelos, árabes, indígenas, muçulmanos, judeus, budistas, jovens, homossexuais, idosos, pessoas com deficiência...
		VALORIZAÇÃO E HOMOGENEIZAÇÃO	

A fratura ambiental

Chamo de "ambientalismo" o conjunto dos movimentos e correntes de pensamento que tentam derrubar a valorização vertical da fratura ambiental *sem tocar* na escala de valores horizontal, ou seja, sem questionar as injustiças sociais, as discriminações de gênero e as dominações políticas ou a hierarquia dos meios de vida e sem se preocupar com a causa animal. O ambientalismo procede, assim, de uma genealogia apolítica da ecologia que comporta figuras tais como as do caminhante solitário e de seu panteão de pensadores, entre eles Jean-Jacques Rousseau, Pierre Poivre, John Muir, Henry David Thoreau, Aldo Leopold ou Arne Næss.[13] Trata-se principalmente de homens Brancos, livres, sozinhos e de classe abastada, em sociedades escravocratas e pós-escravocratas, diante do que então se designava por "natureza". A despeito das divergências quanto à sua definição, o ambientalismo continua preocupado com uma "natureza", alimentando a doce ilusão de que suas condições sociopolíticas de acesso[14] e suas ciências permaneceriam fora da fratura colonial.

Desde os anos 1960, movimentos *ecologistas* abordam as escalas de valores verticais e horizontais. O ecofeminismo, a ecologia social e a ecologia política alinham a preservação do meio ambiente a uma exigência de igualdade homens/mulheres, de justiça social e de emancipação política. A despeito de seus ricos aportes, essas contribuições ecologistas dão pouco espaço às questões raciais e coloniais. A constituição colonial e escravagista da modernidade é encoberta pela pretensão de universalidade de teorias socioeconômicas, feministas ou jurídico-políticas. Na virada verde dos anos 1970, as disciplinas de letras e de humanidades depararam-se com a fratura ambiental ao mesmo tempo que varreram para debaixo do tapete a fratura colonial. A ausência de pensadores racializados especialistas nessas questões salta aos olhos. Da universidade às arenas governamentais e não governamentais, os movimentos críticos da fratura ambiental delimitaram *um espaço Branco e majoritariamente masculino* no seio de países pós-coloniais, pluriétnicos e multiculturais onde se pensam e se redesenham os mapas da Terra e as linhas do mundo.

De outro lado, figura uma fratura colonial sustentada pelos ideólogos racistas do Ocidente, com seu eurocentrismo religioso, cultural e étnico, bem como seus desejos imperiais de enriquecimento, cujos efeitos se manifestam na escravização dos povos originários da Terra, nas violências infligidas às mulheres não europeias, nas guerras de conquistas coloniais, nos desenraizamentos do tráfico negreiro, no sofrimento dos escravizados, nos múltiplos genocídios e crimes contra a humanidade. A fratura colonial separa os humanos e os espaços geográficos da Terra entre colonizadores europeus e colonizados não europeus, entre Brancos e não Brancos, entre cristãos e não cristãos, entre senhores e escravos, entre metrópoles e colônias, entre países do Norte e países do Sul. Remontando, no mínimo, à época da Reconquista espanhola, que expulsou os muçulmanos da Península Ibérica, e à chegada de Cristóvão Colombo às Américas em 1492, essa dupla fratura põe o colonizador, sua história e seus desejos no topo da hierarquia dos valores, e a eles subordina as vidas e as terras dos colonizados ou ex-colonizados.[15] Da mesma forma, essa fratura homogeneíza os colonizadores, reduzindo-os à experiência de um *homem* Branco, ao mesmo tempo que reduz a experiência dos colonizados à de um *homem* racializado. Ao longo da complexa história do colonialismo, essa linha foi contestada por ambos os lados e assumiu diferentes formas.[16] Entretanto, ela perdura ainda hoje, reforçada pelos mercados liberais e pela economia capitalista.

VALORIZAÇÃO ↓	colonizado / escravizado colônia	homem racializado (Preto, Vermelho, Amarelo), cristão e não cristão, heterossexual	homens e mulheres racializados, ricos, pobres, doentes, citadinos, camponeses, pessoas com deficiência, jovens, idosos, homossexuais
	fratura colonial		
	colonizador / proprietário metrópole	homem branco, cristão, com ensino superior e de classe abastada, heterossexual	homens, mulheres, pessoas com deficiência, pobres, doentes, jovens, idosos, citadinos, camponeses, homossexuais
	VALORIZAÇÃO E HOMOGENEIZAÇÃO ←		

A fratura colonial

Das primeiras resistências dos ameríndios e dos escravizados do século XV aos movimentos antirracistas contemporâneos, passando pelas lutas anticoloniais nas Américas, na África, na Ásia e na Oceania, essa fratura colonial é colocada em questão, denunciando a valorização vertical do colonizador em relação ao colonizado. O anticolonialismo, o antiescravismo e o antirracismo representam o conjunto de ações e correntes de pensamento que desconstroem essa escala vertical de valores. No entanto, a história mostra que tais ações e correntes ainda não alcançaram a escala horizontal de valores, mantendo aqui e ali relações de dominação entre homens e mulheres, entre ricos e pobres, entre citadinos e camponeses, cristãos e não cristãos, árabes e Pretos, tanto entre os colonizados como entre os colonizadores. Em resposta, movimentos como o *afrofeminismo* e os *pensamentos deco-*

loniais abalam ao mesmo tempo as escalas de valores vertical e horizontal, articulando as decolonizações à emancipação das mulheres, ao reconhecimento das diferentes orientações sexuais, aos diferentes credos religiosos e a uma justiça social. Todavia, as questões propriamente ecológicas do mundo continuam relegadas a segundo plano.

A *dupla* fratura da modernidade designa o muro espesso entre as duas fraturas ambientais e coloniais, a dificuldade real de *pensá-las em conjunto* e de manter, em compensação, uma dupla crítica. Entretanto, tal dificuldade não é vivenciada da mesma maneira por ambas as partes, e esses dois campos não assumem uma responsabilidade igual. Pelo lado ambientalista, a dificuldade provém de um esforço de invisibilização da colonização e da escravidão *na genealogia de um pensamento ecológico*, que produz, em contrapartida, uma *ecologia colonial* e, até, uma *ecologia da arca de Noé*. Mediante o conceito de Antropoceno, Crutzen e outros prometem uma narrativa da Terra que apague a história colonial, embora seu país de origem, o Reino dos Países Baixos, seja um antigo império colonial e escravocrata que vai do Suriname à Indonésia, passando pela África do Sul, e que, hoje em dia, é constituído por seis territórios ultramarinos no Caribe.[17]

Na França continental, os movimentos ecologistas não fizeram das lutas anticoloniais e antirracistas elementos *centrais* da crise ecológica. Elas ainda são vistas como anedóticas, e até impensáveis, no seio da abundante crítica da técnica, inclusive da energia nuclear, por Bernard Charbonneau, Jacques Ellul, André Gorz, Ivan Illich, Edgar Morin e Günther Anders. Os danos causados por testes nucleares em terras colonizadas – como os 210 testes franceses na Argélia e, em seguida, na Polinésia, de 1960 a 1996 – são minimizados, assim como a pilhagem mineradora da África pela Grã-Bretanha e pela França, a exploração dos subsolos das terras aborígenes na Austrália, das Primeiras Nações no Canadá, dos Navajos nos Estados Unidos e da mão de obra Preta para a obtenção de urânio na África do Sul do *apartheid*.[18] Além de transformar a França continental, a energia nuclear francesa apoiou-se no seu império colonial, explorando minas no Gabão, na Nigéria e em Madagascar – prática estendida pela *Françafrique* [Françáfrica] –, ao mesmo tempo que expunha os mineradores ao urânio e ao radônio.[19] Deixar de lado esse fato colonial é mascarar as oposições à indústria nuclear manifestadas pelos movimentos anticoloniais, tal como a exigência do desarmamento feita pela Conferência de Bandung em 1955, a recusa panafricanista de Kwame Nkrumah, Bayard Rustin e Bill Sutherland em relação ao "imperialismo nuclear" e aos testes franceses na Argélia, a denúncia feita por Frantz Fanon de uma corrida armamentista nuclear que mantém a dominação sobre o Terceiro Mundo, bem como as demandas contemporâneas dos polinésios por justiça.[20] Ao ocultar as condições coloniais de produção da técnica, deixamos escapar alianças possíveis com críticas anticoloniais da técnica.

Certamente, houve algumas pontes por meio do compromisso de René Dumont com os camponeses do Terceiro Mundo, por meio da denúncia feita por Robert Jaulin e Serge Moscovici do etnocídio dos ameríndios – assim como por sua colaboração com o grupo Survivre et Vivre [Sobreviver e viver], que resultou numa crítica ao imperialismo científico a serviço do Ocidente – e por meio de raros apoios aos cidadãos ultramarinos.[21] Atualmente, Serge Latouche é um dos únicos a colocar a exigência decolonial no centro das questões ecológicas.[22] Apesar dessas raras pontes, o outro colonizado não ocupou um lugar importante no seio do movimento ecologista francês, expulso com a "*sua*" história para um *fora* reforçado pela miragem de uma dicotomia Norte/Sul. Disso resulta uma *simpatia-sem-vínculo* em que os problemas dos outros de lá são admitidos sem, com isso, serem reconhecidos seus vínculos materiais, econômicos e políticos com o aqui. Portanto, é evidente que a história das poluições ambientais e dos movimentos ecologistas "na França" é pensada sem suas antigas colônias e seus territórios e departamentos ultramarinos,[23] que a história do pensamento ecológico é concebida sem nenhum pensador Preto,[24] que a palavra "antirracismo" não faz parte do vocabulário ecológico[25] e, sobretudo, *que essas ausências não sejam um problema*. Com as expressões "refugiados climáticos" e "migrantes do meio ambiente", ecologistas parecem ser tomados pelo pânico ao descobrirem o fenômeno migratório, enquanto fazem tábula rasa das migrações históricas coloniais e pós-coloniais constitutivas da França vindas das Antilhas, da África, da Ásia e da Oceania. Persiste assim uma dificuldade cognitiva e política em reconhecer que os demais territórios e departamentos ultramarinos abrigam 80% da biodiversidade nacional e 97% da sua zona marítima econômica, sem problematizar o fato de que seus habitantes são mantidos em situação de pobreza, à margem das representações políticas e imaginárias da França.[26] Para além das simpatias-sem-vínculo, o encontro dos movimentos e pensamentos ecologistas da França continental com a história colonial francesa e seus "outros cidadãos"[27] ainda não aconteceu.

Dessa invisibilização decorre, segundo Kathryn Yusoff, um "Antropoceno Branco", cuja geologia apaga as histórias dos não Brancos,[28] um *imaginário* ocidental da "crise ecológica" que apaga o fato colonial.[29] Persiste também uma arrogância colonial por parte dos atuais "colapsólogos", que falam de um novo colapso ao mesmo tempo que ocultam *os vínculos* com as colonizações modernas, as escravidões e os racismos, o genocídio dos povos autóctones e a destruição de seus meios.[30] Em seu livro *Colapso*, Jared Diamond descreve as sociedades pós-coloniais do Haiti e de Ruanda por meio de um exotismo condescendente que as situa num longínquo fora-do-mundo, sem dar voz a nenhum cientista ou pensador desses países. Essas pessoas "mais african[a]s em aparência",[31] segundo Diamond, são reduzidas ao papel de vítimas sem saber. A constituição colonial do mundo e as desigualdades resultantes da produção científica são silenciadas.[32] A pretensão de universalidade do Antropoceno seria suficiente para absolver as críticas do universalismo discriminatório do Ocidente.[33] Entretanto, seria possível a um empreendimento global que, do século XV ao XX, se baseou na exploração de humanos e não humanos, na dizimação de milhões de indígenas das Américas, da África, da Ásia e da Oceania, no desenraizamento forçado de milhões de africanos e em escravidões multisseculares não ter hoje nenhuma relação material ou filosófica com o pensamento ecológico? A crise ecológica e o Antropoceno seriam as novas expressões do "fardo do homem Branco"[34] que salva "a Humanidade" dele mesmo? *Fratura*.

Por outro lado, os racializados e os subalternos que se deparam com as reiteradas recusas do mundo sentem diariamente essa dupla fratura tanto em sua carne quanto em sua história. O "véu" de W. E. B. Du Bois prolongado pela "dupla consciência da modernidade" de Paul Gilroy, os "abaixo da modernidade" de Enrique Dussel, as "máscaras Brancas" sobre as peles Negras de Frantz Fanon ou as peles Vermelhas de Glen Coulthard são apenas maneiras diferentes de descrever essas violências.[35] De 1492 até hoje, é preciso ter em mente as incomensuráveis resistências e lutas por parte dos colonizados e escravizados, homens e mulheres, para exigir um tratamento humano, exercer profissões, preservar suas famílias, participar da vida pública, praticar suas artes, suas línguas, rezar para seus deuses e se sentar à mesma mesa do mundo. No entanto, os que carregam o peso do mundo veem suas lutas reduzidas ao silêncio tal como a Revolução Haitiana.[36] Na busca pela dignidade, mirando em primeiro lugar as questões de identidade, igualdade, soberania e justiça, os temas ambientais são percebidos como o prolongamento de uma dominação colonial que comprime ainda mais os porões, acentua o sofrimento dos racializados, dos pobres e das mulheres e prolonga o silêncio colonial.

Daí decorre uma alternativa prejudicial. Ou a desconfiança legítima em relação ao ambientalismo faz com que se passe ao largo dos desafios de uma preservação ecológica da Terra – as lutas ecologistas seriam, se não uma "utopia branca",[37] no mínimo pouco importantes diante da imensa tarefa de uma conquista das dignidades – ou então, paradoxalmente, em seus valiosos apelos por uma sensibilidade ecológica, pensadores pós-coloniais tais como Dipesh Chakrabarty e Souleymane Bachir Diagne se desfazem de seu aparato teórico para adotar os mesmos termos, escalas e historicidades ambientalistas de "sujeito global", "Terra total" ou "humanidade em geral".[38] Oculta-se a durabilidade das violências e toxicidades psíquicas, sociopolíticas *e* ecossistêmicas das "ruínas do império".[39] Subestima-se, da mesma forma, a ecologia colonial das ontologias raciais, que sempre associa racializados e colonizados aos espaços psíquicos, físicos e sociopolíticos que são os porões do mundo, quer se trate de espaços da não representação jurídica e política (o escravizado), de espaços do não ser (o Negro), de espaços da ausência de *logos*, de história e de cultura (o selvagem), de espaços do não humano (o animal), do inumano (o monstro, a besta) e do não vivo (campos e necrópoles), quer se trate de lugares geográficos (África, Américas, Ásia, Oceania), de zonas de hábitat (guetos, periferias) ou de ecossistemas submetidos à produção capitalista (navios negreiros, plantações tropicais, usinas, minas, prisões). Em contrapartida, a importância da preocupação com o meio ecológico e com os não humanos nas buscas (pós-)coloniais por igualdade e por dignidade permanece minimizada. *Fratura*.

Eis a dupla fratura. Ou se coloca em questão a fratura ambiental desde que se *mantenha* o silêncio da fratura colonial da modernidade, de suas escravidões misóginas e de seus racismos, ou se desconstrói a fratura colonial sob a condição de *abandonar* as questões ecológicas. Entretanto, ao deixar de lado a questão colonial, os ecologistas negligenciam o fato de que as colonizações históricas, bem como o racismo estrutural contemporâneo, estão no centro das maneiras destrutivas de habitar a Terra. Ao deixar de lado a questão ambiental e animal, os movimentos antirracistas e pós-coloniais passam ao largo das formas de violência que exacerbam a dominação de pessoas escravizadas, colonizados e mulheres racializadas. Essa dupla fratura tem como consequência estabelecer a arca de Noé como metáfora política adequada da Terra e do mundo diante da tempestade ecológica, trancando no fundo do porão da modernidade os gritos de apelo por um mundo.

O navio negreiro ou o porão da modernidade

Para cuidar dessa dupla fratura, minha segunda proposta faz do mundo caribenho o palco de pensamento da ecologia. Por que o Caribe? Em primeiro lugar, porque foi lá que o Velho Mundo e o Novo Mundo entraram em contato pela primeira vez, tentando fazer da Terra e do mundo uma mesma e única totalidade. Verdadeiro olho do ciclone da modernidade, o Caribe é esse centro em que a calmaria ensolarada foi erroneamente confundida com o paraíso, ponto fixo de uma aceleração global que suga as aldeias africanas, as sociedades ameríndias e as velas europeias. Esse "mundo caribenho" concentra, então, as experiências do mundo a partir das histórias coloniais e escravagistas, a partir dos "abaixo" da modernidade que não se limitam às fronteiras geográficas da bacia caribenha. Esse gesto é uma resposta à ausência de tais experiências caribenhas nos discursos ecologistas que pretendem, ainda assim, questionar essa mesma modernidade. Se pesquisadores se interessaram pelas consequências ecológicas da colonização no Caribe e na América do Norte, pelas consequências do aquecimento global e pelas políticas ambientais contemporâneas, o Caribe aparece mais frequentemente como o lugar de experimentações de conceitos vindos de fora.[40] Mantém-se o olhar colonial de um erudito que, partindo do Norte, embarca levando na mala seus conceitos para fazer experiências num Caribe não erudito e retorna com os frutos de um novo saber, capaz, em contrapartida, de prescrever o caminho a seguir. Tal abordagem oculta as condições imperiais que permitiram, no Caribe e nos demais espaços coloniais, o desenvolvimento de ciências como a botânica, o surgimento do movimento de conservação de florestas,[41] a gênese do conceito de biodiversidade,[42] assim como silencia as outras formas de saberes do meio e do corpo já presentes.[43] E, principalmente, passa-se ao largo das críticas ecologistas caribenhas que vão "além da areia e do sol", reunindo justiça social, antirracismo e preservação dos ecossistemas.[44]

Eu, *a contrario*, faço do mundo caribenho um palco de pensamento da ecologia. Pensar a ecologia a partir do mundo caribenho é a proposta de um *deslocamento epistêmico dos pensamentos do mundo e da Terra no coração da ecologia*, ou seja, uma mudança de cena das produções de discursos e de saberes. Em vez do palco de um homem Branco livre, com formação superior e de classe abastada, que passeia pelos campos da Geórgia, como John Muir, pela floresta de Montmorency, como Jean-Jacques Rousseau, ou em torno do lago Walden, como Henry David Thoreau, proponho adotar outra cena que se desenrolaria historicamente no mesmo momento: a das violências infligidas a homens e mulheres escravizados, dominados social e politicamente no porão do navio negreiro. As relações de poder Norte/Sul, os racismos, as escravidões históricas e modernas, os rancores, os medos e as esperanças constitutivos das experiências do mundo são colocados no coração do navio a partir do qual a tempestade ecológica é apreendida.

No seio de uma compreensão binária da modernidade,[45] que opõe natureza e cultura, colonizadores e indígenas, essa proposta evidencia as experiências de *terceiros termos da modernidade*. Refiro-me aos que foram desconsiderados quando a defesa dos ameríndios contra os conquistadores espanhóis pelo frei Bartolomeu de Las Casas, no século XVI, célebre na controvérsia de Valladolid em 1550, foi acompanhada de repetidas sugestões de "se abastecer" na África e desenvolver o comércio triangular.[46] Nem modernos nem autóctones, mais de 12,5 milhões de africanos foram arrancados de suas terras do século XV ao XIX. Centenas de milhões de pessoas foram escravizadas, mantidas durante séculos numa relação fora-do-solo nas Américas.[47] Além da condição social de escravizadas coloniais, essas pessoas foram consideradas "Negros",* seres-objetos de um racismo político e científico que os con-

---

* O termo "*Nègre*" (assim como seu substantivo feminino "*Négresse*") tem conotação pejorativa em francês e esteve historicamente associado às pessoas negras escravizadas pelos impérios coloniais. Origina-se da palavra "Negro", usada em português de Portugal e em espanhol e derivada do adje-

Prólogo 33

duz ora a uma imanência inextricável com a natureza, ora a uma irresponsabilidade patológica insuperável. Entretanto, os ditos Negros estabeleceram, eles também, relações com a natureza, ecúmenos, maneiras de se reportar aos não humanos e de representar o mundo. Parece que essas concepções foram marcadas pelas escravidões, pela experiência do deslocamento, por essa discriminação política e social na África, na Europa e nas Américas durante muitos séculos.[48] Sim, existe também uma ecologia dos deslocados pelos tráficos europeus, uma ecologia que mantém continuidades com as comunidades indígenas africana e ameríndia, mas não se reduz nem a uma nem a outra. Uma ecologia que se forjou no porão de uma modernidade: *uma ecologia decolonial*.

A ecologia decolonial articula a confrontação das questões ecológicas contemporâneas com a emancipação da fratura colonial, *com a saída do porão do navio negreiro*. A urgência de uma luta contra o aquecimento global e a poluição da Terra insere-se na urgência das lutas políticas, epistêmicas, científicas, jurídicas e filosóficas, visando *desfazer* as estruturas coloniais do viver-junto e das maneiras de habitar a Terra que mantêm as dominações de pessoas racializadas, particularmente das mulheres, no porão da modernidade. Essa ecologia decolonial inspira-se no pensamento decolonial iniciado por um grupo de pesquisadores e militantes da América Latina, tais como Aníbal Quijano, Arturo Escobar, Catherine Walsh e Walter Mignolo, que trabalham para desfazer uma compreensão do poder, dos saberes e do ser herdada da modernidade colonial e de suas categorias raciais. Eles insistem em outros pensamentos do mundo a partir desses "espaços que foram reduzidos ao silêncio, recalcados, demonizados, desvalorizados pelo canto triunfante e autocomplacente da epistemologia, da política e da economia modernas, assim como de suas dissensões internas".[49]

---

tivo latino "*niger*" [negro, escuro]. Apesar de, na década de 1930, o movimento Négritude ter proposto seu uso de uma forma positiva, ele permaneceu associado à desumanização de pessoas Negras, marcando uma diferença ontológica e inferiorizante, tanto como o termo "*Nigger*", em inglês, com o qual compartilha as origens mencionadas. Em francês, "*Noir*" é a forma corrente e não depreciativa de se referir a pessoas negras. Em português brasileiro, essa diferenciação não é tão evidente como nos idiomas citados e apresenta variações de uso; porém, em diálogo com o autor, de modo a preservar a distinção focada por ele, e levando em conta a etimologia, optamos pelo uso de "Negro" para traduzir "*Nègre*" e de "Preto" para traduzir "*Noir*". [N. T.]

A ecologia decolonial que proponho se destaca dessa corrente pelo foco central colocado sobre as experiências do terceiro termo da modernidade e do navio negreiro, as experiências fundamentais no Caribe desses Pretos africanos transportados, reduzidos à condição da escravidão.[50] Tal gesto vai de encontro ao da filosofia africana que faz ressurgir pensamentos, histórias e filosofias dos africanos e dos afro-americanos, por exemplo os trabalhos de Valentin Mudimbe, Cheikh Anta Diop, Cedric Robinson, Sylvia Wynter, Souleymane Bachir Diagne, Nadia Yala Kisukidi, Lewis Gordon e Norman Ajari.[51] Essa ecologia decolonial visa restaurar a dignidade dos Pretos na esteira dos combates de Aimé Césaire e de Maryse Condé, de Toussaint Louverture e de Rosa Parks, de Harriet Tubman e de Malcolm X, de Frantz Fanon e de Christiane Taubira. Por fim, pensar a partir do porão do navio negreiro é também uma questão de gênero. A separação frequente, no interior do porão, que coloca homens de um lado e mulheres e crianças de outro ressalta as diferenças de opressão nesse terceiro termo. A ecologia decolonial une-se perfeitamente às críticas feministas e, em particular, afrofeministas, que mostram os entrelaçamentos das dominações de gênero nas constituições racialistas dos Estados-nação, tais como as de Elsa Dorlin, Kimberlé Crenshaw, Eleni Varikas, bell hooks e Angela Davis.[52]

Não se trata de uma ecologia que se aplicaria aos racializados e aos territórios colonizados no passado, uma prateleira a mais em uma estante já constituída, como alguns propõem.[53] A ecologia decolonial abala o enquadramento ambientalista de compreensão da crise ecologista ao incluir já de início o confronto com a fratura colonial do mundo e apontar outra gênese da questão ecológica. Nesse sentido, acrescento os avanços das correntes da justiça ambiental[54] e da ecocrítica pós-colonial.[55] Os conceitos de "racismo ambiental", "colonialismo ambiental", "imperialismo ecológico" e "orientalismo verde" descrevem como as poluições e degradações ambientais reforçam, tanto quanto certas políticas de preservação, as dominações exercidas sobre os pobres e os racializados.[56] A crítica da destruição dos ecossistemas do planeta está, pois, intimamente ligada às críticas das dominações coloniais e pós-coloniais, assim como às exigências de igualdade. É essa luta ecológico-política que o romancista haitiano Jacques Roumain ilustra em *Senhores do orvalho*, obra publicada em 1944.[57] Em 1950, Aimé Césaire denunciava os danos do colonialismo sobre os colonizados *e* sobre as "economias naturais":

> Lançam-me em cheio aos olhos toneladas de algodão ou de cacau exportado, hectares de oliveiras ou de vinhas plantadas. Mas eu falo de *economias* naturais, de *economias* harmoniosas e viáveis, de *economias* adaptadas à condição do homem indígena, desorganizadas, de culturas de subsistência destruídas, de subalimentação instalada, de desenvolvimento agrícola orientado unicamente para o benefício das metrópoles, de rapinas de produtos, de rapinas de matérias-primas.[58]

Em 1961, Fanon já associava o processo de decolonização política a uma reformulação das maneiras de habitar a Terra, a uma nova investigação da relação com o meio, abrindo as portas para outras formas de energia, inclusive solar:

> O regime colonial cristalizou circuitos, e a nação é obrigada, sob pena de sofrer uma catástrofe, a mantê-los. Talvez conviesse recomeçar tudo, alterar a natureza das exportações e não apenas o seu destino, reinterrogar o solo, o subsolo, os rios e – por que não? – o sol.[59]

Em resposta a um capitalismo global e a acordos pós-coloniais que mantêm, pela coação militar e financeira, essas maneiras destrutivas de habitar a Terra e que perpetuam a dominação dos ex-colonizados e dos racializados, o sociólogo afro-americano Nathan Hare declarou em 1970 que a "verdadeira solução para a crise ambiental é a decolonização dos Pretos".[60] Do mesmo modo, Thomas Sankara denunciou em 1986, em Paris, "a pilhagem colonial [que] dizimou nossas florestas sem o menor pensamento de reparação para o nosso futuro".[61] Sankara relembrou, então, que "essa luta pela árvore e pela floresta é, sobretudo, uma luta anti-imperialista. Afinal, o imperialismo é o incendiário de nossas florestas e de nossas savanas".[62]

O mesmo foi afirmado pelos participantes da Primeira Cúpula Nacional de Liderança Ambiental dos Povos Racializados [First National People of Color Environmental Leadership Summit], em 1991, em Washington, que associava a proteção da Mãe Terra à exigência decolonial e antirracista.[63] A bióloga queniana Wangari Maathai, que recebeu o Prêmio Nobel da Paz em 2004 por seu engajamento ecologista e feminista com o Movimento do Cinturão Verde, lembra as feridas infligidas à Terra pelas empresas coloniais sustentadas por discípulos cristãos, que desvalorizaram as práticas de povos indígenas, como os

Quicuio do Quênia, práticas reconhecidas atualmente por seu papel protetor da biodiversidade.[64] Nesse ponto, a ecologia decolonial inspira-se num conjunto de movimentos ecologistas no Caribe. Da Assaupamar [Association pour la Sauvegarde du Patromoine Martiniquais], na Martinica, à Casa Pueblo, em Porto Rico, passando pelo Mouvement Paysan Papaye [Movimento Camponês Papaia], no Haiti, pelas lutas do povo Saramaka, no Suriname, a fim de proteger sua floresta, e pelo movimento feminista e ecologista afrocolombiano conduzido por Francia Márquez, um conjunto de pessoas articula a preservação do meio ambiente à busca de um mundo livre das desigualdades (pós-)coloniais e das relações de poder legadas pela escravidão. Foi nestes termos que Márquez aceitou o Prêmio Ambiental Goldman, em 2018:

> Faço parte de um processo, de uma história de luta e de resistência que começou quando meus ancestrais foram trazidos à Colômbia em condição de escravizados; eu faço parte de uma luta contra o racismo estrutural, de uma luta contínua pela liberdade e pela justiça, parte dessa gente que mantém a esperança de um viver melhor, parte de todas essas mulheres que recorrem ao amor materno para preservar suas terras como terras de vida, que elevam suas vozes para deter a destruição dos rios, das florestas e das zonas úmidas [...].[65]

A ecologia decolonial é um grito multissecular de justiça e de apelo por um mundo.

um navio-mundo: o mundo como horizonte da ecologia

A terceira proposta consiste em fazer do *mundo* o ponto de partida e o horizonte da ecologia. Nesse sentido, sigo as intuições de Hannah Arendt, André Gorz e Étienne Tassin, para os quais a natureza, sua defesa e a crise ecológica envolvem, acima de tudo, o *mundo*.[66] O "mundo" deve-se distinguir, aqui, da "Terra" ou do "globo" com os quais ele é muito frequentemente confundido. O mundo seria, desde o início, dado como prova da solidariedade física do globo e dos ecossistemas da Terra. Ora, ao contrário da Terra, o mundo não é algo evidente. Nossa existência na Terra seria bastante desolada se não se inscrevesse também no seio de múltiplas *relações sociais e políticas* com outros, humanos e não humanos. Se a Terra e seus equilíbrios ecossistêmicos constituem as condições de possibilidade de vidas coletivas, o mundo em questão é de natureza diferente, esclarece Arendt:

> [...] a mediação física e mundana, juntamente com os seus interesses, é revestida e, por assim dizer, sobrelevada por outra mediação inteiramente diferente, constituída de atos e palavras, cuja origem se deve unicamente ao fato de que os homens agem e falam diretamente uns com os outros.[67]

Essa mediação constituída de atos e palavras não é redutível a suas cenas materiais nem aos círculos intimistas das comunidades de pertencimento ou às trocas econômicas dos mercados. O desafio para a experiência coletiva do mundo das bolsas de valores e outras arenas transacionais das finanças e economias globais é muito diferente daquele das manifestações guardiãs das democracias ou daquele das arenas parlamentares. Assim, a *glob*alização e a *mund*ialização correspondem a dois processos diferentes, e até opostos. O primeiro é a extensão totalizante, a repetição padronizada em escala global de uma economia desigual destruidora das culturas, dos mundos sociais e do meio ambiente. A segunda é a abertura para o agir político de um viver-junto, o horizonte infinito de encontros e de partilha.[68] A dificuldade revela-se quando as cenas públicas em que se imaginam as leis e as maneiras de viver junto são usurpadas pelos interesses capitalistas de um mercado liberal, especialmente por *lobbies*. A crise ecológica também é a manifestação do que Gorz chama de "colonização do mundo vivido"[69] e do que Félix Guattari denominava, em sua ecosofia, de "Capitalismo Mundial Integrado",[70] ou seja, os processos pelos quais os interesses financeiros de algumas empresas e grupos, como Monsanto-Bayer ou Total, ditam ao resto do mundo as maneiras violentas e desiguais de habitar a Terra.

Provavelmente a pregnância dos aspectos concretos das degradações ecológicas impulsionou certas abordagens teóricas a se concentrarem unicamente nas dimensões econômicas e materiais da crise ecológica – a natureza sendo incluída na matéria – e a manter a confusão entre globo e mundo. Assim, as brilhantes análises da "ecologia-mundo" de Jason Moore,[71] inspiradas por Fernand Braudel e Immanuel Wallerstein, as dos ecomarxistas em relação à *political ecology* [ecologia política] ou as da história ambiental global[72] sofrem paradoxalmente dos mesmos males que denunciam: fazem da esfera material das forças físico-econômicas que afetam a Terra o foco principal de compreensão do mundo. Certamente, tal compreensão global da crise ecológica em termos de pegadas terrestres, de "trocas ecológicas desiguais"[73] ou de "limites planetários"[74] revela as desigualdades entre os que consomem o equivalente a três ou quatro planetas e os que vivem com praticamente nada. No entanto, a potência das palavras e do agir político é posta de lado em benefício do que se pode mensurar. Resta o que não se pode quantificar: os sofrimentos, as esperanças, as lutas, as vitórias, as recusas e os desejos.

Essa proposta junta-se à insistência dos antropólogos e dos sociólogos nas outras formas de *fazer-mundo* dos povos originários que não compartilham a fratura ambiental moderna.[75] Entretanto, minha proposta de fazer do mundo o horizonte da ecologia não traduz a ideia da adoção de certas técnicas de relações com o meio, com os ecossistemas, com os espíritos e com os seres humanos. Partindo da pluralidade constitutiva das existências humanas e não humanas na Terra, das diferentes culturas, tomar o mundo como objeto da ecologia é trazer de volta para o centro a questão da *composição política* entre essas pluralidades e, portanto, de um agir conjunto. Essa abordagem política do mundo, no sentido grego de *pólis*, tira a ecologia da mera questão do *oikos* (econômica ou ambiental), pois, ainda que a Terra esteja salpicada de moradias, de espaços férteis de vida e de trocas com ela, *a Terra não é a nossa casa*. Se esses ecúmenos são fundamentais, não se pode reduzir a Terra a um só *oikos global*. Isso é trazer a Terra de volta apenas ao âmbito de uma questão de propriedade (de quem é a casa?) – a exemplo da corrida imperial pela apropriação de "territórios" e de "recursos" – e de poder (quem a comanda?), como na Grécia antiga, onde o homem-cidadão subjuga homens, mulheres e crianças da casa e rejeita os estrangeiros. É recair no pensamento violento do território e da identidade-raiz criticado por Édouard Glissant,[76] fazendo da Terra um *oikos colonial* e escravocrata e conservando o modelo da ecologia colonial.

A Terra é a matriz do mundo. Nessa perspectiva, a ecologia é uma confrontação com a pluralidade, com os outros além de mim, visando à instauração de um mundo comum. É a partir da instauração cosmopolítica de um mundo entre os humanos, juntamente com os não humanos, que a Terra pode se tornar não apenas aquilo que se partilha mas também aquilo que se tem "*em comum*, sem possuir de fato".[77]

Esse *horizonte do mundo* proposto por Arendt é enriquecido em dois sentidos diferentes que não eram preocupações suas. Ele é crioulizado e atravessado pelo reconhecimento das experiências coloniais *e* escravagistas caribenhas e é prolongado pelo reconhecimento político da presença dos não humanos, dando lugar a um mundo entre humanos e com não humanos. Se a natureza e a Terra não são idênticas ao mundo, aqui o mundo *inclui* a natureza, a Terra, os não humanos e os humanos ao mesmo tempo que reconhece diferentes cosmogonias, qualidades e maneiras de estar em relação uns com os outros.

Pensar a ecologia a partir do mundo não pode ter como origem um local fora-do-solo, fora-do-mundo, fora-do-planeta nem se enunciar tendo por base um ser sem corpo, sem cor, sem carne e sem história. Se a história da Terra não se reduz à modernidade ocidental e à sua sombra colonial – a Ásia e o Oriente Médio também conheceram seus impérios e colonialismos –, é levando em conta essa sombra que desejo contribuir para o pensamento da Terra e do mundo com este ensaio. Meu ponto de partida foi o Caribe e suas múltiplas experiências, com ênfase particular na Martinica, ilha onde nasci. Falo em primeiro lugar em meu nome, a partir do meu corpo e das experiências da minha terra natal. Eu. Homem Preto martinicano, vivi os dezoito primeiros anos da minha vida na comuna rural de Rivière-Pilote e na cidade de Schœlcher e os dezesseis anos seguintes na Europa, na África e na Oceania. Também, como a escritora caribenha Sylvia Wynter nos convida a fazer, não falarei com base nas categorias usuais de "*H*omem" ou "*h*omem". Esse vocábulo traduz sobretudo a super-representação do homem Branco de classe abastada que deseja usurpar o humano e sua pluralidade constituinte.[78] Ao pretender designar ao mesmo tempo o macho da espécie humana e a espécie inteira, essa palavra perpetua tanto a invisibilização das mulheres, de seus lugares e de suas ações como os abusos cometidos contra elas. O "Homem" nunca agiu nem habitou a Terra, são sempre humanos, pessoas, grupos, conjuntos híbridos humanos/não humanos que agem, que lutam e que se encontram na Terra.[79] Fazer do mundo o ponto de partida e o horizonte da ecologia é essencialmente partir do seguinte questionamento para abordar a crise ecológica: *como fazer-mundo entre os humanos, com os não humanos, na Terra? Como construir um navio-mundo diante da tempestade?* Tais são as questões que guiam a ecologia-do-mundo.

alcançar o centro da tempestade

Essas três propostas – pensar a tempestade ecológica à luz da dupla fratura colonial e ambiental (a arca de Noé), a partir do porão da modernidade (o navio negreiro) e rumo ao horizonte de um mundo (o navio-mundo) – permitem-me aceitar o convite preliminar de Aimé Césaire para "alcançar o centro da tempestade". Alcançar o centro da tempestade não é a busca de uma calmaria temporária para os males do mundo. No olho do ciclone, se prestamos atenção, podemos ouvir os berros dos deixados-para-trás da hecatombe. Alcançar o centro da tempestade é um convite para confrontar as causas das acelerações destrutivas da modernidade. Trata-se de navegar através de seus ventos coloniais, de seus céus misóginos, de suas chuvas racistas e de suas ondulações desiguais a fim de destruir as maneiras de habitar a Terra que, com violência, conduzem o navio-mundo rumo a uma rota injusta. Para além da dupla fratura, proponho tecer pacientemente o fio de outro pensamento da ecologia e do mundo, produzindo necessariamente outros conceitos. Para tal travessia, estou acompanhado pela filosofia afrocaribenha descrita por Paget Henry, ancorada nas práticas e nos discursos, nas histórias e nas poesias, nas literaturas e nas obras de arte do mundo caribenho.[80]

A Parte I, "A tempestade moderna", propõe outra compreensão histórica da colonização e da escravidão no Caribe, mantendo juntas suas configurações políticas e ecológicas, com um foco particular nas experiências francesas. Veremos como a colonização europeia das Américas produziu uma maneira violenta de habitar a Terra, que recusa a possibilidade de um mundo com o outro não europeu: um *habitar colonial*. Além de causar o genocídio dos povos indígenas e a destruição de ecossistemas, esse habitar colonial transformou as terras em quebra-cabeças de engenhos e de *plantations* que caracterizam essa era geológica, o *Plantationoceno*, provocando perdas de relações matriciais com a Terra: *matricídios*. O recurso ao tráfico negreiro transatlântico e à escravidão colonial, circunscrevendo seres humanos e não humanos ao porão do mundo, os "Negros", permite também designar essa era geológica de *Negroceno*. A partir dessas histórias, as catástrofes, tais como os ciclones regulares que devastam as costas americanas, apenas repetem essas fraturas do habitar colonial e prolongam a escravização dos dominados, fazendo da tempestade ecológica um verdadeiro *ciclone colonial*.

Prólogo   41

A Parte II, "A arca de Noé", revela como o ambientalismo e a abordagem tecnicista das questões ecológicas induzem um reforço das rupturas coloniais legadas pela colonização, por meio dos exemplos das políticas públicas no Haiti relativas ao reflorestamento de um parque, de uma reserva da ilha Vieques, na costa de Porto Rico, e as consequências de uma contaminação na Martinica e em Guadalupe por um pesticida tóxico chamado clordecona. De maneira contraproducente, tal abordagem torna possível uma ecologia que recusa o mundo, reforça as discriminações coloniais e as desigualdades sociais: *uma ecologia colonial*.

A Parte III, "O navio negreiro", mostra o outro caminho seguido por aqueles que associam a denúncia das degradações ecológicas à crítica decolonial. Aqui, o navio negreiro não é mais somente uma embarcação histórica, e sim a cena imaginária a partir da qual se lançam – tendo em vista uma margem, tendo como perspectiva um mundo à semelhança da *ecologia dos escravizados fugitivos* – os quilombolas.*
Outra leitura dos escritos ecologistas de Thoreau e das ações de sua mãe e de suas irmãs indica que a tarefa decolonial não é um problema exclusivo dos colonizados, dos escravizados e dos racializados, remetendo também à responsabilidade dos livres, homens e mulheres, revelando um *aquilombamento civil*. Esses dois exemplos colocam em cena aqueles com os quais a ecologia está intimamente ligada numa investigação de mundo, numa libertação de sua condição de escravizados coloniais: uma *ecologia decolonial*.

---

* Foi feita aqui a escolha conceitual e filosófica de traduzir os termos "*marron*" e seus derivados, tais como "*marronage*", por "quilombola", "aquilombamento" etc. Ainda que em cada território as resistências negras à escravização colonial tenham apresentado características próprias, a separação semântica dos princípios da marronagem e do aquilombamento faz parte, em minha opinião, da perpetuação de uma mirada colonial, ou uma colonização do conhecimento, que enfatiza mais as diferenças do que as características comuns a esses fenômenos. Lembremos que todas as nações europeias colonialistas concordaram coletivamente em desumanizar e escravizar pessoas Negras nas Américas. Não à toa, todas essas nações – França, Espanha, Inglaterra, Portugal – também se sentiram ameaçadas pela Revolução Haitiana. Por esse motivo, é importante ver o aquilombamento, tenha ele ocorrido no Brasil, na Martinica, nos Estados Unidos ou na Jamaica, como a corporificação do princípio de oposição à escravidão em uma perspectiva coletiva e transnacional. [Nota do autor à edição brasileira.]

Por fim, a Parte IV, "Um navio-mundo", ultrapassa o impasse da dupla fratura da modernidade que opõe as recusas e as investigações do mundo a fim de propor pistas para *fazer-mundo*. Nem arca de Noé nem navio negreiro, proponho pensar a ecologia à luz de um *navio--mundo* que faz do encontro com o outro seu horizonte. Esses encontros permitem, então, *tomar corpo no mundo* e restabelecer uma relação matricial com a Terra. Eles permitem também forjar *alianças interespécies* em que a causa animal e a exigência de emancipação dos Negros revelam-se problemas em comum. Esses encontros só se sustentam com a condição de instaurar um convés da justiça que exceda a fratura ambiental e colonial, dando conta política e juridicamente dos não humanos, bem como das buscas por justiça de colonizados e escravizados. Esse convés da justiça abre o horizonte de um mundo: uma *ecologia-do-mundo*.

As leitoras e leitores identificarão uma afinidade com a figura do navio e, particularmente, com a do navio negreiro como metáfora política do mundo. Cada capítulo é precedido por nomes de navios negreiros reais, por seus trajetos históricos e seus conteúdos, que narro com uma liberdade de prosa.[81] Tal escolha pretende dar uma sensibilidade literária ao deslocamento exigido por um pensamento a partir do porão do mundo, ao mesmo tempo que revela o reverso de uma modernidade que se ornamenta de ideais luminosos com palavras como *Justiça* e *Esperança*, mas que espalha a injustiça e o desespero. Ela permite também mostrar que o navio negreiro narra uma história do mundo *e* da Terra. O uso dessa metáfora é, sobretudo, o reconhecimento de uma capacidade dos navios de concentrar o mundo em seu seio. Da *Niña* de Cristóvão Colombo aos porta-contêineres, das traineiras aos navios de guerra, dos baleeiros aos petroleiros, dos navios negreiros aos navios dos migrantes naufragando no Mediterrâneo, por suas funções, seus trajetos e suas cargas, os navios revelam as relações do mundo. Empregar a metáfora do navio anuncia a ambição de ir além da dupla fratura por meio de uma escrita sutural, passando de um lado ao outro, a fim de costurar as presenças e os pensamentos e estender as velas de um navio-mundo diante da tempestade.

parte I

a tempestade moderna: violências ambientais e rupturas coloniais

1
o habitar colonial: uma Terra sem mundo

Conquérant [1776-77]

Em 21 de maio de 1776, o *Conquérant* [Conquistador], navio de 300 toneladas, inicia seu trabalho ao partir de Nantes, tomando a direção da África Ocidental. Nos meses de agosto a outubro, percorrendo o golfo da Guiné, o *Conquérant* examina e escolhe os corpos-materiais para o seu estaleiro. Entre as 400 peças empacotadas no porão e no convés inferior, apenas 338 sobreviverão à onda sanguinária da travessia, alcançando Porto Príncipe em 9 de janeiro de 1777. Depois de ter eliminado as ervas daninhas, as florestas e os Vermelhos ameríndios, o *Conquérant* emaranha as vigas Negras na estrutura de um habitar colonial da Terra.

A tempestade ecológica em curso revela danos e problemas associados a certas maneiras de habitar a Terra próprias da modernidade. Compreender esses problemas requer a adoção de uma perspectiva de longo prazo e a volta a momentos e processos fundadores da modernidade que contribuíram para a situação ecológica, social e política de hoje. Razão pela qual é importante voltar ao momento fundador que foi a colonização europeia das Américas a partir de 1492. Afinal, é inevitável constatar que esse evento continua prisioneiro da dupla fratura colonial e ambiental do mundo moderno. Por um lado, uma crítica anticolonial denuncia as conquistas, o genocídio de povos ameríndios, as violências cometidas contra as mulheres ameríndias e as mulheres Pretas, o tráfico negreiro transatlântico e a escravidão de milhões de Pretos.[1] Por outro, uma crítica ambiental coloca em evidência a amplitude da destruição dos ecossistemas e da perda da biodiversidade causada pelas colonizações europeias das Américas.[2] Essa dupla fratura apaga as continuidades em que humanos e não humanos foram confundidos como "recursos" que alimentavam um mesmo projeto colonial, uma mesma concepção da Terra e do mundo. Proponho cuidar dessa dupla fratura retornando ao gesto principial da colonização: *o ato de habitar*.

A colonização europeia das Américas implementou violentamente um modo peculiar de habitar a Terra que denomino *o habitar colonial*. Embora a colonização europeia seja plural quanto a suas nações, seus povos e seus reinos, quanto a suas políticas, suas práticas e seus diferentes períodos, o habitar colonial desenha uma trama comum, que descrevo aqui com um foco particular nas experiências francesas. Os atos de criação das companhias francesas, como a companhia de São Cristóvão, que financiaram e fundaram a exploração das ilhas caribenhas, explicitam a intenção de *fazer habitar* essas ilhas:

> Nós, abaixo-assinados, reconhecemos e confessamos haver feito e fazer pelos presentes fiel associação entre Nós [...] *para fazer habitar* e povoar as ilhas de São Cristóvão e de Barbados, e outras situadas na entrada do Peru, do décimo primeiro ao décimo oitavo grau da linha equinocial que não são possuídas por príncipes cristãos, tanto a fim de instruir os habitantes das tais ilhas na religião católica, apostólica e romana quanto para nela traficar e negociar erário

PARTE I **A tempestade moderna**   **47**

> e mercadorias que poderão ser recolhidos e retirados das tais ilhas e dos locais adjacentes, levá-los exclusivamente ao Havre [...].[3]

Habitar pode parecer algo evidente à primeira vista. Habitariam aqueles que lá estão presentes, aqueles que povoam a Terra. Entretanto, aconteceu de modo completamente diverso, como atesta o vocabulário corrente. As parcelas de florestas desbravadas [*défrichées*] para plantar tabaco ou cana-de-açúcar foram designadas como terras "habituadas" ["*habituées*"].[4] As casas dos colonizadores escravagistas nas imediações das plantações foram chamadas – e o são ainda hoje – "habitações" ou "*bitations*", em crioulo. O ocupante homem de uma dessas habitações é, então, chamado de "habitante". Assim, o habitar colonial apoiou-se num conjunto de ações que determinam as fronteiras entre os que habitam e os que não habitam. Existem terras que são chamadas de "aclimatadas" e outras que não o são. Há casas que são habitações e outras que não o são. Pessoas povoam essas ilhas sem, no entanto, serem designadas como "habitantes". Em contrapartida, houve habitantes que residiam apenas raramente em suas habitações.

Por "habitar colonial" designo algo diferente de um hábitat, um estilo de arquitetura ou um modo de ocupação e de cultura. Se Martin Heidegger demonstrou bem que habitar e construir não são atividades circunstanciais do homem, mas antes constituem uma modalidade insuperável de seu ser,[5] ele não permite compreender o habitar colonial. O habitar heideggeriano pressupõe uma Terra totalizada e um homem só, imóvel no seu habitar. Ora, apreender filosoficamente o habitar colonial requer o interesse por esses outros e seus devires, por essas outras terras, por esses outros humanos e por esses outros não humanos. É o que propõe o poeta e filósofo martinicano Aimé Césaire em seu poema *Diário de um retorno ao país natal*, colocando em primeiro plano "aqueles sem os quais a terra não seria a terra". Césaire não revela uma concepção do habitar que "leva em conta o outro", e sim que só se pode pensar sob a condição da presença dos outros. Sem os outros, a Terra não é Terra, é deserto ou desolação. *Habitar a Terra começa nas relações com os outros*. Assim, o habitar colonial designa uma concepção singular da existência de certos humanos sobre a Terra – os colonizadores –, de suas relações com outros humanos – os não colonizadores –, assim como de suas maneiras de se reportar à natureza e aos não humanos dessas ilhas. Esse habitar colonial contém princípios, fundamentos e formas.

princípios do habitar colonial: geografia, exploração da natureza e altericídio

O habitar colonial contém *três* princípios estruturais claramente enunciados nos atos da companhia de São Cristóvão. Em primeiro lugar, o habitar colonial é *geográfico* de duas maneiras, no mínimo. Por um lado, é geográfico por estar localizado no centro da geografia da Terra, "na entrada do Peru, do décimo primeiro ao décimo oitavo grau da linha equinocial". Ele tem um espaço determinado, um lugar designado, um encerramento. Por outro, o habitar colonial é *geograficamente subordinado* a outro lugar, a outro espaço. É necessário que sejam produzidas mercadorias nessas ilhas e que elas sejam levadas "exclusivamente ao Havre". O sentido dessa exclusividade das trocas colocada como princípio – o princípio do exclusivo – não se esgota em sua compreensão econômica. Tal subordinação demonstra uma relação ontológica de tais ilhas com o Havre, ou seja, com a França metropolitana. O habitar colonial é pensado como subordinado a outro habitar, o habitar metropolitano, ele mesmo pensado como o habitar verdadeiro. Isso significa que o habitar dessas ilhas caribenhas foi concebido apenas sob a condição dessa subordinação geográfica e dessa dependência ontológica em relação ao habitar metropolitano europeu.

O segundo princípio do habitar colonial fundamenta-se na *exploração das terras e da natureza dessas ilhas*. Ele é claramente expresso neste trecho da incumbência dada por Richelieu aos colonizadores d'Esnambuc e Du Roissey, em 1626:

> [...] eles [d'Esnambuc e Du Roissey] viram e reconheceram que o ar lá é muito ameno e temperado, e as tais terras férteis e de grande rendimento, das quais se pode retirar uma quantidade de matérias-primas úteis para a manutenção da vida dos homens, eles até souberam pelos indígenas que habitam as tais ilhas que há minas de ouro e de prata, *o que lhes teria dado a ideia de fazer habitar as tais ilhas* por uma multidão de franceses para instruir seus habitantes na religião católica apostólica romana [...].[6]

Longe de visar apenas à "manutenção da vida dos homens", o habitar colonial visa à exploração com fins comerciais da terra. Foi a possibilidade de *extrair* produtos para fins de enriquecimento que "deu a ideia" de fazer habitar. Ele pressupõe essa relação de exploração intensiva da natureza e dos não humanos.

Por fim, o terceiro princípio do habitar colonial é o *altericídio*, ou seja, a recusa da possibilidade de habitar a Terra na presença de um outro, de uma pessoa que seja diferente de um "eu" por sua aparência, seu pertencimento ou suas crenças. O habitar colonial não é, entretanto, um habitar-só. Povoando as ilhas "que não são possuídas por príncipes cristãos", o habitar colonial reconhece esses outros príncipes e nações europeias com os quais a Terra é partilhada, baseando-se na "evidência" de que a Terra pertence aos cristãos. Foi a partir dessa evidência pressuposta que, na bula pontifícia de 4 de maio de 1493, o papa Alexandre VI reafirmou o princípio de que a Terra pertence aos cristãos e executou uma partilha das ilhas e do novo continente entre o rei e a rainha de Castela: Fernando e Isabel.[7] Esse mesmo reconhecimento do outro cristão no habitar colonial foi reafirmado pela partilha das novas terras feita com outros cristãos por meio das *linhas de amizade*. Assim, Richelieu legitima a apropriação das Antilhas, porque estariam além de tais linhas de amizade.[8] Assim, Richelieu legitima o habitar como um habitar necessariamente com outro cristão, um outro com quem se partilha a Terra e com quem se concorda em discordar e guerrear.[9]

Quanto aos não cristãos, o habitar colonial demonstra uma contradição evidente. Trata-se de fazer habitar essas ilhas e, ao mesmo tempo, reconhecer que já há habitantes. De modo semelhante, assinalando a existência de "numerosas nações [que] habitam esses países vivendo em paz", o papa Alexandre VI "dá" e "concede" tais terras, como se elas não fossem habitadas. Se os europeus aceitaram seus tratados, assinaram seus atos de criação de companhias de exploração do Caribe, como se essas ilhas fossem inabitadas, eles sabiam muito bem que havia povos presentes. Essa relação paradoxal é explícita no ato da criação da companhia de São Cristóvão. O primeiro momento em que aparece o outro é precisamente quando esse outro é reduzido ao mesmo, ou seja, é desprovido de todas as qualidades que o tornam diferente de um "eu". Trata-se de fazer habitar e povoar essas ilhas "[...] a fim de instruir os habitantes das tais ilhas na religião católica, apostólica e romana [...]". O surgimento do outro não passa de uma corda com a qual esse outro pode ser trazido até um nós conhecido, até um igual europeu. Ele aparece apenas como matéria possivelmente redutível a outra "maneira do Eu", retomando a expressão do filósofo Emmanuel Levinas.[10] Essa dialética por meio da qual o outro é reconhecido pelo fato de que não se tornará mais outro é a violência ontológica principal do habitar colonial, consagrando a impossibilidade de habitar com o outro. Mais do que o encobrimento do outro analisado por Enrique Dussel,[11] a colonização nega a alteridade e constitui *uma ação de mesmificação, de redução ao Mesmo*, fazendo o habitar colonial um habitar-sem-o-outro.

Fundamentos do habitar colonial: apropriação de terras, massacres e desbravamento

Habitar não é evidente, daí a precisão explícita no ato de criação da companhia de São Cristóvão que trata da questão de "*fazer* habitar", de modo que é esse fazer, no sentido de agir, que torna possível o habitar. Os atos pelos quais o homem colonial institui seu habitar constituem *os fundamentos do habitar colonial*. Três atos principais consagram a violência principial do habitar colonial. O primeiro é *a apropriação da terra*. O habitar colonial tem como pressuposto essa evidente legitimidade dos colonizadores europeus de se apropriar dessas ilhas e nelas empregar toda a força necessária para levar a cabo esse projeto. Lembremos que os ameríndios não tinham a noção de propriedade privada da terra.[12] Essa usurpação é acompanhada de um conjunto de gestos simbólicos destinados aos próprios europeus. Por exemplo, o primeiro gesto de Cristóvão Colombo ao chegar a Guanahani, em 1492, foi rebatizar o local de São Salvador e nomear-se vice-rei e governador da ilha. Esse batismo da ilha e sua autonomeação como governador foram dirigidos explicitamente aos membros de sua expedição, fazendo referência ao imaginário coletivo da Coroa espanhola. Do mesmo modo, no ato da associação da companhia de São Cristóvão, especifica-se que se trata de "uma fiel associação entre *Nós*". Quando Du Plessis e De l'Olive[13] chegaram à Martinica com a intenção de colonizá-la, sua primeira ação foi fincar a cruz para simbolizar essa apropriação da terra.[14]

O segundo ato que fundamenta o habitar colonial é o *desbravamento*. Os franceses "abatem" árvores. Longe de ser apenas uma circunstância da colonização francesa do Caribe, o abate de árvores foi uma condição do habitar. É preciso "matar" a árvore para que o habitar colonial possa acontecer, para que essas terras sejam "habituadas". O desbravamento foi, aliás, uma tarefa muito difícil para os primeiros colonizadores de São Cristóvão pela falta de experiência e de equipamento.[15] Du Tertre conta que, quando uma terra é desbravada, ela libera "vapores venenosos" que causam uma doença comumente chamada de *coup de barre** e que contribuiu para uma expressiva mortalidade entre os envolvidos na ação.[16] Myriam Cottias mostra que nas Antilhas, entre 1671 e 1771, os desbravadores apresentaram uma taxa de mortalidade de 25% por ano.[17] Evidentemente, os colonizadores franceses não foram os únicos a derrubar árvores. Os ameríndios também cortavam árvores para desenvolver sua agricultura. A diferença é que a colonização estabelece a seguinte relação: *habitar é desbravar, habitar é abater a árvore. Somente a partir do momento em que a árvore é abatida, o habitar colonial começa.*

Por fim, o terceiro ato que fundamenta o habitar colonial é *o massacre de ameríndios* e *as violências infligidas às ameríndias*. Narrados em pormenor por Bartolomé de Las Casas,[18] esses massacres foram o fundamento do habitar colonial. Quanto à experiência francesa no Caribe, foi precisamente sobre as cinzas dos Caraíba massacrados que os primeiros colonizadores franceses, sob a égide de D'Esnambuc, estabeleceram a primeira colônia francesa em São Cristóvão, em 1625. A ilha foi ocupada pelos Caraíba, por ingleses e por franceses. Sob o pretexto de evitar uma emboscada dos Caraíba que teriam tentado expulsá-los, ingleses e franceses decidiram de comum acordo massacrar todos os Caraíba da ilha e aqueles que ali chegassem, como narra o padre Du Tertre: "[...] eles apunhalaram quase todos em seus leitos, numa mesma noite, *poupando apenas algumas de suas mais belas mulheres, para delas abusar e torná-las suas escravas*; foram mortos 100 ou 120".[19]

O relato mostra a imbricação da ideologia da colonização com aquela de uma dominação masculina que transcende as fronteiras étnicas. O habitar colonial é explicitamente ligado ao gênero. Trata-se de massacrar os homens e de violar as mulheres, opondo os selvagens

---

* Literalmente, "golpe de barra". Trata-se de uma exaustão, uma fadiga súbita. [N. T.]

aos habitantes. O habitar colonial foi estabelecido sobre o massacre dos ameríndios e a posse do corpo das mulheres ameríndias, verdadeira execução do princípio do altericídio.

formas do habitar colonial: propriedade privada, *plantations* e escravidão

Além de seus princípios e fundamentos, o habitar colonial é perceptível, sobretudo, por suas formas, por seu *hábitat*. Aqui, o "fazer" da expressão "fazer habitar" deve ser apreendido em seu sentido de "fabricação". O habitar colonial é uma engenharia dos humanos e dos ecossistemas que assume três características principais. O primeiro traço do hábitat colonial foi a instituição da propriedade privada da terra. Algumas parcelas de terra foram concedidas a indivíduos – homens – para que as cultivassem, permitindo assim a exportação e o comércio com a França. Os títulos individuais de propriedade participavam plenamente do empreendimento coletivo de exploração do habitar colonial. A validade dos títulos era condicionada ao desbravamento e à exploração das terras, quer tivessem sido distribuídos gratuitamente – como nos primeiros momentos da ocupação francesa em São Cristóvão, bem como na Martinica –,[20] quer tivessem sido comprados. Vários decretos do conselho da Martinica e do rei, de 1665 a 1743, exigiam que os proprietários desbravassem e cultivassem as terras.[21] A implementação da propriedade privada da terra foi acompanhada de seu fracionamento, semelhante ao "mundo de campos e de cercas" instaurado na Nova Inglaterra pelos colonizadores europeus.[22] Outrora um bem comum dos ameríndios, as ilhas caribenhas foram fracionadas, favorecendo tanto o povoamento de colonizadores quanto a exploração coletiva das ilhas por um somatório de indivíduos que cultivavam de maneira intensiva sua parcela até o esgotamento, antes de se deslocar para outra. Esse foco fracionado anuncia uma visão mais global dos efeitos dessa cultura intensiva, à semelhança do desmatamento das planícies e das montanhas da colônia de São Domingos.[23]

O segundo traço principal do hábitat colonial foi o estabelecimento da *plantation* como forma primordial de ocupação: um conjunto que compreendia o campo cultivado, as oficinas e o engenho, a casa-grande e as senzalas. A *plantation* foi a principal forma de ocupação das terras, quer se tratasse de algodão, de índigo, de tabaco ou de cana-de-açúcar. Se o princípio permanece o mesmo, sua forma mais característica no Caribe francês foi a *plantation* de cana-de-açúcar desde a segunda metade do século XVII. As parcelas se tornavam cada vez maiores, as pressões por terra eram cada vez mais fortes, ocupando o conjunto das planícies das ilhas. Essa disposição das *plantations* sobre as planícies das ilhas instaurada a partir do século XVII é visível até hoje. Na Martinica, basta pegar a estrada de Fort-de-France até Marin ou de Vauclin até Trinité, no litoral, para notar que todas as planícies – exceto os vilarejos – estão cobertas de campos de cana ou de bananeiras. Já os morros abrigam diversas moradias. A privatização das terras e a instauração das *plantations* não foram apenas uma maneira de ocupar as terras cultiváveis. O estabelecimento das *plantations* como princípio do hábitat dessas ilhas também estruturou a maneira de ocupar o restante do território. A localização dos portos, a criação de vias e de estradas de ferro e a construção de paróquias foram pensadas na perspectiva desse habitar colonial. A organização religiosa, política e administrativa do território foi concebida com o intuito de fazer dessas ilhas terras de monoculturas intensivas cujos produtos fossem exportados exclusivamente para a França.

Por fim, o terceiro traço fundamental desse hábitat colonial foi *a exploração massiva de seres humanos* por meio de um modo de organização hierárquica da produção, que colocava em cena um senhor e criados. Independentemente das origens ou da cor da pele, essa exploração de seres humanos foi *uma condição* do hábitat colonial. Esse entrelaçamento do habitar colonial e da exploração humana é encontrado no vocabulário oficial das autoridades reais e coloniais francesas, no qual o termo "habitante" é confundido com o termo "senhor". Um exemplo é visível no decreto do intendente da Martinica, de 7 de janeiro de 1734, que "proíbe os senhores de venderem café por meio de seus Negros". No artigo 1º, ele especifica que "os habitantes que mandarem seus escravos transportarem seu café para fora de sua habitação deverão lhes entregar um bilhete assinado [...]".[24] *O habitante é o senhor, o senhor é o habitante*. Os escravizados são os Negros, aqueles que não habitam.

Condição inextricável do habitar colonial, a exploração dos humanos engendrou diversas formas de subjugação e de escravização coloniais. O epíteto "colonial", no caso, não é uma indicação histórica, e sim remete ao fato de que essas dominações de seres humanos são colocadas em prática a fim de manter o habitar colonial. Foi a princípio o caso da escravização dos ameríndios, particularmente intensa na experiência espanhola em São Domingos, em Porto Rico e na Jamaica. Na experiência francesa, essa subjugação colonial foi marcada desde os primeiros momentos pelo uso de criados Brancos. Essas pessoas comprometiam-se a trabalhar durante 36 meses, recebendo um salário no fim desse período. A dominação de pessoas cujas condições sociais não permitiam pagar a travessia começava já na partida dos portos franceses. Além das promessas de riquezas nas ilhas, alguns foram até "raptados".[25] Outros, frequentemente prisioneiros das masmorras do castelo de Nantes e da Bastilha, foram literalmente deportados, inclusive mulheres.[26] Nas Antilhas, as condições de trabalho desses "primeiros desbravadores" foram duras. O habitante para o qual o servo por contrato trabalhava podia "ceder" os direitos que tinha sobre ele a outro habitante, o que deu origem a um comércio.[27] O desenvolvimento das *plantations* de açúcar, assim como o tráfico negreiro na segunda metade do século XVII, anunciou o fim da servidão por contrato francesa [*engagisme*]. Para os proprietários, o investimento numa mão de obra perpétua, a escravidão, era mais "rentável", e os tratamentos dispensados aos servos se tornaram mais duros à medida que os senhores desejavam limitar a concorrência futura. O governo tentou em vão preservar o recurso aos servos por contrato, impondo aos barcos que partiam dos portos franceses um certo número deles a bordo.[28]

Essa exploração massiva de seres humanos encontrou sua expressão mais longa no estabelecimento do tráfico negreiro transatlântico e da escravidão de Pretos africanos nas Américas. Reconhecendo sem rodeios a inserção dessa história numa história global da humanidade e suas diferentes formas de relações servis, é importante não ocultar as especificidades dessas escravidões caribenhas, simplesmente para administrar sensibilidades políticas.[29] Sua diferença principial em relação aos outros tráficos negreiros não se encontra unicamente na intensidade em alguns séculos, na quantidade, nas distâncias transoceânicas, tampouco na desumanização. *Ela reside em seu caráter colonial. O habitar colonial foi o alvo daquelas escravidões.* Enfim, a exploração de seres humanos foi mantida após as abolições da escravidão por meio de diferentes formas de trabalho forçado, dentre as quais a servidão por contrato. A história política das ex-colônias francesas do Caribe é a história da manutenção desse habitar colonial e de suas *plantations*, assim como da utilização de diferentes tipos de mão de obra.*

Com seus princípios, seus fundamentos e suas formas, o habitar colonial reúne os processos políticos e ecológicos da colonização europeia. A escravização de homens e mulheres, a exploração da natureza, a conquista das terras e dos povos autóctones, por um lado, e os desmatamentos, a exploração dos recursos minerais e dos solos, por outro, não formam duas realidades distintas, e sim constituem elementos de um mesmo projeto colonial. A colonização europeia das Américas é apenas o outro nome da imposição de uma maneira singular, violenta e destruidora de habitar a Terra.

	Princípios	Fundamentos	Formas
Relações com terra	dependência geográfica e ontológica	usurpação da terra	propriedade privada da terra
Relações com não humanos	exploração de não humanos	desbravamento/ desmatamento	*plantations*
Relações com outros humanos	altericídio	massacre de ameríndios e dominação das mulheres	subjugação e escravidão

Características do habitar colonial

Desde 1492, esse habitar colonial da Terra reproduz em escala global suas *plantations* e seus engenhos, suas dependências geográficas e ontológicas entre metrópoles e campos, entre países do Norte e países do Sul, assim como subjugações misóginas. Paralelamente à padronização da Terra em monoculturas, esse habitar colonial apaga o outro, aquele que é diferente e que habita diferentemente. *O habitar colonial cria uma Terra sem mundo*, deixando aberta a interrogação do poeta-cantor Gil Scott-Heron em "Who'll Pay Reparations On My Soul?" [Quem pagará indenizações pela minha alma?]: "O que aconteceu, então, com os Vermelhos que encontraram vocês na costa?".[30]

---

* Ver capítulos 3 e 9.

2
os matricidas do Plantationoceno

Planter [1753]

Em 20 de janeiro de 1753, o *Planter* [Plantar] deixa o porto de Liverpool e iça as velas na direção das ilhas da Guiné. As ilhas caribenhas já haviam sido conquistadas. Os peles Vermelhas devastados, as florestas abatidas e os solos esfolados ainda sonham com o amor de uma Mãe Terra deposta. Faltam apenas os insumos. De março a outubro, o navio percorre feitorias africanas em busca do esterco Negro. Sobre os 368 sacos de corpos-fertilizantes embarcados, 68 reminiscências se decompuseram no ventre putrefato do navio, vendo seus nomes se diluírem no Atlântico cinzento. Chegando a Kingston em 17 de dezembro de 1753, o *Planter* semeia os 300 corpos ocos nas *plantations* da Jamaica. Pela alquimia colonial, as aldeias da Guiné, as divindades ameríndias, os trinados dos bosques e as danças de argila tornam-se açúcar mascavo, algodão, tabaco, café e índigo, levados para a Europa. O *planter* fez da Terra e do mundo uma *plantation*.

William Clark, *Cutting the Sugar Cane* [Cortando cana-de-açúcar], in *Ten Views in the Island of Antigua*. London: Thomas Clay, 1823. © British Library Board / Bridgeman Images.

No centro do habitar colonial da Terra encontra-se a *plantation*. Já testada na Ilha da Madeira no século XV,[1] a *plantation* recobriu com seu manto de algodão, de índigo, de café e de açúcar as planícies e morros das ilhas caribenhas. Sistema violento, patriarcal e misógino, a transformação forçada das ilhas caribenhas em quebra-cabeças de plantações traduziu-se pela destruição ambiental massiva, uma verdadeira "revolução biológica" que abalou os ecossistemas anteriores a 1492.[2] Contentar-se em enumerar os diferentes "impactos ambientais" da *plantation* um após o outro nos manteria nessa dupla fratura da modernidade. As destruições causadas seriam realmente "ambientais" diante de um fundo sociopolítico realmente "humano". Cuidar dessa dupla fratura exige que se identifiquem as *relações* desenhadas por tais destruições que unem os humanos (colonizadores, escravizados, autóctones) e os não humanos. O habitar colonial é: uma engenharia ecológica das paisagens da Terra em *plantations*, beneficiando colonizadores europeus, o que Alfred Crosby chama de *imperialismo ecológico*;[3] um *imperialismo socioeconômico e político* que subjuga humanos e não humanos a essas *plantations*; e um *imperialismo ontológico*, ou seja, a imposição de uma concepção singular do que são a Terra e seus existentes. Abandonando o ambientalismo da expressão "impactos ambientais", falo dos *matricidas da plantation*. Para além das mudanças ecossistêmicas, o habitar colonial impôs o fim da concepção do Caribe como ilhas e Mãe Terra, ou seja, o fim de uma imagem da Terra que, como lembra Carolyn Merchant, serve como "restrição cultural que limita a ação dos seres vivos".[4] A colonização europeia destruiu um conjunto de relações matriciais que trançavam as ilhas caribenhas antes de 1492.

o fim de uma terra-nutriz: dos *conucos* às *plantations*

Um primeiro matricídio cometido pela *plantation* revela-se nas inversões radicais operadas na concepção das ilhas caribenhas, passando de terras que tinham como vocação primeira acolher e alimentar os que ali se encontravam a terras com a função de enriquecer alguns acionistas e proprietários. Em sua *Histoire naturelle et morale des îles Antilles de l'Amérique* [História natural e moral das ilhas Antilhas da América], Charles de Rochefort conta que os povos do Caribe estabeleciam uma relação matricial com a Terra: "Eles dizem que a Terra é a boa Mãe que lhes dá todas as coisas necessárias à vida".[5] De fato, os trabalhos do geógrafo David Watts mostram que os três principais grupos de ameríndios que povoavam o Caribe antes de 1492, os Cibonei, os Aruaque e os Caraíba, faziam um uso cuidadoso e eficaz da terra, sujeito principalmente a uma lógica alimentar. Os Cibonei, cujos vestígios são encontrados em Cuba, São Domingos e Trindade, eram um povo caçador sem agricultura. Sua alimentação consistia essencialmente em produtos do mar, alguns animais terrestres e numerosas frutas silvestres. Concentrados desde os anos 250 a.C. nas Grandes Antilhas, os Aruaque praticavam uma agricultura chamada *conuco*. Numa superfície de terra atribuída a uma família, eram cultivados juntos diversos tubérculos, tais como a raiz de mandioca com a qual se prepara a tapioca, algumas variedades de batata-doce, taiobas, a batata-ariá [*Calathea allouia*] e inhames, aproveitando a fertilidade do solo e, ao mesmo tempo, prevenindo a erosão. Por fim, os povos ditos "Caraíba", instalados nas Pequenas Antilhas por volta de 250 d.C., praticavam também uma agricultura de tipo *conuco*, plantando apenas um tubérculo suplementar: a araruta. Esse sistema agrícola de *conuco* permitia uma exploração racional da terra que conseguia prover às necessidades dos ameríndios com pouca degradação, conservando os diferentes equilíbrios ecológicos.[6]

A colonização marcou uma inversão dessa lógica, uma inversão dessa Mãe boa. De 1492 a 1624, tratou-se de extrair matérias-primas, possibilitando o enriquecimento tanto dos que partiram nessas expedições quanto da Coroa Real. Foi com essa finalidade que os espanhóis estabeleceram uma política extrativista por meio da busca e da exploração das minas de ouro em Hispaniola (atual ilha de São Domingos), em Porto Rico e na Jamaica. A diminuição das fontes de ouro levou ao desenvolvimento da agricultura com fins comerciais e ao da pecuária. De 1519 até o fim do século, o Caribe espanhol, especialmente Cuba e Hispaniola, desenvolveu uma economia baseada na indústria açucareira e na venda de couro de vaca. O extrativismo foi substituído pela agricultura intensiva nos moldes da *plantation*.

A presença de outras nações europeias no Caribe ao longo do século XVI (Holanda, Inglaterra e França) foi, inicialmente, uma ação de flibusteiros. Foi apenas a partir do século XVII que uma presença permanente dessas nações se estabeleceu, primeiro nas ilhas de Barbados e São Cristóvão (Saint Kitts). De 1624 a 1645, os franceses e os ingleses partilharam entre si a ilha de São Cristóvão, expulsando os Caraíba que ali viviam. São Cristóvão e Barbados também foram as primeiras ilhas colonizadas na perspectiva de que lhes fossem arrancadas riquezas não mais por meio do extrativismo, e sim pela *plantation*. De 1626 a 1639, foram cultivados o tabaco, o índigo e o algodão. A forte concorrência do tabaco da Virgínia impeliu os produtores a se voltarem para outras culturas. Foi então que a cultura da cana-de-açúcar e o comércio do açúcar ganharam amplitude, inaugurando a segunda fase da agricultura intensiva. Quer se tratasse do algodão, do tabaco ou da indústria açucareira dominante, a lógica de utilização dessas terras era a mesma: *a de uma exploração intensiva da terra como recurso com fins de exportação comercial e de enriquecimento financeiro* de alguns acionistas ultramarinos e dos colonizadores locais. De Mães Terras nutrizes para os ameríndios, tornaram-se terras a explorar para os colonizadores.

a ruptura ecumenal: uma "Terra sem manman"

Os matricídios da *plantation* também se revelam pela destruição das relações afetuosas e paisagísticas que ligavam os povos ameríndios a essas ilhas. Mais do que uma perda de indivíduos, o genocídio dos ameríndios significa a perda de práticas culturais, agrícolas e de crenças movidas por uma preocupação com essas Mães Terras. Para além dos grupos ameríndios que ainda existem na Dominica e em São Vicente e dos traços nos genes e nas práticas dos povos caribenhos de hoje,[7] são relatos e cosmogonias que foram mortos e afogados nos rios de sangue. São sistemas de referência que foram extintos, segundo os quais pessoas concebiam a própria existência e se relacionavam com a terra. O desaparecimento dos povos provocou, assim, uma ruptura no que o geógrafo Augustin Berque denomina "o ecúmeno", ou seja, uma ruptura na relação geográfica e ontológica da humanidade com a extensão terrestre, fazendo da Terra uma Terra humana, e da humanidade uma humanidade terrestre:[8] uma *ruptura ecumenal*.

Se nem tudo se perdeu e se práticas como a cultura da batata-doce e da mandioca perduram, as concepções protetoras da terra e da natureza desapareceram. Esses princípios e práticas faziam parte de uma cosmogonia que considerava sagrado o meio de vida composto por numerosos espíritos e não humanos. O habitar colonial teve como consequência o desaparecimento dessa sacralização particular da terra que regia uma preocupação com ela. Édouard Glissant afirma, assim, que o sagrado foi desenraizado.[9] Nesse sentido, o massacre dos ameríndios também foi um matricídio. A terra colonizada não é mais uma Mãe Terra: ela se torna uma Terra sem *manman*.* Uma terra cujo sistema de crença referencial que fazia dela uma matriz não existe mais. No sentido inverso, a outra vertente desse matricídio colonial é o infanticídio. Não se trata apenas do assassinato ou da morte daquelas e daqueles que se consideravam os filhos dessa terra, que deles era mãe. Trata-se, sobretudo, do apagamento da ideia de que os habitantes daquelas terras são seus filhos. Tais terras não são as mães de nenhum desses habitantes, e os habitantes não são os filhos de

---

*   "*Manman*" é "mamãe" em crioulo.

nenhuma dessas terras. Do outro lado do Atlântico, o tráfico negreiro também constituiu uma ruptura ecumenal para os prisioneiros africanos que foram violentamente separados do mundo familiar das terras africanas. A Mãe Terra africana desaparece no horizonte, enquanto a escravidão colonial impede o escravizado de fazer da terra americana encontrada uma nova Mãe Terra.

Ao contrário da afirmação de Glissant, essa ruptura ecumenal não foi o fim do sagrado nas terras americanas. Se o sagrado caribenho foi "desenraizado", essas terras foram ressacralizadas pelos europeus mediante a religião católica apostólica romana. Desde a sua chegada às ilhas caribenhas, os europeus apressaram-se para revesti-las de um novo sagrado, executado por meio das cerimônias de apropriação da terra, da ação de fincar a cruz e dos diversos cânticos. A dimensão patriarcal do habitar colonial fica explícita nessa sacralidade colonial, como demonstram os primeiros versos do *Te Deum* entoados por De l'Olive e seus companheiros no momento da chegada à Martinica, em 1635:

> *Te Deum laudamus* [Nós vos louvamos, ó Deus!]
> *Te Dominum confitemur* [Nós vos bendizemos, Senhor]
> *Te aeternum Patrem* [Pai eterno e onipotente]
> *Omnis terra veneratur* [Toda a terra Vos adora]

A colonização significou a passagem de uma terra que venerava uma mãe para uma terra que venerava um pai. Essa sacralização foi a primeira função dos padres e dos diferentes religiosos que acompanharam a empresa colonial francesa. A sacralização cristã dessas terras não resultou na necessidade de preservá-las, e sim, ao contrário, permitiu sua exploração colonial. Do papa aos reverendos e missionários, as autoridades religiosas abençoaram esse habitar colonial. A oração inseria-se no ritmo da jornada de trabalho na plantação escravagista do século XVIII, como descreve o padre Labat.[10] Já não é apenas a evangelização do Caribe mas também o habitar colonial que foi apresentado como a vontade de Deus. Tratava-se de um *habitar colonial cristão*. Como descreve André-Marcel d'Ans, especialista na história do Haiti, a paisagem foi "desindigenizada".[11] Após o genocídio dos ameríndios, todos que chegaram ao Caribe sabiam que havia existido uma Mãe Terra em outro lugar, fosse na Europa, na África, na Índia ou na China. Essas terras foram limitadas a serem apenas terras, apenas recursos. Elas tornaram-se *terras sem manman*.

rupturas paisagísticas, biodiversitárias e metabólicas

Quanto ao material, esses matricídios da *plantation* causaram pelo menos três tipos de rupturas importantes nos equilíbrios ecossistêmicos das ilhas do Caribe: rupturas paisagísticas, biodiversitárias e metabólicas. As rupturas paisagísticas advêm principalmente dos desmatamentos, que foram a condição da *plantation*. Embora cultivadas pelos povos ameríndios antes de 1492, as ilhas eram cobertas por florestas. Se as primeiras plantações de tabaco, café e algodão já implicavam um desbravamento das terras, o desenvolvimento da indústria açucareira na segunda metade do século XVII intensificou-as de maneira inédita. As florestas de Barbados e de Cuba foram quase totalmente derrubadas.[12] As colônias francesas também não ficaram ilesas. Em sua *Voyage à la Martinique* [Viagem à Martinica], escrita entre os anos de 1751 e 1756, ou seja, um século após a colonização francesa, Thibault de Chanvalon constata a magnitude do desmatamento:

> Nota-se hoje com pesar que nos apressamos em descobrir a ilha por todas as partes, assim como em abater as árvores. [...] essas terras virgens, que jamais haviam sido desbravadas, pois não era necessário tanto para o povo caribenho inteiro quanto é necessário para a habitação de apenas um de nós, [...] nelas plantou-se café por todos os lados, sem examinar sua situação, coisa entretanto muito necessária; a avidez do ganho fez que, por outro lado, muita gente plantasse bem mais do que podia manter.[13]

"A avidez do ganho" causou um desmatamento sem precedentes do Caribe, destruindo os hábitats de espécies animais e vegetais, o que resultou na extinção de algumas delas. O desmatamento afetou igualmente os solos, que se tornaram mais compactados em função do aumento da superfície exposta à chuva. Não sendo mais retidos pelas raízes das árvores, eles sofrem erosão mais facilmente, levando consigo "uma espécie de adubo acumulado há tantos séculos, aqui chamado, com razão, de creme da terra",[14] explica Chanvalon. A perda desse "creme da terra" foi a consequência direta do desmatamento generalizado das ilhas francesas.

As plantações que se seguiram causaram *rupturas biodiversitárias*, ou seja, rupturas nos equilíbrios biológicos dos ecossistemas, que compreendiam seus conjuntos de espécies animais e vegetais cujas respectivas predações asseguravam uma manutenção global dos efetivos. Além da sua lógica de exploração intensiva, a *plantation* significa também homogeneização das culturas e, consequentemente, dos conteúdos biológicos sobre as terras. A ruptura intervém por essa substituição de uma floresta que engloba diversas espécies pela dominância de uma espécie vegetal específica, tal como a cana-de-açúcar. Essa forte prevalência de um alimento para alguns tipos de inseto perturba, então, os efetivos das espécies presentes sobre uma faixa de terra. À escala de uma ilha, a implementação da *plantation* açucareira leva à substituição de um equilíbrio biológico, com uma diversidade de espécies vegetais e animais repartidas segundo os biótopos e as zonas geográficas, por um quadriculado de três ou quatro plantas. Essa homogeneização dos ecossistemas cria a ruptura biodiversitária.

Por fim, a *plantation* alterou igualmente as trocas metabólicas entre os diversos elementos não humanos e a sociedade colonial, causando também uma *ruptura metabólica* – conceito este evidenciado pelo químico alemão Justus von Liebig e retomado por Karl Marx em sua crítica da indústria agrícola britânica.[15] Marx aponta a perturbação causada pela indústria agrícola britânica no metabolismo das trocas entre sociedade e natureza. Ao exportar os nutrientes do campo para a cidade sem que nenhuma recirculação seja assegurada, a indústria empobrece o solo do campo e reduz sua fertilidade, o que resulta, declara Marx, em "uma ruptura irremediável no metabolismo determinado pelas leis da vida".[16] Desde o século XVI, um dos traços principais da colonização foi a exploração dessas terras sem nenhuma forma de restabelecimento dos nutrientes extraídos. De meados do século XVI ao século XVII, a cultura da cana foi conduzida sem fertilização. Como essa forragem açucarada é cortada rente ao solo, todos os nutrientes dele extraídos foram transformados e enviados para a Europa sob a forma de açúcar, sem assegurar uma redistribuição que garantisse a fertilidade do terreno. Essas "trocas ecológicas desiguais" permitiram que os impérios e as nações colonizadoras externalizassem os custos ambientais de seu enriquecimento e os mantivessem distantes de seus territórios continentais,[17] transformando suas periferias em *plantations*, em extensões materiais e humanas que tinham como finalidade a satisfação dos desejos do centro. Tal é a ruptura metabólica colonial que empobreceu os solos caribenhos em prol dos palácios europeus.

O habitar colonial estabeleceu o princípio de que essas ilhas têm a função de saciar os desejos de um punhado de homens. Tal concepção opera ainda hoje em várias ilhas do Caribe, dentre elas Guadalupe, Martinica e Porto Rico. Apesar da disponibilidade de grandes áreas férteis e cultiváveis, uma mesma economia agrícola de *plantation* dedica a maior parte dessas terras à exportação de monoculturas, sem, no entanto, suprir as necessidades alimentares dos habitantes dessas ilhas. Estes permanecem, em grande medida, dependentes da importação. Da cultura da cana-de-açúcar à banana, da indústria petrolífera à negligente indústria turística, passando pelos "paraísos fiscais", uma mesma concepção dessas ilhas como matéria a ser explorada atravessa o Caribe. A *plantation* no Caribe consagrou os seguintes princípios: "Tu não te alimentarás de tua ilha" e "Tua ilha não te alimentará".

Esses matricídios identificáveis no Caribe são a outra face de uma engenharia global que transformou as paisagens da Terra em *plantations*. Esse habitar colonial foi reforçado pela forte imigração dos europeus, de 1820 a 1930, para as antigas colônias de zonas temperadas de clima semelhante ao europeu, tais como a Austrália, o Brasil ou os Estados Unidos, que Crosby denomina as "Novas Europas",[18] as quais reproduzem os mesmos produtos de agricultura e pecuária *e* os mesmos nomes de cidades, regiões e até de países da Europa, tais como "Nova Gales do Sul", "Nova Inglaterra" ou "Nova Zelândia". É nesse sentido ecossistêmico que é preciso compreender a referência de Fanon aos colonizadores como "uma espécie" que substitui o indígena e molda o meio biológico, cultural e linguístico à sua imagem.[19] A pretensão de novidade que mata os habitantes presentes, ao mesmo tempo que reproduz as concepções das antigas terras, é parte integrante da colonização europeia. *O matricídio causado pelas plantations é também o apagamento dos nomes da Mãe Terra no mundo*. Daí vem a atual disposição dos descendentes de colonizadores – sejam eles a minoria, como na Martinica e na África do Sul, ou a maioria, como nos Estados Unidos e na Austrália – a reivindicar a si mesmos como os verdadeiros proprietários de tais terras, da Terra. Permanecem, entretanto, esses traços, esses nomes ameríndios, tais como "Madinina" (Martinica), "Karukera" (Guadalupe) e "Ayiti" (Haiti/São Domingos), lembrando que essas terras, outrora, foram mães.

do habitar colonial ao Plantationoceno

As palavras e as maneiras pelas quais a destruição dos ecossistemas terrestres é descrita não são politicamente neutras. Essas descrições contêm também elementos normativos que orientam as respostas possíveis.[20] Fazendo do Homem – *ánthrōpos* – seu sujeito, o Antropoceno sugere, em contrapartida, que esse mesmo "Homem" apolítico é quem deveria responder, ocultando os processos violentos da dominação de uma fração sobre conjuntos cada vez maiores de humanos e de não humanos. Outros termos foram propostos, tais como "Capitaloceno", "Fagoceno" ou "Angloceno".[21] O termo "Capitaloceno" tem a vantagem de reconectar os desenvolvimentos do capitalismo e as revoluções industriais britânicas às transformações materiais das paisagens da Terra, assim como de abrir as potencialidades da crítica do capitalismo.[22] Entretanto, o termo "Plantationoceno", proposto por Anna Tsing e Donna Haraway,[23] é o mais capaz de traduzir o desenvolvimento do habitar colonial da Terra ao revelar suas cinco dimensões fundamentais.

No nível material e econômico, em lugar de um capital abstrato, o Plantationoceno designa a reprodução global de uma economia de *plantation* sob várias formas. Ele estabelece conjuntos de humanos e de não humanos, as *plantations* – agrícolas, no sentido das plantas vegetais, ou industriais, no sentido derivado da palavra em inglês *plants* (fábricas) –, os lugares, os mecanismos e as organizações de produção, e os centros da cena e do tempo (ceno). Ele revela as trocas ecológicas e metabólicas desiguais, as punções energéticas e materiais não renováveis. *No nível histórico*, o Plantationoceno restabelece uma historicidade das mudanças ambientais globais sem apagar os fundamentos coloniais e escravagistas da globalização. A proposta dos geógrafos Mark Maslin e Simon Lewis[24] de apontar como o início do Antropoceno a conquista europeia da América, que deixou traços geológicos, vai nesse sentido.* Os genocí-

---

* Da estimativa de 61 milhões de pessoas presentes nas Américas antes de Colombo, Lewis e Maslin apontam que cerca de 55 milhões foram mortas ao longo das primeiras décadas da colonização europeia. Essa mudança repentina produziu uma regeneração geral das florestas americanas, pois os ameríndios não as cultivavam mais, reduzindo assim a presença de carbono na atmosfera. O ano de 1610 constitui, portanto, um marco limite inferior da concentração de carbono, um marco zero do Antropoceno.

dios dos ameríndios, a escravização dos africanos e suas resistências são, portanto, compreendidos na história geológica da Terra e do tempo.[25] *No nível geográfico*, o Plantationoceno oferece uma compreensão das relações e dependências motoras das mudanças globais a partir das lógicas de *plantation*. A *plantation* não se limita às fronteiras da propriedade rural ou da fábrica. Ela designa as injustiças espaciais globais, as relações de poder e de dependência entre lugares situados em diferentes pontos da Terra. Assim, a violência da *plantation* é confinada em um longínquo lá, enquanto os produtos finais são consumidos em um tranquilo aqui.

No nível político, mais do que uma extensão da economia de *plantation*, o Plantationoceno designa a imposição mundial de uma *política* de *plantation*. Mais do que trocas comerciais, o Plantationoceno designa a era em que a continuidade das *plantations* dita a orientação das instituições públicas, das universidades, dos serviços estatais e até mesmo o gosto dos consumidores, como mostrou Sidney Mintz,[26] ou seja, comanda as maneiras de viver junto e de habitar a Terra. Disso resulta uma estética da repetição, uma uniformização das plantas, das maneiras de consumir, de se vestir e de pensar o mundo.[27] Quer se trate de plantações agrícolas ou de fábricas, o Plantationoceno lança uma luz sobre as violências humanas dos locais de produção, sobre as hierarquias raciais e misóginas, sobre as desigualdades, sobre as formas de escravidão e de miséria operárias, sobre os riscos sanitários mecânicos e tóxicos, expondo a produção política de Negros do mundo: seres cuja exploração e misérias sociais são conjugadas a uma exclusão do mundo. Essa pluralidade permite, em contrapartida, inscrever as lutas feministas e as resistências contra as *plantations* escravagistas e contra as fábricas como traços geológicos fundamentais da nossa era, ainda que seus traços não sejam mensuráveis por certos instrumentos.

No nível cosmopolítico, se o Antropoceno tenta definir essa era em que as paisagens e os não humanos são profundamente afetados com relação à era anterior, é contraditório empregar um termo que oculte a presença desses elementos não humanos. Ao fazer da organização dessas trocas entre humanos e não humanos sua cena discursiva principal, o Plantationoceno também expõe as relações singulares pelas quais uma minoria da Terra impõe um tipo de composição do mundo com os não humanos: o da exploração compulsiva e padronizada. Ele evidencia as perturbações biodiversitárias e as degradações ecológicas causadas pelas *plantations*.

Em suas formas, em suas técnicas, em seus "meios" de produção, assim como em seus produtos, as *plantations* da Terra de hoje não são mais aquelas do século XVII. Para além da agricultura, as *plantations* assumem a forma de indústrias extrativas de minérios raros usados nos computadores e telefones celulares e de *"plantations"* terrestres e marinhas de poços de petróleo. Para manter esse habitar colonial, grupos inteiros de humanos e de não humanos são escravizados. O Plantationoceno assinala, assim, a globalização do habitar colonial da Terra *e* dessa subordinação do mundo à *plantation*: a produção global de uma Terra sem *manman* e de humanos sem Mãe Terra.

3
o porão
e o Negroceno

Nègre [1790-91]

Em 9 de novembro de 1790, o *Nègre* [Negro], navio francês de 395 toneladas, zarpa do porto de Nantes em direção ao golfo da Guiné, deixando no cais os tumultos políticos. A Declaração dos Direitos do Homem e do Cidadão não resiste aos ventos úmidos e salgados do Atlântico. Nos arredores de Ubani, ao sul da Nigéria, 263 vozes são confinadas no porão da Revolução Francesa. Em 16 de junho de 1791, após 41 dias de travessia, o *Nègre* chega à cidade de Cabo Francês, atual Cabo Haitiano, no Haiti, para abastecer a indústria colonial. Homens, mulheres e crianças embarcaram, mas somente uma matéria indistinta e combustível desembarca: Negro, madeira de ébano. Entretanto, algumas semanas mais tarde, em agosto de 1791, essa matéria falante ergue o punho em revolta, e as *plantations* das planícies do Cabo incendeiam-se pelo desejo de liberdade.

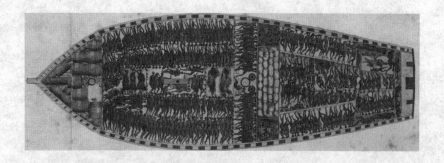

Plano, perfil e distribuição do navio *La Marie Séraphique*, de Nantes (detalhe), René Lhermitte, *c.* 1770. © Museu de História de Nantes, Alain Guillard.

A escravidão colonial dos Pretos e o tráfico negreiro transatlântico constituem uma das formas mais intensas de subjugação impostas pela colonização europeia das Américas. Durante quase quatro séculos, milhões de pessoas foram arrancadas de suas terras na África, e muitas mais foram forçadas a trabalhar nas *plantations* rurais e a servir nas diferentes oficinas das cidades. Hoje, quando a escravidão colonial dos Pretos é reconhecida como crime contra a *humanidade*, sua compreensão é também, ela mesma, prisioneira da dupla fratura da modernidade. Com razão, as pesquisas acadêmicas, a literatura, as artes visuais, os discursos memoriais e as práticas museográficas se interessaram, em primeiro lugar, pelas opressões políticas, pelas condições sociais, pelas dimensões íntimas, econômicas e jurídicas da escravidão, assim como pelas múltiplas estratégias de resistência. Todavia, esse interesse inicial deu a entender que a escravidão dizia respeito apenas aos devires dos humanos. As mudanças ambientais seriam consequências importantes, mas independentes da escravidão propriamente dita. Para quem se interessa pelo meio ambiente, ao contrário, a escravidão colonial dos Pretos seria um elemento entre outros no seio da transformação ecológica do sistema de *plantation*. No entanto, esses dois segmentos estão intrinsecamente ligados e fazem parte de um mesmo habitar colonial. A fim de cuidar dessa fratura, ressituo a escravidão dos Pretos simultaneamente como uma maneira violenta de estar em relação com outros humanos por meio de uma *política do porão* e como uma maneira destruidora do habitar a Terra e de estar em relação com os não humanos, constituindo o *Negroceno*.

a política do porão

> Quando embarquei, fui imediatamente brutalizado e sacudido por membros da tripulação, que queriam ver se eu era saudável; eu estava convencido de que chegava a um mundo de espíritos maus e de que eles me matariam. [...] Nem tive tempo de sentir meu sofrimento e *fui logo colocado sob o convés*. E, lá, eu recebi uma saudação nas minhas narinas que jamais recebera na vida; desgosto, fedor e lamentos; fiquei tão doente e tão deprimido que não conseguia comer e não tinha vontade de provar nada. Eu esperava a morte como minha última amiga, a fim de me aliviar. Mas muito rápido, para a minha tristeza, dois homens Brancos me ofereceram comida; diante da minha recusa, um deles me segurou com firmeza pelas mãos e colocou-me atravessado no molinete, eu acho, prendendo meus pés enquanto outro me chicoteava furiosamente.[1]

Do século XVI ao XIX, pelo menos 12,5 milhões de africanos foram embarcados em navios negreiros, inseridos no porão e no convés inferior, da África até as Américas, sujeitos a vivenciar a cena narrada pelo ex-escravizado Olaudah Equiano em sua autobiografia. Centrais na experiência histórica desses transportados e de seus descendentes, nas memórias e no imaginário das sociedades escravagistas, esses espaços do porão e do convés inferior representam também um dispositivo político fundador do mundo moderno. Durante vários séculos, admitiu-se e julgou-se adequado estar em relação com o outro ou, mais precisamente, *tratar* o ser humano *colocando-o num porão*. Como descreve Equiano, o porão do navio negreiro faz referência imediata a um espaço infernal atravessado por violências e agonias. As chicotadas, os estupros, a desnutrição, as torturas e os maus-tratos diários aliados a uma promiscuidade mórbida e irrespirável produziram a sua cota de mortos a cada travessia. Cerca de 2 milhões de pessoas pereceram nesse porão do mundo moderno entre 1514 e 1866. Mais do que um arranjo técnico violento de navegação no qual os corpos-acorrentados eram aprisionados, esse porão simboliza *uma relação com o mundo e um modo de relação com o outro*. Colocar no porão não é um ato circunstancial. Certamente, não se trata da única maneira pela qual tais homens, mulheres e crianças podiam viajar juntos num mesmo barco. Ao contrário, colocar no porão é o gesto que inaugura a relação escravagista para tais homens, mulheres e crianças Pretos. Essa relação escravagista não desaparece no desembarque, na saída física do porão dos navios negreiros, ainda que suas formas sejam diferentes. Os prisioneiros do navio negreiro e os escravizados das *plantations* encontram-se ligados nesse mesmo porão do mundo.

a recusa do mundo

A inserção no porão institui um conjunto de relações entre humanos, entre colonizadores europeus e prisioneiros africanos, entre senhores e escravizados, entre senhores e escravizadas, que constitui a *política do porão*. Por meio desse conjunto de disposições políticas e sociais que escravizam e circunscrevem a existência de seres humanos, a política do porão tem como finalidade primeira manter seres humanos fora do mundo. O escravizado colonial não é apenas aquele que é maltratado, que é juridicamente propriedade de outro ser humano e que não obtém salário por seu trabalho. O escravizado colonial é mantido numa relação de alienação com o mundo. A política do porão representa essa linha traçada através dos humanos que recusa a alguns as mesmas qualidades que confere a outros, que de imediato exclui alguns da dignidade de uma existência em que se compartilham uma cena, uma Terra, um mundo. Assim, o escravizado Preto africano transportado para as Américas não é sequer esse "outro" sugerido pelo historiador Olivier Pétré-Grenouilleau.[2] O primeiro encontro do europeu negreiro com o africano aprisionado que será reduzido à escravidão aconteceu sem endereçamento nem diálogo, ou seja, sem essa consideração primeira de um outro cujo rosto comanda o reconhecimento de um irredutível.[3]

O outro do capitão negreiro europeu na costa oeste africana foi o comerciante, aquele africano não aprisionado, não futuro escravizado nas Américas – pelo menos não naquele momento –, com quem a venda de seres humanos era negociada. Vemos uma relação diferente no encontro dos europeus com os ameríndios. A alteridade do ameríndio é admitida sem rodeios, ainda que tenha sido reduzida ao mesmo europeu. O escravizado Preto é aquele cuja qualidade de outro humano foi negada. *Aquele escravizado não é o outro, ele é "o fora"*. O escravizado Preto colonial francês é aquele cujo reconhecimento de sua presença está condicionado à manutenção desse *fora* de uma cena comum, *fora* de uma Terra e de um mundo comum. Os escravizados Pretos são aquelas e aqueles a quem *o mundo é recusado*.

A recusa do mundo não é um ato sucinto e breve que anunciaria o fim de uma relação e a separação em que, separado, cada um viveria em seu canto da Terra. Ao contrário, essa escravidão colonial dos Pretos nas Américas consistia em *uma recusa do mundo como modo de relação*. Equiano não foi simplesmente jogado sob o convés do navio: ele foi mantido vivo e em relação com a tripulação *a partir do porão*. Ele experienciou a dupla violência do tráfico que aprisiona no porão *e* da biopolítica negreira que força a viver de determinada maneira. Isso significa uma maneira de estar em relação com o outro pela qual uma intensa proximidade se instaura – o outro é o mais próximo, na intimidade do lar, no navio ou numa plantação –, sem que esse outro seja reconhecido como outro. Menos ruidosa que o estalido do chicote, essa situação fora-do-mundo da escravidão colonial revela-se em um conjunto de rupturas impostas pela política do porão nas relações com os pertencimentos ancestrais e comunitários, nas relações com a terra, nas relações com a natureza e com as arenas políticas, como mostram as experiências francesas da colonização no Caribe.

destruições dos laços comunitários e dos pertencimentos

A primeira ruptura é aquela com o mundo familiar das terras da África. Pessoas são levadas à força de suas comunidades, de suas aldeias, de sua terra e céu familiares para serem encaminhadas às Américas. Essa *ruptura inicial* é múltipla. O rapto do tráfico significou, em primeiro lugar, a ruptura com comunidades coletivas de sociabilidades, com organizações políticas, com práticas culturais e de cultivo, com laços familiares de ritos associados a certas plantas, certas árvores, cemitérios e outros lugares dessas terras africanas. O tráfico negreiro transatlântico gerou também uma ruptura ecumenal, a ruptura da relação de indivíduos e comunidades com suas terras, com seus lugares, com a localização de seu vilarejo, mas igualmente com um rico conjunto de não humanos. São regimes alimentares, relações com animais, plantas, cursos d'água, terras cultivadas, árvores, astros e espíritos que foram interrompidos.

Por fim, as violências físicas e psicológicas foram acompanhadas de uma ruptura da relação com o corpo. O indivíduo aprisionado, acorrentado, confinado nos porões e conveses inferiores não pode mais estabelecer a mesma relação com o próprio corpo. Essa espoliação do corpo típica do cativeiro, essas rupturas das comunidades e do ecúmeno provocam, então, a perda das artes e das práticas artísticas. São cânticos, orações, encantamentos que desaparecem pelo fato de as instâncias, as cenas e os lugares coletivos em que aconteciam não existirem mais. São habilidades, vestes, talentos, aptidões artísticas que se perdem. Os cantores não cantam mais, os dançarinos não dançam mais. Os carpinteiros, os músicos, os pintores, os feiticeiros, os médicos, os tecelões, os comerciantes, os caçadores não podem mais exercer suas artes. Uns dirão que, entre os prisioneiros, havia algumas pessoas já reduzidas à condição de escravidão na África. Entretanto, além de aquela escravidão ser praticada em solo conhecido, ela implicava regimes de pertencimento e algumas referências "protetoras". Assim, Equiano, um dos raros africanos reduzidos à escravidão na África *e* nas Américas que, ao obter a liberdade, conseguiu escrever uma autobiografia, afirmou que "preferia" a sua situação de escravizado africano diante do horror que lhe inspirava o navio negreiro.[4] A política do porão produz seres de pertencimentos ancestrais e comunitários fragmentados e até dilacerados. Entretanto, essas rupturas não significam que *tudo* se perdeu. Modificados ou reinventados, crenças, saberes, artes e práticas agrícolas persistiram nas Américas negras.[5] A introdução de variedades africanas de arroz, levadas às escondidas nos cabelos de uma mulher Preta, segundo as lendas dos quilombolas, os ritos do candomblé brasileiro, do vodu haitiano ou da santeria cubana ou, ainda, as artes marciais do *danmyé* na Martinica ou da capoeira no Brasil atestam a sobrevivência de culturas africanas que oferecem espaços de resistência.[6]

perda de corpo, perda de terra

A política do porão instaura uma alternância, uma ruptura na relação dos escravizados com a terra. Isso pode parecer estranho. Afinal, o escravizado dos campos é aquele que trabalha a terra e que conhece seus ritmos. Estando mais próximo desta, longe de uma ruptura, haveria, ao contrário, uma grande proximidade. No entanto, é precisamente no paradoxo de uma proximidade sem a possibilidade de assumir responsabilidade política que se situa essa ruptura da relação com a terra. Essa ruptura diz respeito, em primeiro lugar, à propriedade privada. Juridicamente, o escravizado não é senhor de sua pessoa nem de seu corpo. Ele não pertence a si. O escravizado pertence *a*, como especifica o artigo 44 do Code Noir [Código Preto] em 1685, que declarava o escravizado como um bem móvel.[7] Essa não posse jurídica tanto de si como de sua progenitura provoca uma perda do próprio corpo. Não se possuindo juridicamente, o escravizado, como estipula o artigo 28, não pode ser proprietário de terras: "Declaramos que escravizados nada podem ter que não seja de seus senhores [...]".[8]

A ruptura da relação com a terra manifesta-se também na impossibilidade de participar das decisões relativas à finalidade da utilização dessas terras, assim como daquelas relativas às culturas e aos alimentos cultivados. O escravizado não tem participação no habitar colonial. Essa exclusão do escravizado da política econômica levou à *impossibilidade, para os escravizados, de assumir uma responsabilidade política pelo uso das terras que habitam*. Os escravizados encontram-se subjugados a um ritmo e a uma intensidade de trabalho, a um conjunto de tarefas e a uma hierarquia social que estruturam sua existência e seu mundo vivido, o qual compreende suas relações com outros escravizados, suas relações familiares, seus lugares de habitação, suas possibilidades de movimento e de discurso, sem poder fazer parte da organização dessas estruturas. Isso não significa que o escravizado seja irresponsável, como se isso se tratasse de um traço de caráter ou de uma disposição psicológica qualquer. Isso quer dizer que o escravizado é mantido fora da responsabilidade tanto da terra como do mundo colonial. *A política do porão produz indivíduos fora-do-solo*.

Esse não domínio do cotidiano e essa alienação do mundo não foram totais. Isso se relaciona com dois movimentos diferentes. Primeiro, por suas ações, os escravizados exercem certa influência sobre o projeto colonial e organizam espaços de domínio para si. A subjugação sempre se chocou com diversas formas de resistência. As doenças fingidas, o envenenamento dos animais de carga e de outros escravizados, os aquilombamentos, a sabotagem das oficinas e os furtos simbolizaram meios pelos quais os escravizados dificultavam o projeto colonial, exercendo, nesse ponto, um domínio limitado. A organização do interior da senzala, os alimentos cultivados nos jardins crioulos, os pratos preparados, as danças, a intimidade e a cumplicidade que puderam ser estabelecidas com os demais escravizados, os cantos, o riso, as orações e outras práticas espirituais constituíram *espaços de si no interior de um mundo organizado e governado pelo outro*.

Os limites dessa condição de não responsabilidade também foram mantidos pelo poder colonial, de forma típica. Diante da obrigação de "alimentar" seus escravizados, os senhores escolheram atribuir a eles lotes de terra para que pudessem cultivar a própria comida. Obtendo a autorização de cultivar por si mesmos esses espaços, os escravizados assumiram sua primeira e única responsabilidade política em relação à terra das colônias. "Esse jardim", afirma a antropóloga e etnobotânica Catherine Benoît, "foi a primeira forma de apropriação e de construção do território pelos escravizados."[9] Tais experiências de liberdade foram importantes e geraram um espaço de criatividade agrícola próprio, um espaço seu durante um tempo. Essa responsabilidade assumida pelos escravizados é, no entanto, *secundária*. Ela não questiona a organização estrutural do mundo colonial. É fragmentária e subordinada à não responsabilidade global pela gestão da terra e pela economia da ilha. Em outras palavras, *foi apenas sob a condição dessa desresponsabilização generalizada do escravizado em relação às terras de uma ilha em sua globalidade que uma responsabilidade fragmentária foi concedida de fato*. Tal é a realidade política do jardim crioulo. Embora conheça melhor do que todos essa terra, companheira de sua condição de explorado, o escravizado nela permanece estrangeiro.

fora-da-cidade: a engenharia de um ser não político

Pela proibição explícita da participação dos escravizados nas instâncias de decisões jurídicas, administrativas e políticas das colônias, a política do porão produz seres fora-da-cidade, conforme explicita o artigo 30 do Código Preto:

> Art. 30. Não poderão os escravizados serem providos de ofício nem de comissão tendo qualquer função pública, tampouco serem constituídos agentes por outros além de seus senhores para gerir e administrar

nenhum negócio nem serem árbitros, peritos ou testemunhas, em matéria tanto civil como criminal: e, caso sejam ouvidos como testemunhas, seu depoimento servirá apenas de memória para ajudar os juízes a instruírem alhures, sem que dele se possa tirar nenhuma presunção, nem conjuntura, nem prova adminicular.[10]

A segunda parte do artigo coloca em evidência outra dimensão dessa exclusão, ligada ao discurso do escravizado. Escravizados podem ser ouvidos, "como testemunhas", ou seja, podem emitir fonemas, sons, mas essa escuta em uma instância jurídica não deve resultar em igual consideração. O escravizado é colocado fora-de-cena, fora-do-*logos*, e não é reconhecido como um sujeito político, fora dessa condição da humanidade do *zōon politikón*. Era vedado o exercício de qualquer atividade que pudesse ser política, como afirma o artigo 16, que proibia a reunião de escravizados.[11] As únicas ações parecidas com questões políticas no âmbito das quais os escravizados são considerados atores são ações guerreiras. Nas colônias francesas e em outros lugares nas Américas, escravizados foram recrutados pelos exércitos para lutar contra o estrangeiro, e até contra outros escravizados. A única linguagem "política" formulada ao escravizado é a da guerra, do combate, em suma, do comando e da violência.

Os escravizados não se deixaram limitar a "bens móveis". "A assimilação de um ser humano a um objeto, ou mesmo a um animal [não humano]", lembra Claude Meillassoux, "é uma ficção contraditória e insustentável."[12] Eles organizaram espaços para si no seio desse sistema de opressão, conservando uma capacidade de atores, uma agência capaz de negociar margens e concessões. Alguns conseguiram até prestar queixa e ser ouvidos.[13] No entanto, essas armas dos fracos não constituíram questionamentos frontais de sua posição fora-do-mundo.[14] Foi precisamente a *violência* a condição *sine qua non* da derrota da política do porão pelos escravizados e de seu reconhecimento como atores do mundo. As autoridades coloniais só consideraram escravizados como sujeitos políticos a partir do momento em que foram humilhadas na guerra ou na prática. Foi o caso de muitas comunidades quilombolas, do Brasil à Jamaica, passando pelo Suriname, que, tendo frustrado o aparato militar colonial, assinaram tratados na posição de partes contratuais. Do mesmo modo, foi apenas depois das múltiplas humilhações de Bonaparte impostas por Toussaint Louverture, por Dessalines e por seus companheiros que uma possível composição política com o outro passou a ser considerada. A subjetivação política do escravizado, pela qual ele não é mais precisamente escravizado, não é a violência em si, ainda que esta comporte um alcance político. Uma das contribuições de Jacques Rancière foi mostrar que a igualdade guerreira não conduz necessariamente a uma igualdade política nem à constituição de uma comunidade política.[15] Nas Américas, essa igualdade guerreira e essa humilhação das potências coloniais constituíram o requisito para o reconhecimento de um outro e a possibilidade de uma composição do mundo. Aqui, não há desobediência civil que se mantenha. A saída do porão não é um discurso. *Ela é um jorro necessariamente violento que, sozinho, devolveu a palavra, a cena e o mundo possíveis, mas não certeiros*. Em suma, a política do porão é a engenharia de seres separados de seus pertencimentos ancestrais, da terra que eles cultivam, da natureza com a qual convivem e do mundo que percorrem: *dos Negros*. Esta é uma das disposições fundamentais da experiência dos escravizados nas Américas: o estranhamento do mundo e da Terra como condições fundadoras de uma existência social aviltada.

a especificidade da condição das Negras escravizadas

Esse estranhamento no mundo se multiplica na dominação sexual das mulheres escravizadas. Nas Antilhas francesas, as mulheres trabalhavam nos campos e nos engenhos/oficinas como os homens, em condições perigosas, com má alimentação e acesso difícil a cuidados sanitários. Sendo elas menos numerosas que os homens no século XVII, uma proporção maior de mulheres escravizadas trabalhava nos campos, enquanto o restante exercia outras ocupações, tais como lavadeiras, costureiras e governantas. Trabalhando também na cozinha, elas foram acusadas de envenenamento pelos senhores com muito mais frequência do que os homens escravizados. Como a fratura colonial transgredia as alianças de gêneros, as mulheres escravizadas não eram mais bem tratadas pelas senhoras de escravizados, e estas foram cúmplices frequentes dos suplícios daquelas. Aliás, as Negras escravizadas simbolizam a exploração conjunta da terra e de seu ventre. O recém-nascido parido pela mãe escravizada era propriedade do senhor. Assim, as mulheres escravizadas foram exploradas tanto por sua função de produção quanto por sua função de reprodução, a fim de remediar o desequilíbrio quantitativo entre homens e mulheres escravizados nos séculos XVII e XVIII nas *plantations*.[16] Como observa Christina Sharpe, o sistema de *plantation* transforma os úteros Pretos em porões negreiros.[17] Por fim, elas foram vítimas de abusos sexuais por parte dos senhores de escravizados, e até mesmo por parte dos escravizados.[18] Essa dominação das mulheres, mola mestra do habitar colonial, operou no conjunto das Américas.[19]

O Negroceno

Mas também conheço um silêncio
Um silêncio de vinte e cinco mil cadáveres negros
De vinte e cinco mil dormentes de madeira de ébano
— JACQUES ROUMAIN, "Bois-d'ébène" [Madeira de ébano], 1945

Non nou sé bwa brilé
[Nosso nome é "madeira queimada"]
— EUGÈNE MONA, "Bwa brilé", 1973

Para além de suas dimensões sociopolíticas, a escravidão colonial designa também uma maneira de habitar a Terra, de consumir seus recursos e de se relacionar com os não humanos que eu chamo de *Negroceno*. O Negroceno designa a era em que a produção do Negro visando expandir o habitar colonial desempenhou um papel fundamental nas mudanças ecológicas e paisagísticas da Terra. A dimensão material e energética da escravidão colonial já é visível no vocabulário colonial utilizado para se referir à tal "carga" dos navios negreiros. Como mostra o poema "Bois d'ébène", de Jacques Romain, os africanos capturados, vendidos, transportados e escravizados foram comumente chamados de "Negros" ou "madeira de ébano", de modo que as expressões "tráfico negreiro transatlântico" e "tráfico de madeira de ébano" são intercambiáveis. Da mesma maneira, alguns navios negreiros foram batizados de *Nègre* e *Négresse*, outros foram nomeados *Ébène* e *Ébano*.

Essa denominação evoca, em primeiro lugar, a semelhança entre a cor da pele de africanos aprisionados e a cor do interior das árvores

PARTE I **A tempestade moderna**

da família das ebenáceas, que têm a madeira interior muito dura, de cor próxima ao preto. Entretanto, essa denominação inclui outra coisa. Os africanos Pretos não são comparados a árvores vivas e que irradiam por seus galhos em uma floresta, mas à *madeira*, à *matéria* extraída do ser vivo que servirá para alimentar os engenhos e as casas da *plantation*. Da mesma maneira que as florestas das Américas foram abatidas e queimadas sob os caldeirões de caldo de cana, essas madeiras de ébano da África foram raptadas para alimentar o habitar colonial, fazendo do tráfico negreiro transatlântico um desmatamento humano da África. A denominação de africanos Pretos como "madeira de ébano" transforma discursivamente essas vidas humanas em um "recurso" energético. Um recurso que foi fantasiado como renovável por intermédio do tráfico negreiro transatlântico e das políticas de natalidade.[20] Segundo as palavras do cantor martinicano Eugène Mona, o Negro é um *bwa brilé*: uma madeira literalmente consumida pelo fogo mecânico da *plantation*.

Tal como o petróleo, o gás, o carvão e a madeira, a modernidade também manufaturou uma energia Negra. Assim, Andrew Nikiforuk observa que, da Grécia Antiga e do Império Romano ao tráfico negreiro transatlântico, os escravizados constituíram uma fonte energética fundamental, equivalente às energias fósseis contemporâneas.[21] O estilo de vida de uma minoria do planeta se assentava na exploração, denunciada por Fanon, da "substância" desses ventres vazios, na dominação desses "escravizados espalhados na superfície do globo, nos poços de petróleo do Oriente Médio, nas minas do Peru ou do Congo, nas *plantations* da United Fruit ou da Firestone".[22] Assim como a ilha de Trinidad ao passar de escravizados coloniais ao petróleo, as energias fósseis seriam, de certa maneira, as novas energias de escravizados extraídas pelo "labor" das máquinas que alimentam as economias do mundo.[23] Mais do que um "parasitismo humano" do senhor-proprietário em relação ao hóspede-escravizado, o Negroceno descreve *uma maneira injusta de habitar a Terra*, na qual uma minoria se sacia com a energia vital de uma maioria discriminada socialmente e dominada politicamente.[24] Como a outra face do Plantationoceno, o Negroceno assinala a era geológica na qual a extensão do habitar colonial e as destruições do meio ambiente são acompanhadas pela produção material, social e política de Negros.

O Negroceno não é um "Capitaloceno racial",[25] como propõe Françoise Vergès, que levaria em conta a exploração das forças de trabalho racializadas e as destruições ambientais, pela simples razão de a palavra "Negro", tal como a emprego, não ser sinônimo de uma "raça". Aqui, sigo a abordagem não racializante da escravidão de Eric Williams, que faz do racismo o resultado, e não a causa, da exploração econômica e energética de um conjunto de seres humanos que contribuiu para o desenvolvimento do capitalismo britânico.[26] O essencialismo ancorado no uso da palavra "Negro" permitiu que se pensasse erroneamente que essa condição social e política era inerente à epiderme Preta e dizia respeito apenas aos humanos. Aqui, a palavra "Negro" não designa mais uma cor de pele, um fenótipo, tampouco uma origem étnica ou uma geografia particular. Ela designa todos aqueles que estiveram e estão no porão do mundo moderno: os fora-do-mundo. Aqueles cujas sobrevivências sociais são atingidas por uma exclusão do mundo e que se veem reduzidos a seu "valor" energético. O Negro é Branco, o Negro é Vermelho, o Negro é Amarelo, o Negro é Marrom, o Negro é Preto. O Negro é jovem, o Negro é velho, o Negro é mulher, o Negro é homem. O Negro é pobre, o Negro é trabalhador, o Negro é prisioneiro. O Negro é marrom-floresta, o Negro é verde-planta, o Negro é azul-oceano, o Negro é vermelho-terra, o Negro é cinza-baleia, o Negro é preto-fóssil. Os Negros são os muitos fora-do-mundo (humanos e não humanos) cuja energia vital é dedicada, por meio da força, aos modos de vida e às maneiras de habitar a Terra de uma minoria, ao mesmo tempo que a eles se recusa uma existência no mundo.

 O capitalismo globalizou o habitar colonial empregando esses dispositivos técnicos cada vez mais aperfeiçoados que são as perfurações de poços. Eles mergulham no solo para recuperar a energia fóssil, tornando possível tal forma violenta de habitar a Terra. Do mesmo modo, essa economia mergulha suas mãos perfuradoras no porão do mundo para saciar os desejos de uma fração daqueles que estão na Terra. Os poços de escravizados Negros do golfo da Guiné do século XVI ao XIX são hoje os poços de petróleo que alimentam a Europa e os Estados Unidos, que subjugam novamente comunidades locais, como o povo Ogoni, da Nigéria, defendido até a morte por Ken Saro-Wiwa.[27] Disso resulta uma modernidade que fez da terra um Negro, como aponta Alice Walker: "Alguns de nós têm o hábito de pensar que a mulher é o Negro do mundo, que a pessoa racializada é o Negro do mundo, que a pessoa pobre é o Negro do mundo. Mas, na verdade, é a própria Terra que se tornou o Negro do mundo".[28]

Engrenagens indispensáveis para as transformações ecossistêmicas e geológicas do planeta, as maneiras que os Negros escravizados têm de habitar a Terra diferem daquelas dos senhores, selando as desigualdades entre os que habitam as *casas-grandes* [*habitations*] e os que residem nas *senzalas* [*cases*]. A casa-grande está destinada a durar. Ela encarna o vestígio do mundo escravagista e, particularmente, o vestígio do lugar do colonizador. Esse vestígio do habitar colonial é duradouro. Hoje, as "casas-grandes" são transformadas em museus em toda a América. A senzala do escravizado, ao contrário, tem uma natureza temporária, como descreve Du Tertre.[29] O escravizado não habita, seu hábitat não é destinado a durar nem a deixar vestígios. No Negroceno, a diferença entre a casa-grande e a senzala se repete. De um lado, as habitações [*habitations*] dos castelos, dos palácios, dos edifícios, dos complexos, das fábricas construídas de forma sólida. De outro, os casebres [*cases*] dos guetos, dos conjuntos habitacionais, das favelas de Nairobi ao Rio de Janeiro, passando por Soweto e Nova Deli, mas também os casebres dos estábulos, das fazendas industriais e da pecuária em baias. Considerados fora-do-solo, os Negros não habitam. A economia capitalista encontra sua tradução geográfica na procissão diária material e energética dos Negros da terra inteira, indo de suas senzalas até as casas-grandes de seus senhores. Como descrevem Joseph Zobel, em seu romance *La rue Cases-Nègres*, na Martinica, David Goldblatt, em suas fotografias dos transportados do KwaNdebele, na África do Sul, e Hugh Masekela, em sua canção "Stimela", os Negros escorrem em direção aos moinhos do habitar colonial.[30]

Entretanto, como lembra o poeta Serge Restog, "Nèg-là pa ka mò kanmenm" (O Negro não morre, apesar de tudo).[31] Os Negros de ontem e de hoje encontraram meios de resistir e deixar vestígios no mundo. O Negroceno é também a era dessas resistências silenciosas e subterrâneas que, às vezes, rugem em erupção vulcânica. Ao contrário do Antropoceno, que se interessa apenas pelas casas-grandes dos senhores, por seus engenhos e moinhos, escrever o Negroceno pressupõe também desenterrar os vestígios daqueles a quem o mundo foi recusado. É nesse ponto que se desvela a importância de uma arqueologia da escravidão, que não se limita mais aos sítios aéreos, mas que se dedica, como sugere Patrice Courtaud, à "exploração do mundo enterrado".[32] É preciso cavar para encontrar os cemitérios de escravizados e os vestígios dos ameríndios, descascar os arquivos para encontrar vozes, falas, reconhecer práticas de dança e de canto em uma história do mundo.[33] A historicidade não é mais unicamente a dos dominantes, é também a das obstinadas resistências geológicas no porão da modernidade, assim como a dos gritos que jorram clamando por uma existência no mundo. Sim, a escravidão e o tráfico negreiro são um crime contra a humanidade. Talvez um dia reconheçamos que eles constituíram também um ecocídio, um crime contra a Terra e suas condições de vida. De Mackandal a Mandela, de Solitude a Rosa Parks, de Queen Nanny a Wangari Maathai, de Toussaint Louverture a Ken Saro-Wiwa, de John Brown a Aimé Césaire, o Negroceno é também o tempo das florestas de resistência à destruição da Terra e dos desejos retumbantes de mundo.

4
o ciclone colonial

La Tempête [1688]

Ao partir de La Rochelle em julho de 1687, *La Tempête* [A tempestade] se dirige à costa oeste africana. Com seus 28 canhões e o capitão Jean-Baptiste du Casse, essa fragata de 300 toneladas leva sobre as águas as concupiscências velozes da Companhia Real da Guiné. Por suas repetidas rajadas de novembro de 1687 a fevereiro de 1688, *La Tempête* varre as paisagens da Guiné, marcando em sua passagem a localização dos futuros entrepostos coloniais do rei Luís XIV: Assinie [antes chamada Issiny], Commando e Acra. Após haver espalhado suas trombas-d'água cobiçosas sobre o ouro e os corpos africanos, ela se retira, levando 303 homens e mulheres Pretos através do Atlântico. *La Tempête* abate-se sobre a Martinica na manhã de 15 de junho de 1688, regando as plantações dos senhores com o sal vermelho-sangue dos 287 sobreviventes. Retornando à França carregada de açúcar, *La Tempête* conclui seu ciclo colonial.

> PRÓSPERO: *Nós maquinamos a tempestade à qual acabaste de assistir, que preserva meus bens ultramarinos e, ao mesmo tempo, esses sacripantas em minha posse.*
> — AIMÉ CÉSAIRE, *Uma tempestade*, 1969

Os ciclones Katia, Irma e José, 8 set. 2017. © NOAA satélites, GOES-16.

o ciclone colonial

Em 8 de setembro de 2017, os satélites de meteorologia mostraram três ciclones – Katia, Irma e José – refestelando-se juntos na costa da América Central e no litoral das ilhas caribenhas. Com dezessete eventos, incluindo seis furacões de grande magnitude (Harvey, José, Maria, Irma, Katia e Ophelia), a temporada de ciclones de 2017 foi a mais ativa desde 2005, causando prejuízos de centenas de bilhões de dólares e deixando milhares de mortos.[1] José, Maria e Irma são apenas os últimos nomes de uma longa lista de ciclones de categoria 4 ou 5 na escala Saffir-Simpson, assim como Hugo, Katrina ou Matthew, que devastaram o Caribe nas últimas décadas. Particularmente atingido pelos ciclones, o Caribe é um dos lugares em que os efeitos devastadores do aquecimento global se afirmam com força e regularidade. Ano após ano, as imagens de desolação e sofrimento inundam os canais de televisão durante alguns dias. Corpos mudos depositados no meio das ruínas de concreto e das chapas metálicas, ou boiando no limbo do anonimato obscuro. Rios agitados que não conseguem reencontrar o caminho tranquilo de seu leito. Os especialistas declaram mais uma vez a incomensurabilidade do evento que arranca vidas como copas de coqueiros e contraria a imagem idílica de hotéis paradisíacos aquecidos pelo sol sobre a areia branca. As monstruosas tempestades respondem, pois, aos "monstruosos" saqueadores que, sem fé nem lei, fazem das paisagens devastadas suas carniceiras. Por um certo tempo, o telejornal adquire os ares de um filme de ficção científica, e o mar caribenho revela-se como a pálpebra aberta do olho de um monstro.

Como uma tempestade, a crise ecológica se depara hoje com o mundo caribenho e seus fundamentos coloniais. O registro discursivo do monstruoso e da catástrofe obstrui um pensamento social e político crítico de seus ciclones e dos problemas ecológicos contemporâneos, colocando o Caribe, seus habitantes e esses eventos em um espaço fora-do-mundo, bem distante dos centros europeus. Ora, as catástrofes engendradas pelos ciclones atlânticos não são nem "naturais" nem politicamente neutras, tanto em suas causas como em suas consequências. Para apreender o sentido político das tempestades, é necessário entrar no interior do navio. Trocando o domínio do monstruoso pelo fabuloso, um pensamento político dos encontros entre catástrofes naturais como os ciclones e o mundo colonial já pode ser visto no imaginário das Américas e nas obras artísticas que refletem sobre essa região.

No imaginário dos Pretos americanos nos Estados Unidos, as tempestades do Atlântico são frequentemente associadas ao tráfico negreiro transatlântico. Nascendo ao largo da costa africana, traçando seu caminho rumo à bacia caribenha e ao golfo do México e, em seguida, partindo novamente rumo ao Atlântico Norte em direção à Europa, tais tempestades lembram o traçado desse crime histórico em relação ao qual nenhuma justiça foi feita. Segundo esse imaginário, a tempestade não é mais apenas uma espiral de ventos e de trombas-d'água. Ela é carregada da memória dos ancestrais perdidos no Atlântico que encalham com fúria nas costas americanas. Com tal movimento, a tempestade comporta-se como um navio negreiro que lembra as injustiças passadas e reforça as desigualdades contemporâneas: a tempestade torna-se um ciclone colonial. Eu chamo de *política do ciclone colonial* o conjunto de estratégias e tramoias que transformam as catástrofes, em parte naturais, nos eventos lucrativos que reforçam os fundamentos coloniais do mundo, incrementam a riqueza dos senhores e exacerbam as sujeições e as perturbações dos escravizados. Por meio de suas produções artísticas, William Shakespeare, Aimé Césaire, Joseph Conrad e William Turner revelam três características principais da política do ciclone colonial, três maneiras pelas quais a tempestade aparece no mundo como um ciclone colonial.

Shakespeare e Césaire: quando a tempestade serve aos interesses dos senhores

Em sua peça de 1610, *A tempestade*, Shakespeare relata a aventura de Próspero, duque de Milão, que, por uma artimanha de seu irmão Antônio, vê-se deposto e isolado em uma ilha. Próspero passa a viver ali com a filha, Miranda. Ele divide a ilha com um escravizado de corpo deformado, Caliban, e com um espírito de poderes sobrenaturais que também é escravizado, Ariel. Certo dia, um navio passa ao largo da ilha com Alonso, rei de Nápoles, seu filho Ferdinand, Antônio e outros passageiros a bordo. A peça começa com uma tempestade que provoca o naufrágio desse navio, arremessando os passageiros para as margens, tempestade que, no final das contas, garantirá a Próspero a recuperação de seu ducado e a manutenção da escravidão de seus escravizados. Essa cumplicidade singular entre o senhor Próspero e a tempestade foi um dos aspectos registrados por Aimé Césaire em sua reescrita da peça.

Longe de ser fruto do acaso, a tempestade é obra do senhor, o resultado da "arte" de Próspero.[2] *O senhor produz a tempestade*. Entretanto, "a arte" com a qual o senhor engendra a tempestade não provém de seus poderes mágicos sobre os elementos, e sim de sua faculdade de comandar e de explorar Ariel, seu escravizado, que fabrica a tempestade. A relação escravagista pela qual a tempestade é engendrada provoca, por sua vez, *uma tempestade que serve ao senhor*. Ao casar sua filha Miranda com Ferdinand, filho do rei, Próspero recupera seu ducado. Próspero é aquele que prospera graças à tempestade. A tempestade consolida igualmente a escravidão dos escravizados. No final da peça, o escravizado Caliban, que desprezava seu senhor, arrepende-se de haver tentado se livrar dele, promete que "no futuro [vai] ter siso" e fazer de tudo para buscar a "graça" do seu senhor.[3] *A tempestade reforça, portanto, a escravidão dos escravizados e a posição do senhor*.

Essa política do ciclone colonial vantajosa para os senhores é atestada pelos trabalhos de ciências humanas e sociais que demonstram que as catástrofes ditas "naturais" são, sobretudo, resultado de certas maneiras de habitar a terra, de construções sociais, de modelos econômicos, de escolhas políticas que aumentam as desigualdades e exacerbam as relações de poder. Essas desigualdades são encontradas tanto nas causas como nos efeitos dos ciclones. Quanto às causas, embora o Caribe contribua relativamente pouco para o aquecimento global, o resultado deste é aumentar a intensidade dos ciclones que atingem essa região do mundo.[4] Quanto às consequências, os danos resultam, sobretudo, de vulnerabilidades histórica e politicamente construídas dessa bacia, habitada por populações mantidas em situação de pobreza e de extrema dependência econômica em relação a instituições internacionais e a antigas potências coloniais. Em 2017, quatro dos territórios mais atingidos (Porto Rico, Sint Maarten, Saint Martin, São Bartolomeu) eram não autônomos, dependentes respectivamente dos Estados Unidos, do Reino dos Países Baixos e da França (os dois últimos). A dimensão dos danos materiais decorre também de certas escolhas em termos de urbanismo e agricultura. A construção de hábitats em áreas inundáveis ao longo do litoral torna a região mais vulnerável à subida das águas durante os ciclones. A erosão causada pelo desmatamento maciço dos morros do Haiti aumenta o volume das inundações e os prejuízos causados a cada ciclone. Do mesmo modo, a escolha das Antilhas francesas de se constituírem como ilhas das bananas confirma a fragilidade de uma economia baseada na resistência anual de uma erva gigante a rajadas de mais de 200 quilômetros por hora.

Conhecendo essas construções sociais e políticas das catástrofes, conhecendo seus efeitos diferenciados, em que os mais pobres, as minorias, as mulheres e os idosos sofrem mais as consequências, não é possível compreender como elas continuam a se repetir, ano após ano, sem reconhecer que alguém se beneficia delas. Alguém têm interesse na manutenção dessas desigualdades, dessas maneiras de habitar a Terra e, portanto, nas catástrofes. Como aponta Aimé Césaire, a tempestade tramada pelo senhor permite preservar seus bens ultramarinos ao mesmo tempo que traz humanos para sua posse, como um navio negreiro.

Conrad e Katrina: quando a tempestade engendra porões do mundo

Mais do que gerar um empobrecimento dos pobres, a política do ciclone colonial recria dispositivos de porão do mundo durante a catástrofe. A relação entre a tempestade e o porão do mundo foi colocada em evidência na obra *Tufão*, de Joseph Conrad. Inspirando-se em fatos reais,

Conrad retraça a história de um navio do século XIX, o *Nan-Shan*, que navega da Tailândia à China levando de volta empregados chineses que cumpriram os sete anos de seu contrato. A tripulação, inglesa, é liderada pelo capitão MacWhirr e seu imediato Jukes, enquanto sob o convés encontram-se duzentos chineses e o dinheiro deles. No caminho, o navio depara-se com um violento tufão que o coloca em perigo. Já conhecido por sua crítica ao imperialismo em *Coração das trevas*,[5] Conrad aborda nessa obra o encontro do mundo colonial com um tufão, outro nome do ciclone nos mares asiáticos. A tripulação inglesa representa o poder colonial, que comanda o navio e possui o saber tecnológico sobre ele por meio de seu mecânico. Por outro lado, os chineses, chamados de maneira pejorativa *"coolies"*, estão no convés inferior, no porão do mundo.[6] Esse tufão traduz-se, então, por uma experiência ainda mais difícil para esses *"coolies"* que se encontram sob o convés. Conrad descreve cinco momentos da constituição colonial do ciclone.

No primeiro momento, a *rota da indiferença discriminatória*, Conrad mostra como os danos causados pelo tufão são, inicialmente, fruto de uma conduta desse navio-mundo que negligencia os alertas, sabendo muito bem que os que estão sob o convés sofrerão pesadas consequências. Ciente da tempestade que se aproxima e advertido dos perigos que corriam os chineses, o capitão recusa-se a mudar de rota, preferindo preservar seus interesses financeiros, economizando carvão e questionando as previsões. O segundo momento é o do *calvário* para os que estão no porão. Sacudidos em todas as direções, os chineses, ensanguentados, veem suas economias se dispersarem. O terceiro momento é o da *indiferença sustentada*, em que os ingleses exibem um nítido desdém pelos chineses *durante* a tempestade. O quarto momento é o do *caos infernal*, a consequência dessa superexposição dos chineses à tempestade e do abandono destes à própria sorte. Disso resulta uma situação em que os chineses se dilaceram uns aos outros, tentando recuperar os poucos trocados que economizaram durante o duro labor, dando lugar "a um verdadeiro inferno lá dentro". Em vez de deixar alguns saírem, o contramestre tranca a porta à chave, colocando uma tampa sobre um inferno em ebulição.[7] O quinto momento dessa política do ciclone colonial é o desfecho na forma de uma *redistribuição discriminatória*. Depois do tufão, todas as economias dos chineses acabam nas mãos da tripulação, que, sozinha, decide como dispor delas e as formas de redistribuí-las aos chineses.

Momentos	O ciclone a partir do porão do mundo
1	rota da indiferença discriminatória
2	calvário
3	indiferença sustentada
4	caos infernal
5	desfecho: a redistribuição discriminatória

Os cinco momentos do ciclone colonial a partir do porão do mundo.

A passagem do infame ciclone Katrina em agosto de 2005 pelo sul dos Estados Unidos ilustra essa política do ciclone colonial. A configuração das cidades estadunidenses na rota do Katrina é marcada pelas desigualdades sociais e pelo racismo estrutural. A população de Nova Orleans naquele momento era composta de 67% de Pretos, 28% de Brancos, 3% de "Latinos" e 2% de "Asiáticos".[8] A cidade apresentava um índice de pobreza de 28% em face dos 12% nacionais.[9] De maneira análoga àqueles que sobrevivem no porão, os habitantes de Nova Orleans vivem literalmente *abaixo do nível do mar*. Os mais pobres vivem nas áreas inundáveis, ao contrário dos mais ricos, que vivem nas partes altas. Além disso, antes de 2005, o Estado da Louisiana, particularmente a cidade de Nova Orleans, caracterizava-se também por um sistema educativo público degradante. Contando com 96% de estudantes Pretos, as aulas aconteciam em salas que precisavam de reforma e sem professores qualificados. Já a maioria dos estudantes Brancos frequentava escolas particulares.[10] Antes de 2005, Nova Orleans era uma das cidades mais segregadas dos Estados Unidos.[11]

O ciclone Katrina colocou em cena os cinco momentos descritos por Conrad. A *rota da indiferença discriminatória* era conveniente muito antes da chegada do Katrina. As autoridades sabiam que os diques de proteção, assim como o restante da infraestrutura em torno da cidade nos locais onde viviam as pessoas pobres, eram inadequados.[12] Assim, a ordem para evacuar dada àquelas e àqueles que não tinham essa possibilidade (devido à falta de meios de transporte, de recursos ou de infraestrutura) assinalava, principalmente, a confissão desse abandono, a ausência estrutural de preocupação com aqueles designados para o porão. As autoridades abandonaram tais habitantes "nesse convés repleto de água", como descrito por Conrad, antes mesmo da tempestade.[13] *O calvário* dos habitantes de Nova Orleans foi terrível. Mais de 2 mil pessoas encontraram a morte, mais de 2,5 milhões de moradias foram destruídas e cerca de 1 milhão de pessoas ficaram desabrigadas; tudo isso com a mídia ávida por imagens de corpos boiando sobre as águas. As estimativas dos danos chegam a quase 300 bilhões de dólares.[14] A *indiferença sustentada* foi midiatizada de maneira gritante, tendo em vista as reações dos altos funcionários do Estado e, especificamente, do presidente George W. Bush. Alertado pelo diretor do National Hurricane Center [Centro Nacional de Furacões], Bush escolheu não abreviar seus trinta dias de férias nem mudar seu percurso oficial.[15]

O *caos infernal* começou depois de alguns dias, com as primeiras denúncias de crimes, saques, estupros e assassinatos, e se tornou evidente após o que aconteceu no interior do Superdome. Esse estádio de futebol americano foi a última saída para muitas famílias que não tinham onde se abrigar. As autoridades haviam previsto suprimentos para 15 mil pessoas durante três dias; entretanto, o local acolheu mais de 30 mil pessoas durante cinco dias. Pedaços do teto saíram voando, a água entrava por todos os cantos, o sistema de ventilação parou de funcionar e a eletricidade do edifício, destinada ao funcionamento das máquinas dos doentes e dos refrigeradores, era mantida apenas por um gerador de emergência sob constante ameaça de ser engolido pela água. A temperatura ultrapassou os 27° no interior, os banheiros logo ficaram saturados. Rixas eclodiram. Várias denúncias de estupro foram feitas. Houve três mortos. Odores infectos, umidade, calor tórrido, penumbra, insalubridade, promiscuidade e comida insuficiente: aquelas pessoas estavam, literalmente, no porão do mundo. Em 31 de agosto, impotente diante de uma situação que se agravava, a Guarda Nacional colocou arame farpado em volta do Superdome para se proteger dos desabrigados e, ao mesmo tempo, encerrá-los lá dentro. No intervalo de alguns dias, o Katrina reproduziu no Superdome o dispositivo do porão de um navio negreiro.

Enfim, ocorre o desfecho da tempestade, o momento da *redistribuição discriminatória*. O pós-Katrina também foi testemunha de um reforço das desigualdades sociais. A estratégia de choque daquilo que Naomi Klein chama de "capitalismo de desastre" fez do sistema educativo de Nova Orleans sua presa. Menos de dois anos após as inundações, a maioria das escolas públicas foi substituída por "escolas conveniadas" ["*charter schools*"], "instituições fundadas pelo poder público e dirigidas por entidades privadas".¹⁶ O ciclone foi a oportunidade para se livrar das conquistas sociais, para liberalizar o serviço público e para prolongar a exclusão dos mais pobres. Para atravessar o Katrina, os mais pobres, os mais velhos, as mulheres, os Negros foram literalmente confinados no porão do mundo.

Turner e o *Zong*: a tempestade-pretexto para lançar o mundo ao mar

Em seu quadro de 1840 comumente chamado de *The Slave Ship* [O navio negreiro], William Turner expõe em cores a prática funesta que usa a tempestade como pretexto para se livrar dos condenados da Terra.* Provavelmente assombrado por seus investimentos de juventude numa companhia açucareira negreira na Jamaica, Turner pinta a cena de um navio negreiro enfrentando um mar agitado.¹⁷ Escravizados ainda acorrentados são lançados ao mar antes de serem devorados por monstros marinhos que espalham o sangue desses corpos na superfície da água. À primeira vista, esse quadro, cujo verdadeiro título é *Slavers Throwing Overboard the Dead and Dying, Typhoon Coming On* [Escravistas lançando os mortos e moribundos ao mar, tufão chegando], permitiria supor uma relação de *causalidade natural* entre o ciclone e a evacuação dos moribundos e dos mortos do navio negreiro. Nesse sentido, as nuvens que cobrem o céu anunciariam um ciclone de ventos violentos, diante dos quais o navio não teria condições de resistir. A má sorte obrigaria a tripulação a deixar o navio mais leve e a se livrar de quem já estava morto e de quem não sobreviveria, a fim de preservar o navio e os outros. Diante da *chegada* de um ciclone, os negreiros seriam *obrigados* a lançar os mortos e os moribundos. Esse é o embuste do ciclone colonial que Turner critica no quadro.

Embora o céu se torne vermelho-sangue com o sol poente, o mar comece a produzir ondas e nuvens escuras apareçam no horizonte, o ciclone ainda não está lá.¹⁸ Turner – que, aliás, era especialista na pin-

---

* Ver p. 21. [N. E.]

tura de tempestades – não retrata o ciclone nesse quadro, mas o gesto pelo qual os escravizados acabam de ser lançados ao mar, os grilhões nos tornozelos e nos punhos, as mãos estendidas em direção ao céu, buscando uma fenda no mundo pela qual possam escapar daquele mar pintado com seu próprio sangue. O ponto de partida da cena não é o ciclone. É o gesto de lançar (*throwing*). Pensar que, durante uma travessia que poderia durar vários meses, a tripulação teria o cuidado de conservar os mortos no navio, esperando lhes dar uma sepultura em terra firme, seria atribuir demasiada "humanidade" aos escravistas. Os mortos eram lançados ao mar durante toda a viagem, recompensando os tubarões que seguiam regularmente os navios.[19] A relação expressa por Turner é exatamente o oposto. O ciclone, os mortos e moribundos e os escravistas encontram-se, então, em relações de causalidade que seguem a ordem dada no título do quadro: *Slavers Throwing; The Dead and Dying; Typhoon Coming On* [Escravistas lançando; os mortos e moribundos ao mar; tufão chegando]. *É a derrubada dos escravizados no mar promovida pelos escravistas que produz mortos e moribundos, crime que, em contrapartida, cria o tufão, ou seja, a catástrofe*. Longe de ser uma má sorte, Turner sugere que o tufão é fruto das atrocidades cometidas pelos escravistas contra essas pessoas.

Afirmar que o crime negreiro fabricava o ciclone colonial poderia parecer um disparate se Turner não tivesse se inspirado na história real do navio *Zong*. Em 18 de agosto de 1781, comandado pelo capitão Collingwood, o navio negreiro britânico *Zong* deixou a costa de Gana rumo à Jamaica com 442 escravizados e 17 membros da tripulação a bordo – uma quantidade excessiva, considerando sua tonelagem.[20] Após um erro de navegação que prolongou a duração do trajeto, o navio enfrentou uma escassez de água em 28 de novembro. A tripulação se reuniu e tomou a funesta decisão de lançar escravizados ao mar! Em 29 de novembro, 54 mulheres e crianças foram lançadas ao mar, seguidas por 42 homens em 1º de dezembro, entregues ao afogamento e ao festim dos tubarões. Essa atrocidade encontrou uma racionalidade capitalista e colonial nos contratos de seguro dos negreiros. A equipagem de um navio negreiro exigia um capital inicial expressivo, para o qual os acionistas contratavam um seguro contra os *"perils of the sea"* [perigos do mar], as insurreições e as circunstâncias excepcionais que poderiam levar à perda da carga humana. Por outro lado, se os escravizados perecessem por morte "natural" em decorrência da falta de comida e água, de maus-tratos ou em consequência de um erro de navegação, nenhuma compensação poderia ser obtida.[21] Portanto, era mais lucrativo para os escravistas do *Zong* lançar escravizados à morte do que mantê-los vivos, contanto que inventassem um ciclone ou catástrofe semelhante. No entanto, membros da tripulação relatam que teria chovido em 1º de dezembro e nos dias seguintes. *Água*. Finda a escassez. Tarde demais: a tentação do ciclone colonial era muito grande para se deter ali. Eles precipitaram para a morte mais 36 pessoas nos dias seguintes. Diante dessa desumanidade, 10 outros saltaram voluntariamente.[22]

No retorno do *Zong* a Liverpool, William Gregson, representante dos acionistas do navio e rico comerciante negreiro, exigiu uma compensação junto à sua seguradora, alegando que as perdas de escravizados decorriam de um evento excepcional, e não da escolha deliberada de sacrificá-los feita pela tripulação. A recusa da seguradora de pagar a tripulação por esses escravizados lançados ao mar deu origem a um processo em 1783 (*Gregson* v. *Gilbert*). Uma primeira decisão deu razão a Gregson e impôs à seguradora o pagamento de 30 libras por escravizado lançado ao mar. Após o depoimento do imediato James Kelsall, essa primeira decisão foi revogada por recurso. A disputa legal dizia respeito somente ao tema da "indenização" da tripulação, e não da natureza criminal desse ato. Nenhum processo penal foi aberto pelo fato de terem sido lançados voluntariamente ao mar 142 homens e mulheres. Por esse crime sem nome, os negreiros fabricaram o tufão que chega. A catástrofe nasce precisamente das ações empreendidas pelos humanos antes mesmo do perigo. A catástrofe, às vezes, até se torna uma oportunidade sórdida para se livrar daquelas e daqueles a quem o mundo é recusado. O ciclone se torna o pretexto para não viver com o outro e para lançar o mundo ao mar.

a política do ciclone colonial e o aquecimento global

O ciclone colonial mostra que a crise ecológica não reexamina o mundo em detalhes. Ao contrário, ele reforça as dominações e as opressões coloniais. Os ciclones aceleram, contraem, tensionam o mundo, revelam suas fraturas estruturantes e radicalizam suas linhas de não compartilhamento. Sim, o aquecimento global é a consagração dos

Prósperos do mundo, daqueles que tiram proveito das catástrofes, o prolongamento dos calvários para os Calibans e Ariéis da Terra. Como descreveram Césaire e Shakespeare, a tempestade climática nasce da exploração dos escravizados por seus senhores por intermédio de uma produção capitalista carregada de gases de efeito estufa, que aumenta as desigualdades sociais e perpetua as injustiças abertamente admitidas. Ao alertar que os países não fizeram o bastante para limitar o aquecimento e sem conseguir, com isso, impelir os Estados a se mexerem, a União Internacional para a Conservação da Natureza (UICN) relembra a *rota da indiferença discriminatória* do capitão MacWhirr, de *Tufão*, que prefere economizar seus tostões e continuar produzindo carvão. Sabe-se que essa indiferença exacerbará as misérias, reproduzirá os porões dos condenados da Terra, como lembram Conrad e o ciclone Katrina. Alguns já se apropriaram do aquecimento global para atestar um excedente demográfico na balança da Terra.[23] A exemplo do *Zong*, o aquecimento global seria, portanto, bem-vindo para se livrar lucrativamente dos Negros do mundo; aqueles mesmos que são explorados, que ocupam menos lugar e que produzem menos seriam os excedentes. A única injunção que sobrevive à tempestade sem se preocupar com os que povoam esse navio torna-se uma catástrofe em si mesma. Que navio construiremos, então, diante da tempestade?

parte II

a arca de Noé: quando o ambientalismo recusa o mundo

5
a arca de Noé: o embarque ou o abandono do mundo

Noé [1748-49]

Os céus modernos trovejam em 1492, anunciando uma incessante chuva negreira de quatro séculos. O dilúvio colonial apressa-se para recobrir a terra. Naquela manhã de outubro de 1748, no porto de La Rochelle, o capitão Thomas Palmier, com o olhar vigilante, percorre *Noé*, o navio de 70 toneladas que preservaria suas riquezas e seus passageiros. Falta apenas pegar a madeira do outro lado do horizonte, no golfo da Guiné. Percorrendo a Costa do Ouro de março a maio de 1749, o *Noé* devora com uma bela indiferença as florestas dos que serão sacrificados e escolhe os que serão escravizados. Setenta e cinco pares de humanos acorrentados são embarcados no porão. Mas, desta vez, ao partir de Acra em junho de 1749, um sobressalto vem perturbar o propósito de *Noé*. Os ventos contrários o impedem de deixar a terra, arremessando-o para a costa do Benim, em seguida para a ilha de Bioko. Lá, durante um dia inteiro, a embarcação é cercada por Negros, aqueles a quem o mundo foi recusado tanto em terra como em alto-mar. *Noé* enche-se de água. Submerso, Palmier ateia fogo à pólvora. Nessa explosão, com um salto libertador dos corpos-cativos, 61 apelos de mundo afundam no mar, gritando na espuma funesta contra a injustiça de uma arca-negreira.

a arca de Noé: imaginário dos discursos ambientalistas

Os anos 1960 e 1970 marcaram o início de um movimento ambientalista global, incluindo as primeiras Cúpulas da Terra, o nascimento de partidos políticos ecologistas, as ações de organizações não governamentais, o reconhecimento do *Earth Day* nos Estados Unidos e, ainda, o relatório do Clube de Roma em 1972. Lançaram-se alertas relativos à degradação dos ecossistemas do planeta, à diminuição dos recursos naturais e à perda de biodiversidade. Esses alertas globais assumem como representação imaginária do mundo e da Terra uma nave com humanos e não humanos vagando num infinito espacial ou marítimo. Nave que permanece a chave para a salvação diante do que seria *a* catástrofe anunciada: *a arca de Noé*. A ideia de uma *spaceship Earth* (nave Terra) ganhou, a partir de então, uma importância crescente nos discursos do embaixador americano na ONU, Adlai Stevenson II,[1] em 1965, e nos escritos dos economistas Kenneth Boulding e Barbara Ward, do agrônomo René Dubos e do arquiteto Buckminster Fuller.[2]

Essa cena encontra-se também na obra de James Lovelock sobre sua hipótese Gaia proposta em 1970.[3] Ele associa o planeta Terra a uma entidade viva capaz de se autorregular a fim de preservar as condições ambientais físicas e químicas ótimas que garantam a vida no planeta.[4] Lovelock esclarece, entretanto, que o nome Gaia, que ele dá à Terra, não é uma referência à divindade, como se se tratasse de um ser vivo e senciente, e sim à forma como, em inglês, *navegadores* tratam suas embarcações, usando o pronome pessoal "*she*" [ela].[5] As embarcações aparecem também nos escritos de partidários do Antropoceno, como Paul Crutzen, Will Steffen e John McNeill, segundo os quais os humanos seriam os *comissários de bordo* de um sistema-Terra. Eles convocam essa embarcação ao centro da gramática colonial de um colonizador-navegador, de uma "*human enterprise*" [empresa humana] que, por sua ação geológica, teria "impelido" esse sistema-Terra em direção a uma "*Terra incognita* planetária".[6] Essa ideia evoca tanto o nome [*Enterprise*] da nave espacial fictícia da série *Star Trek* e o da primeira nave espacial real da Nasa, *OV-101*, como a viagem do colonizador-explorador britânico James Cook em seu navio *Endeavour* (sinônimo de "empresa"), partindo rumo à *Terra incognita* representada pela Austrália em 1769.

a política do embarque

Tal cena permite apontar a unidade da Terra. O planeta é *uno*, e os humanos vivem em um mesmo planeta. Entretanto, a arca de Noé também é uma *metáfora política*. Ela estabelece as balizas dos possíveis pensamentos sociais e políticos relativos às maneiras de enfrentar a crise ecológica. Assim, a arca de Noé como cena do mundo no coração do ambientalismo moderno comporta uma *política do embarque*. Ela simboliza um impulso inicial de ações e discursos que têm a função de constituir esse embarque político e metafórico de um mundo diante *da* catástrofe, embarque esse percebido não como transitório, precisa Hicham-Stéphane Afeissa, mas sim como o objetivo da ação diante da catástrofe.[7] É tal embarque diante do "Dilúvio" que Michel Serres propõe em seu *O contrato natural*.[8]

Embarcar na arca de Noé é, em primeiro lugar, ter feito um registro de um ponto de vista singular, de um conjunto de limites no que diz respeito tanto à carga de "vícios" que a Terra pode suportar como à capacidade de seu "navio". Subir na arca de Noé é deixar a Terra e se proteger por trás de um muro de cólera que um "nós" indiferenciado teria suscitado. É adotar a sobrevivência de *certos* humanos e de *certos* não humanos como princípio da organização social e política, legitimando assim o recurso à *seleção violenta do embarque*. Por "política do embarque", designo as *disposições* e *engenharias* políticas e sociais que têm por objetivo determinar o quê e quem é contabilizado e embarcado no navio, *assim como* o quê e quem é abandonado; que visam impor ao mesmo tempo uma relação fora-do-solo com a Terra e uma organização sociopolítica determinada unicamente pela lógica de sobrevivência a tal catástrofe.

corpos-em-perda

Confundindo a Terra globalizada com o mundo, a política do embarque da arca de Noé engendra pessoas que são conceitualmente destituídas de suas respectivas identidades culturais e de suas historicidades, sendo reduzidas a *corpos-em-perda*. A ecologia da arca de Noé pressupõe *a perda* dos nomes, das culturas e das subjetividades dos que são embarcados. Nesse imaginário, a arca não vem assegurar a sobrevivência de pessoas, comunidades, culturas e artes ou histórias, ou seja, a preservação de um conjunto de relações com outros, de práticas coletivas, e até de ecúmenos. A diversidade cultural do mundo e a pluralidade das histórias são apagadas em proveito de uma cena em que conta apenas o número de corpos-em-perda a salvar. Os embarcados confundem-se em um todo homogêneo e singular, verdadeiro espelho da totalidade Terra. Mergulhado em "massas gigantescas", afirma Serres, os sujeitos desaparecem.[9]

Essa entrada em cena de corpos-em-perda é flagrante nos discursos que abordam a questão dos "refugiados climáticos". Certamente, as mudanças drásticas causadas pelo aquecimento global suscitarão expressivos movimentos de pessoas. Entretanto, ao contrário dos trabalhos de antropólogos, os discursos ambientalistas que se contentam com os termos "migrantes" ou "refugiados climáticos" constroem um sujeito que, dividido entre seu lugar de origem e seus possíveis pontos de destino, permanece suspenso entre o cais e o navio como um corpo sem rosto, destituído de nome, de pertencimentos familiares, culturais e comunitários, de desejos e de capacidades de ação: figuras monstruosas e racializadas.[10] Essa homogeneização em curso para os humanos também diz respeito aos não humanos que, geralmente, só são convocados por intermédio de termos tão homogeneizantes quanto "biodiversidade", "Terra" ou "ecossistemas". É assim que Norman Myers, o inventor da expressão "*hotspot* de biodiversidade", retrata a perda desta, literalmente, como uma arca que naufraga, *a sinking Ark*.[11] Humanos e não humanos formam, então, uma só matéria indistinta a ser introduzida na arca.

astronautas na Terra

Nessa cena, a política do embarque produz paradoxalmente uma relação fora-do-solo com a Terra. A Terra não é mais o berço dos humanos, sua base, seu *arkhé*. Ela se torna uma nave da humanidade que vaga num espaço infinito. No entanto, por meio da passagem de berço para nave, a Terra perde essa qualidade fenomenológica primeira para os humanos descrita por Edmund Husserl: a de uma "terra-solo", o referente a partir do qual "repouso e movimento têm sentido".[12] Fazer da terra uma *spaceship* ou uma nave não corresponde a uma translação de ponto de referência, por exemplo do geocentrismo ao heliocentrismo, mas consiste em remover todas as marcas espaciais fundamentais a partir das quais a experiência da Terra é pensada, conduzindo a uma *ausência de solo*. A transição de berço para nave consiste também em *arrancar o solo de si* e desfazer-se da qualidade matricial da Terra.

A consequência desse matricídio é uma relação de estranhamento dos humanos na Terra, o que resulta em humanos sem solo. Isso faz com que a Terra não seja mais o lar-berço dos humanos, mas uma paradoxal permanente condição temporária, *uma humanidade sem seu lar*. Os humanos povoam a Terra, portanto, como verdadeiros *astronautas*, conforme exprimem Serres e Lovelock:

> A que distância temos de voar para o perceber assim globalmente? Todos nos tornamos astronautas, inteiramente desterritorializados: nunca como dantes um estranho podia sê-lo face a um estranho, mas em relação à Terra de todos os homens no seu conjunto.[13]
>
> Os astronautas que tiveram a chance de olhar a Terra do *espaço* viram como nosso planeta é incrivelmente bonito, e se referem a ele como um lar.[14]

Eis um dos importantes paradoxos dos discursos ambientalistas globais. É somente num estranhamento radical em relação à Terra "de todos os homens no seu conjunto" que se torna possível fazer da Terra um "lar". Ao contrário do que sugere Bruno Latour, o pensamento da Terra de Lovelock não é "daqui-embaixo".[15] Somente afastando-se dela, de muito longe, e lançando *de volta* um olhar ao planeta *a partir* de um ponto qualquer no espaço é que se torna possível fazer dela um lar. Esse paradoxo é flagrante no documentário *Home*, de Yann Arthus-Bertrand, que adota explicitamente a perspectiva fora-do-solo de uma máquina voadora. Fazer do astronauta o ponto de referência de uma Terra-lar consiste em adotar um ponto fora-do-solo onde o narrador não pode viver. Se a "Terra" só pode ser dita a partir do ponto fora-do-solo do astronauta, então a "Terra" é literalmente inabitável. Os humanos não são mais terráqueos, mas *navegantes* sem ponto de fixação. Inabitada, a Terra é desolada. Sem fixação, os humanos são dessolados.

o abandono do mundo: os Noés

No âmbito político, o principal problema da cena da arca de Noé diante da tempestade ecológica consiste em amalgamar a história e a sobrevivência de *uma* família, a de Noé, à história e à sobrevivência do mundo. Isso significa confundir o *oikos* (o lar) e a *pólis* (a cidade). Mas não se pode utilizar o mesmo relato nem o mesmo foco para uma moradia e para o mundo. Dizer que a Terra é a casa da humanidade é reproduzir para a totalidade da Terra a fantasia excludente que visa esconder a pluralidade de atores e evitar essa tarefa política humana de compor um mundo com o outro: viver *junto*. Essa política do embarque não é nada mais do que um abandono do mundo. Apagando os sujeitos, essa ecologia da arca de Noé erige um sujeito global, "o Homem" ou "a humanidade". Pelo embarque, os sujeitos são deixados à margem e dá-se origem à humanidade. Como propõe Serres, todo mundo se chamaria, então, Noé.[16] Anunciando o universal em suas pretensões globais, esse ator permanece, entretanto, muito específico. Ele é emitido e pronunciado a partir de um centro particular, o dos países do Norte, ex-colonizadores, e majoritariamente por homens. A arca de Noé também não anuncia o fim dos sujeitos, e sim a imposição de um sujeito, de uma identidade particular sobre os demais sujeitos: a de Noé, o patriarca, pai e representante julgado legítimo pelos habitantes da Terra. Lembremos que, no *Gênesis*, o filho de Cam foi amaldiçoado por Noé com estas palavras: "Maldito seja Canaã; servo dos servos será de seus irmãos".[17] Como Cam e seus descendentes povoaram a África em seguida, esse episódio do *Gênesis* foi utilizado tanto por negreiros europeus como pelos comerciantes árabe-muçulmanos do tráfico negreiro para justificar a escravidão dos Pretos.[18] Os Noés não são, portanto, aqueles que se chamam efetivamente Noé e trazem com esse nome sua cultura. Os Noés são aqueles cujos nomes foram encobertos por uma humanidade pretensamente universal, mas que na prática é discriminatória.

A história expõe essa constituição colonial do embarque diante da catástrofe. Em julho de 1761, 160 homens, mulheres e crianças malgaxes embarcaram no navio negreiro *Utile* [Útil], fretado pela Companhia Francesa das Índias Orientais, no porto de Foulpointe, em Madagascar, destinados a serem vendidos nas ilhas Maurício. Era um navio negreiro peculiar, pois também levava a bordo 142 membros da tripulação. No caminho, a fragata chocou-se contra um banco de areia ao largo da ilha Tromelin e soçobrou. Uma parte dos escravizados encerrados no porão morreu no naufrágio. Toda a tripulação e o restante dos malgaxes alcançaram a ilha deserta e plana de um quilômetro quadrado. Com os destroços recuperados do navio, uma nova embarcação foi construída: uma *arca*. Em 27 de setembro de 1761, os 88 malgaxes restantes, que haviam participado da construção da arca, foram abandonados, enquanto seus senhores e os homens livres embarcaram aliviados. Quinze anos mais tarde, apenas sete mulheres e um bebê foram encontrados vivos na ilha.[19]

Tanto no cais como a bordo, esse abandono do mundo anuncia o fim do viver-junto. O mundo que se instaura entre os humanos por suas atividades políticas, por suas práticas culturais e vida social deve, então, suspender o tempo da catástrofe. Quem narra o que acontece no interior da arca de Noé? As representações cinematográficas e romanescas desse episódio se concentram essencialmente em todos os processos e dispositivos policiais que levam ao embarque de alguns e à rejeição de outros. Já que a catástrofe é apresentada como permanente, o fim do mundo entre os humanos torna-se o objetivo dessa ecologia da arca de Noé. As relações a bordo são definidas negativamente, ou seja, pelo que não acontece lá. "Portanto, reina a bordo uma única lei não escrita", declara Serres, "um contrato de não agressão, um pacto entre os navegantes, entregues à sua fragilidade, sob a constante ameaça do oceano que, através da sua força, zela, inerte mas medonho, pela sua paz."[20] Pode-se apenas compartilhar esse desejo de paz diante das guerras de conquistas coloniais e guerras mundiais. Entretanto, nem toda paz é igual. Aquela paz, animada unicamente pela lógica da sobrevivência, pode ser traduzida por um conjunto de violências sem nome, à semelhança dos navios negreiros *Noé* e *Utile*. A paz a bordo, tal como apresentada, não é uma paz *entre* diferentes grupos ou indivíduos, pois esses grupos são dissolvidos em um todo homogêneo. Ela se torna uma paz total, como uma ausência de qualquer atividade: o fim de um mundo entre os embarcados é apresentado como a condição de uma salvação diante da catástrofe. Mas "a verdadeira paz não é somente a ausência de tensão", lembra Martin Luther King, "e sim a presença de justiça".[21]

figuras da recusa do mundo

Disfarçada de bons sentimentos, essa ecologia da arca de Noé reproduz os mecanismos de subjugação e dominação entre os que entram na arca e os que não entram nela, entre os eleitos e os excluídos. A arca de Noé como cena imaginária de um ambientalismo globalizante produz seres que devem abandonar seus pertencimentos sociais e comunitários, deixar a Terra e deixar o mundo. Engendrando corpos-em-perda, astronautas e Noés, a arca de Noé simboliza a *recusa* de um encontro com o outro e com a Terra, encontro que é portador de um mundo onde coexistir. O abandono do mundo, da Terra e de suas múltiplas relações humanas e não humanas torna-se a condição do embarque e da sobrevivência. Assim, a arca de Noé gera um conjunto de figuras políticas, ou seja, de figuras que representam diferentes maneiras de colocar em prática essa política do embarque. Cinco figuras principais da recusa do mundo são reveladas pela cena da arca de Noé.

A primeira figura, o *indiferente*, designa a atitude ativa pela qual um muro psíquico e/ou físico é erigido diante do rosto dos outros, delimitando o perímetro dos objetos de uma preocupação. O indiferente coloca em prática uma ignorância epistêmica ativa[22] cuja função é desvincular, romper a relação concreta com o outro, recusar o mundo, fechando-se em um solipsismo ingênuo, mas bastante violento. O indiferente navega sobre a Terra com uma percepção de mundo dessensibilizada em relação aos outros. Ele não experimenta os pratos dos pobres, não sente o odor nauseabundo nos arredores das fábricas [*plants*] e zonas industriais, não toca as peles arrefecidas pela miséria, não vê as discriminações raciais e de gênero nem ouve os gritos de apelo por um mundo. *A recusa do mundo do indiferente é o abandono de uma preocupação com o outro.*

A segunda figura é a do *xenoguerreiro* (ou *xenocida*). O xenoguerreiro é aquele que reparte o mundo em fronteiras entre um "nós", que seria são e legítimo, e um "eles", que seria responsável pela tempestade e, portanto, inimigo. Ele recusa àqueles que não pertenceriam à comunidade nacional o direito de ter direitos. Esse "nós" e esse "eles" não são preexistentes à tempestade. Eles são o resultado da ação do xenoguerreiro. Confundindo o mundo com seu corpo e com o da comunidade, o xenoguerreiro considera o outro como o elemento patogênico e viciado que deve ser suprimido por meio de uma ecologia imunitária. Em uma mescla putrefata de racismo, antissemitismo, terrorismo, xenofobia e misoginia, a travessia da tempestade se traduz por uma guerra que visa, pura e simplesmente, a eliminação do outro.

A terceira figura é a do *sacrificador*. Fortalecido por uma aritmética (neo)malthusiana e por um geopoder[23] de escala global, o sacrificador é quem designa com legitimidade científica os que, estrangeiros ou não, representariam o excesso do mundo e os sacrifica. A invenção da "bomba populacional" de Paul Ehrlich é um exemplo disso.[24] Aqueles não são simplesmente jogados ao mar. Eles são realmente sacrificados. Isso quer dizer que sua eliminação é narrada como a condição infeliz mas necessária para acalmar os céus e o mar agitado pela tempestade ecológica de trovões divinos. O sacrificador não executa um ofício que lhe seria transmitido por uma autoridade superior. Com seu gesto e seus discursos, ele *fabrica* a necessidade dessa permuta infame: a preservação dos ecossistemas contra a vida dos Pretos, dos pobres e de outros subalternos. Essa é a equação proposta pela hipótese do bote salva-vidas de Garrett Hardin, que defende o sacrifício dos pobres e das pessoas racializadas.[25] Eis o cálculo que Holmes Rolston propõe, privilegiando a natureza diante daqueles que morrem de fome em alguns casos.[26] É também o que o jurista e romancista Preto estadunidense Derrick Bell denunciou em seu conto "Space Traders", no qual os Estados Unidos aceitam a oferta proposta por extraterrestres de libertar todos os Pretos do país em troca de ouro e de tecnologias despoluentes dos solos.[27] O eliminado é, portanto, sacrificado para assegurar a salvação do sacrificador e dos seus. O sacrificado não é mais aquele que não constitui o objeto de preocupação, mas sim aquele que é considerado como a-ser-sacrificado-pelos-sacrificadores. Aqueles nos quais os efeitos dos testes nucleares garantam o lugar da nação, aqueles das favelas que recebem o lixo do mundo como meio de vida, aqueles cujas doenças tornam possível a corrida desenfreada da sociedade industrial e do capitalismo moderno. No entanto, com o peso do seu mundo sobre a cabeça – e não sobre os ombros –, o sacrificador atua sobre os outros, expulsando-os do mundo com a consciência tranquila de um eleito investido de uma missão suprema.

A quarta figura é a do *senhor-patriarca*. O senhor-patriarca faz dos embarcados seus escravizados. De maneira análoga aos sacrificadores, a subjugação dos outros a um conjunto de tarefas e situações intoleráveis é apresentada como o mal necessário à sobrevivência dessa arca. Eles só são admitidos a bordo com a condição de serem mantidos fora da vista do mundo, no porão ou no convés inferior do navio. A bordo, mas fora-do-mundo. Nada impede a arca de Noé de assumir a forma de um navio negreiro. A exemplo dos sem documentos e dos subalternos, considera-se que eles estão à margem do mundo.

Por fim, a quinta figura é a do *devorador de mundo*. Aqui a atenção não se volta unicamente para a arca enquanto tal, para a afirmação de suas bordas e fronteiras (indiferença), para a eliminação e o sacrifício dos outros (o xenoguerreiro e o sacrificador), tampouco para as condições de existência a bordo (o senhor-patriarca). O devorador de mundo é aquele cujo modo de existência se engaja ativamente no consumo das outras formas de vida e das outras maneiras de ser no mundo. É aquele que vai destruir florestas, vales habitados por povos indígenas, terras férteis, ecossistemas, economias locais de dimensão humana a fim de construir sua arca, de fazer suas velas e seu aparelho funcionarem. A existência de seu mundo é sinônimo do consumo das outras cosmogonias: "meu mundo às custas do mundo dos outros". Essas cinco figuras representam cinco maneiras de colocar em prática essa ecologia da arca de Noé. Consequentemente, a política do embarque produz os que serão abandonados, eliminados, sacrificados, subjugados ou devorados para que esse embarque aconteça.

A recusa do mundo	
o indiferente	o abandono do outro
o xenoguerreiro	a eliminação do outro
o sacrificador	o sacrifício do outro
o senhor-patriarca	a subjugação do outro
o devorador de mundo	"meu mundo às custas do mundo dos outros"

Figuras da arca de Noé

A ecologia da arca de Noé, sinônimo de uma recusa do mundo, mostra-se eficaz em muitos países. O Caribe não escapa dela. Os três capítulos a seguir, que abordam os casos do Haiti, de Porto Rico e das Antilhas francesas, descrevem as cenas em que o ambientalismo se traduz explicitamente pela recusa do mundo.

6
reflorestar sem o mundo (Haiti)

Chasseur [1769-71]

Em 24 de outubro de 1769, o *Chasseur* [Caçador], navio de 180 toneladas, deixa o porto de Nantes. Âncora afiada, ouvidos apurados e proa pontiaguda em forma de flecha, o *Chasseur* parte para a pilhagem da madeira de ébano das florestas da África Ocidental. Um longo ano costeando o local foi propício à predação. No porto angolano de Malembo, 234 peças entraram no ventre do *Chasseur*. Após dois meses de travessia, 201 africanos foram desembarcados no porto de Cap-Français em Santo Domingo, em 24 de março de 1771. Lá, o *Chasseur* concluiu sua ação: o despovoamento das florestas do mundo.

Thomas Moran, *Slave Hunt, Dismal Swamp, Virginia* [Caça aos escravizados, pântano Sombrio, Virgínia], 1861–62. © Philbrook Museum of Art, Tulsa, Oklahoma, doação de Laura A. Clubb.

o discurso tecnicista e o fora-do-mundo

O desmatamento e a consequente perda de biodiversidade constituem um grave problema. No entanto, a ecologia da arca de Noé limita-o a uma questão ambiental e técnica que seria adequadamente descrita por uma série de números, de quantidades de hectares de floresta derrubada e de espécies extintas. As políticas de reflorestamento, por sua vez, também são restritas a seus números e, por mais indispensáveis que sejam, não bastam para apreender as violências infligidas às comunidades humanas e não humanas nem as perdas de mundo causadas. Essa compreensão ambientalista do desmatamento encontra um exemplo gritante no Haiti. Primeira república Negra, o Haiti impressiona tanto por suas instabilidades políticas e sua pobreza crônica como pela amplitude estimada de seu desmatamento. O país é composto por 75% de montanhas e 25% de planícies. À chegada de Cristóvão Colombo em 1492, 80% da ilha estavam cobertos por florestas.[1] No momento da independência, em 1804, após três séculos de colonização, a maior parte das planícies haitianas já havia sido desmatada para abrir espaço às plantações de cana-de-açúcar e de índigo.[2] Em 2015, a Organização das Nações Unidas para a Alimentação e a Agricultura (FAO) estimou que a cobertura florestal representava apenas 3,5% do território haitiano.[3] Embora o Haiti enfrente efetivamente um grave desmatamento e uma consequente erosão dos solos, esse índice ainda assim é um exagero. Análises científicas feitas por meio de imagens de satélite de alta resolução mensuram a cobertura florestal em torno de 30%.[4] A persistência desse exagero – veiculado a partir de uma imagem da *National Geographic* de 1987, do livro *Colapso*, de Jared Diamond, e do documentário *Uma verdade inconveniente*, de Al Gore – contribui para alimentar uma narrativa catastrófica do Haiti, fazendo dele uma monstruosidade fora-do-mundo, o antiexemplo predileto dos ambientalistas.[5]

A consequência desse tecnicismo que atesta o fora-do-mundo é uma compreensão do reflorestamento *sem o mundo*, sem que o aumento da cobertura florestal seja acompanhado do reconhecimento de um mundo comum, onde o Haiti e seus camponeses ocupariam um lugar digno. Seguem-se técnicas de reflorestamento que se limitam ao fora-do-mundo. À imagem do célebre quadro *Paradis terrestre* [Paraíso terrestre], do pintor haitiano Wilson Bigaud, a questão ecológica seria reduzida aos contornos físicos das florestas e às suas medidas quantitativas. Ironia de um mercado turístico da pintura naïf em que turistas compram, em Pétion-Ville e em Porto Príncipe, quadros dos morros luxuriantes pintados por artistas oriundos dos morros desmatados.[6] Essas imagens carregam a fantasia ambientalista ao mesmo tempo que deixam de lado as realidades sociais e políticas daqueles que, no entanto, as fabricaram. Imagens que deixam de lado o mundo.

a censura injusta dos quilombolas e dos camponeses

É a partir dessa redução do desmatamento da floresta que um discurso ainda dominante no Haiti acusa, sem julgamento, quilombolas e camponeses. Esse discurso apoia-se no fato de que, efetivamente, quilombolas e camponeses derrubaram árvores. Fugindo das *plantations* escravagistas das planícies, os primeiros encontraram refúgio nos morros, derrubando algumas árvores esparsas para se instalar e construir suas moradias. Já os camponeses são censurados por suas práticas agrícolas e por sua produção de carvão vegetal. Por causa da erosão, os camponeses são obrigados a cultivar terras sobre encostas íngremes, de difícil acesso e pobres em nutrientes, o que diminui a produtividade e a renda deles. Para sobreviver, alguns cortam árvores para fabricar carvão vegetal e vender nas cidades. Na maioria dos lares haitianos, cozinham-se os alimentos a partir da combustão do carvão vegetal.[7] Os camponeses que têm acesso reduzido aos serviços públicos essenciais, tais como assistência médica, educação e água de boa qualidade, são obrigados a continuar o desmatamento dos morros a fim de melhorar suas condições de vida e a de seus filhos e filhas.

Esse discurso que considera os pobres e os marginalizados como responsáveis pelo desmatamento da Terra é o discurso da *injustiça*. Os camponeses haitianos vivenciam uma pobreza crônica associada a uma discriminação social entre rurais e urbanos que, em alguns pontos, sobrepõe-se à distinção entre Pretos retintos e de pele clara. Persiste um clima de desconfiança entre a cidade e o campo, no qual os camponeses que fornecem alimentos às cidades não encontram nelas, entretanto, lugar. Eles ficam limitados a uma existência fora-do-mundo, em um *péyi andeyo*, "país-à-parte" [*pays-en-dehors*].[8] O fato de serem excluídos da cidade também é resultado de um abandono pelo Estado haitiano. Embora seja a grande força de produção do país, o campesinato se encontra desamparado pelos serviços estatais e, com frequência, oprimido, como foi o caso durante o período da ditadura dos Duvalier (1957–1986).[9] Investe-se no campo apenas no momento das eleições, a fim de angariar votos. O Estado haitiano satisfaz-se com uma liberalização de seus serviços de base, deixando o destino dos camponeses à mercê dos projetos de ONGs e dos doadores internacionais. A culpa dos camponeses pelo desmatamento é apenas o prolongamento de uma desresponsabilização do Estado haitiano. Os ambientalistas demonstram *simpatia-sem-vínculo*, reconhecendo de bom grado a dominação dos camponeses, sem, no entanto, estabelecer vínculos entre o desmatamento em curso e seus próprios modos de vida. Limitando o desmatamento apenas à cena da floresta, apenas ao ato do corte pelas mãos dos camponeses, esse ambientalismo dos ricos adota uma visão pós-material da natureza e oculta o mundo.[10]

o reflorestamento sem o mundo, ou o sacrifício dos camponeses

As políticas de reflorestamento fizeram da plantação de árvores, e não da instauração de mundo, seu objetivo. Considerados responsáveis, os camponeses se tornaram literalmente *alvo* das "soluções" técnicas oferecidas. Esse *reflorestamento sem o mundo* no Haiti assume três formas distintas. A primeira é a de uma polícia ambiental que impediria as mãos dos camponeses de cortar a árvore e de explorar a terra em encostas íngremes. O gesto ecológico se torna aquele que *expulsa os camponeses* dessa imagem idílica da floresta. É nesse sentido que muitos membros de associações ecologistas locais apresentam o fim da ditadura dos Duvalier como o fim de uma ordem ecológica do Haiti, deixando uma situação que eles qualificam como "anárquica".[11] Essa polícia ambiental retoma os gestos da gendarmaria colonial, cuja função era expulsar os quilombolas dos bosques, como ilustra Thomas Moran em seu quadro *Slave Hunt, Dismal Swamp* [Caça aos escravizados, pântano Sombrio].

A segunda solução proposta é a implementação de um conjunto de métodos agrícolas e de etnotécnicas, assim como o desenvolvimento de novas tecnologias capazes de reduzir a dependência do carvão vegetal. A agrossilvicultura e combinações engenhosas de culturas, como as do café sombreado ou das árvores frutíferas, são testadas a fim de aliar uma preservação da cobertura vegetal com um modo de exploração da terra que garanta renda aos camponeses. Alguns testes de tecnologias domésticas visam substituir a utilização do carvão vegetal como combustível, indo do fogão solar e do fogão a gás até as energias renováveis, como os briquetes orgânicos, o bagaço, a energia térmica solar, a biometanização e diferentes biocombustíveis.[12] Por fim, a terceira solução é uma forma de engenharia social que age sobre certo número de "variáveis" sociais (renda, tamanho das moradias, educação, tipos de cultura) responsáveis por influenciar a derrubada de árvores no Haiti.[13] Propostas de subsídios associados a práticas de conservação da floresta permitiriam enfrentar tanto a diminuição da produtividade agrícola como o desmatamento.[14]

Essas três soluções são necessárias e contribuem para enfrentar a amplitude desse desmatamento generalizado. É evidente que uma organização e um acordo melhores, que um ajustamento, que um "mutirão",* dos quais participam organizações como o Mouvement Paysan Papaye [Movimento Camponês Papaia], mostram-se primordiais para a melhoria das condições de vida dos camponeses. Entretanto, longe de colocar em prática uma responsabilidade política compartilhada,[15] as políticas ambientais continuam na via paradoxal que consiste em insistir na responsabilidade daqueles que elas julgam irresponsáveis. Elas jogam nos ombros dos camponeses a responsabilidade do desmatamento, levando a um triplo sacrifício deles.

O *sacrifício do corpo* manifesta-se pela exigência implícita, encarnada pela polícia ambiental, de colocar de lado a preocupação com o corpo dos camponeses. O camponês deve conter sua fome, assim como seu desejo de um lugar no mundo, em prol do bem comum de uma preservação da cobertura florestal. Essa responsabilização paradoxal do irresponsável, mantendo o destino ecológico do país sobre os ombros já curvados de camponeses e camponesas, conduz ao *sacrifício de Atlas*. Condenado por Zeus a carregar a abóbada celeste, Atlas é o titã que deixa de lado a própria existência para impedir que o céu caia sobre a cabeça dos demais habitantes da Terra. De maneira inversa, os camponeses tornam-se aqueles que devem sustentar não o céu, mas sim a Terra. Eles devem assumir essa responsabilidade literalmente titânica, permitindo que o restante do Haiti prossiga com sua existência. Enfim, essa concepção do desmatamento exige também um *sacrifício da justiça* por parte dos camponeses. Forçados a uma existência em que os únicos meios de subsistência vêm da terra e dos ecossistemas que os abrigam, os camponeses são mantidos socialmente às margens do mundo. Ora, ainda que as políticas de reflorestamento assumam a forma de uma engenharia social, não constituem uma justiça social. O objetivo não é a hospitalidade de um mundo para os que dele foram excluídos, mas a clareza de uma imagem ambiental desembaraçada das mãos camponesas.

---

* No original, "*coumbite*", termo empregado para designar a organização agrícola coletiva no Haiti. [N. T.]

PARTE II **A arca de Noé**

o massacre do parque la visite em 23 de julho de 2012

Essa concepção tecnicista do reflorestamento e o sacrifício que se espera dos camponeses encontraram uma ilustração revoltante no massacre de camponeses nos arredores do parque La Visite em julho de 2012. O parque La Visite foi criado em 1983 por um decreto do governo de Jean-Claude Duvalier, que fez um acordo com as 42 famílias que ali viviam à época. Situado a mais de 2 mil metros de altitude, esse parque engloba 2 mil hectares, dentre os quais 300 são recobertos de *Pinus occidentalis* e de trechos de latifoliadas.[16] Localizada no maciço La Selle, no sudeste do Haiti, essa floresta secundária abriga numerosas espécies animais e vegetais endêmicas, contribuindo para fazer do Haiti um *hotspot* de biodiversidade. Como os pássaros silvestres têm pouquíssimos outros hábitats, eles vão se abrigar no La Visite. Situado em Seguin, uma seção comunal da cidade de Marigot, o parque está entre o departamento do Sudeste e o departamento do Oeste. Além de contar com uma grande biodiversidade, o La Visite repousa sobre um lençol freático que abastece de água potável quase 3 milhões de pessoas. Hoje, é um dos dois únicos parques nacionais do Haiti.

Desde 2012, um conflito opõe, de um lado, camponeses que vivem em seus arredores – ou em seu interior, eis um dos pontos de conflito – e que praticam uma agricultura de subsistência e, de outro, o governo e uma associação local, a fundação Seguin, que atuam na preservação e no reflorestamento do parque. Os camponeses que residem nos arredores do parque eram considerados pelo governo e pela fundação Seguin como responsáveis pelo desmatamento que acontece no interior dele. Esse conflito que opõe camponeses, governo e associação culminou em uma cena dramática no dia 23 de julho de 2012. Mantendo a recente política de reflorestamento do parque, uma delegação de representantes do Estado haitiano, acompanhada por alguns capangas, chegou por volta do meio-dia diante das casas de algumas das 142 famílias que viviam no interior e nos arredores do parque para expulsar os camponeses. Essa delegação compreendia o delegado departamental do Sudeste, o delegado de polícia, o comissário do governo, o juiz de paz da comuna de Marigot, o ministro do Meio Ambiente, o ministro do Interior, acompanhados de sete carros de polícia e de uma ambulância. Naquele dia, diante dos representantes do Estado, os camponeses recusaram-se a deixar suas casas, recusa que eles já haviam manifestado por ocasião das reuniões com os representantes do governo entre abril e maio do mesmo ano. Após múltiplas intimações, os representantes e os capangas do Estado começaram a derrubar os muros das primeiras casas com a ajuda de marretas. Em meio a gritos e protestos, uma confusão irrompeu. Entre as bombas de gás lacrimogênio, tiros foram disparados. O resultado reflete o desequilíbrio de forças entre as pedras dos camponeses e os fuzis dos representantes do Estado. Do lado camponês, quatro adultos foram mortos e duas crianças dadas como desaparecidas; do lado dos policiais, um ferido. Sete casas foram destruídas e dois bois foram mortos. Dois camponeses foram detidos e ficaram presos sem julgamento durante dois meses. Embora altos funcionários do governo estivessem presentes e tenham testemunhado a cena, que eu saiba nenhum inquérito judicial foi conduzido pela Justiça do país.*

Nem o Estado nem a polícia reconheceram a responsabilidade pela morte e pelo desaparecimento daqueles camponeses. Caracterizando a situação como um acidente, o governo não reconheceu nem mesmo a necessidade de uma investigação judicial. Sua única ação foi uma contribuição financeira para os funerais, sempre sob a pressão da Missão das Nações Unidas para a Estabilização do Haiti (Minustah). Da mesma maneira que propôs uma quantia a esses camponeses para deixarem o parque, o Estado deu 150 mil gourdes haitianos (cerca de 1.420 euros) às famílias das vítimas para que pudessem providenciar o funeral e enterrar os corpos dos camponeses. A ação do Estado consiste em *esconder os corpos*, testemunhas do sacrifício injusto dos camponeses. As situações discriminatórias, as disparidades de acesso a serviços essenciais e as desigualdades sociais gritantes devem ser mortas, dissimuladas diante do imperativo ecológico. Apesar da vontade do Estado de esconder esse crime, de calar as reivindicações, os camponeses do La Visite ergueram no meio do parque um grande túmulo de concreto, semelhante a uma pequena casa, onde repousam os quatro mortos de 23 de julho de

---

* Uma fonte da seção de direitos humanos da Missão das Nações Unidas para a Estabilização do Haiti (Minustah) me confirmou que o advogado encarregado do caso recebeu ameaças e não apresentou queixa.

PARTE II **A arca de Noé** 115

2012. Um verdadeiro edifício no meio da floresta, com uma cruz de ferro que atinge mais de três metros de altura e se impõe à vista de todos. Esse túmulo no interior do parque, em um gesto de desafio, permanece um dos vestígios daqueles a quem foi recusado um lugar neste mundo.

na origem: o habitar colonial e a fratura quilombola do mundo

Se foram realmente os camponeses que levaram, em parte, ao desmatamento do Haiti no século XX, eles não são, de forma alguma, responsáveis por esse desmatamento. Um conjunto de outros fatores demográficos, econômicos e políticos participou dessa condição. Não esqueçamos a expressiva exportação de madeiras do Haiti (mogno, campeche, pau-santo) descrita por Alex Bellande, com destino à Europa e à América do Norte, do século XIX ao XX.[17] Algumas serralherias ficavam no parque La Visite e na reserva de pinheiros sobre o maciço La Selle e estavam em nome de investidores americanos.[18] Além das disputas relativas à propriedade e das práticas de arrendamento que não permitem a consideração da terra a longo prazo, é preciso mencionar também o aumento da população no século XX, a indiferença do Estado haitiano quanto à cobertura vegetal e a ausência de outra fonte de combustível. Do mesmo modo, as campanhas de erradicação dos porcos crioulos sob pressão americana e canadense, a fim de lutar contra a peste suína africana no fim dos anos 1970 e início dos anos 1980, despojaram os camponeses de uma importante fonte de renda e acentuaram sua dependência do carvão vegetal.[19] Além disso, quer se trate da mangueira, da cabaceira, da palmeira, da seriguela, do abacateiro e, sobretudo, da mafumeira, as árvores possuem uma forte simbologia no vodu.[20] Essa simbologia é tão grande que, em suas campanhas antisuperticiosas no século XX, igrejas cristãs cogitaram lutar contra o vodu abatendo essas "árvores-repositórios".[21]

Entretanto, embora esses fatores socioeconômicos, religiosos e políticos sejam determinantes, as verdadeiras origens desse desmatamento encontram-se em outro lugar. Ressituando tal fenômeno numa perspectiva de longo prazo, como Fernand Braudel nos convida a fazer, o desmatamento contemporâneo do Haiti encontra seus germes, em primeiro lugar, na colonização da ilha. Ainda que o período colonial não tenha sido responsável pelo desmatamento nos séculos seguintes, ele lançou as bases de uma maneira de habitar a Terra que eu chamei de *habitar colonial*. Nele, o desbravamento foi apresentado como sinônimo de habitar. Os primeiros grandes desbravamentos e o consequente desmatamento foram, inicialmente, resultado de uma exploração extrema dos solos do Haiti, sobretudo por meio da cultura da cana-de-açúcar. Além do esgotamento dos solos, as florestas que outrora cobriam as planícies foram rapidamente derrubadas. Em 1782, o viajante suíço Girod-Chantrans afirmou que "não restam outras florestas além das que coroam os morros".[22] Tendo esgotado as planícies, a exploração prosseguiu nas montanhas com a cultura do café. A economia colonial instaurou desde o século XVI uma concepção do habitar dessa terra que não foi questionada pela Revolução Haitiana nem pelos diferentes regimes políticos até os dias atuais.

Além desse habitar colonial, o desmatamento maciço do Haiti foi possibilitado pela ausência de mundo comum ou, mais precisamente, por uma *fratura quilombola do mundo*. Se o aquilombamento se manifestou por experiências de vida e de cultura nas montanhas que, em alguns lugares, levaram à derrubada de árvores, esse fenômeno consagrou, sobretudo, uma fratura no seio do mundo colonial. A responsabilidade pelos morros e montanhas era recusada pelas autoridades coloniais das planícies, enquanto os quilombolas em fuga nas montanhas não podiam assumir responsabilidade por aqueles mesmos que os perseguiam. Daí resulta uma constituição dividida da experiência do mundo e das maneiras de habitar a terra no Haiti, como se as planícies e as montanhas compusessem dois mundos diferentes e estanques. Da escravidão colonial aos nossos dias, essa fratura quilombola do mundo persiste entre habitações das planícies e dos campos quilombolas nos morros, entre Henri Christophe e Alexandre Pétion no dia seguinte à revolução, mas também entre camponeses e citadinos durante a ditadura de Duvalier.[23] O desmatamento continua sendo a consequência dessa opressão multissecular dos camponeses das planícies destinados a uma existência fora do mundo, no *péyi andeyo* (país-à-parte), que não tiveram outros meios de sobrevivência a não ser a cultura dessas terras íngremes.

PARTE II **A arca de Noé** 117

Erosão de terras do Haiti que se "aquilombam" em direção ao mar, 2012.
© Foto do autor.

Corolário do desmatamento, a erosão de terras no Haiti também é uma manifestação dessa fratura quilombola. Durante as chuvas, essas terras descem as encostas das montanhas e dos morros e vão encalhar no mar do Caribe. "O solo vai embora", declarou a mim com gravidade um representante de uma das maiores associações camponesas do Haiti. Mais do que um número de metros cúbicos e uma estimativa numérica de perdas financeiras, as múltiplas "escapadas" de terra dos morros e montanhas comprovam, acima de tudo, essa ausência de um solo comum entre pessoas da cidade e pessoas do campo. O solo em questão não tem quantidade, não pode ser reduzido a suas acepções geológicas e ecológicas, tampouco a suas quantificações financeiras. Tal solo também não é mais aquele solo de origem [*Urgrund*] físico designado por Husserl, a partir do qual os movimentos dos outros corpos ganham sentido.[24] O solo em seu sentido geológico, condição da vida dos homens e de sua possibilidade física de se manterem de pé e de se alimentarem, só pode ser o lugar de um habitar junto a partir do momento em que é recoberto de um tecido que Arendt chama de "teia das relações humanas",[25] no qual os humanos conversam, agem juntos no seio de espaços e infraestruturas concebidos para esse fim. Esse solo torna-se, então, um solo de outra natureza, um verdadeiro *solo de um viver-junto*.[26] Assim, o problema geológico e ecológico da erosão dos solos no Haiti permanece uma das facetas do problema filosófico da construção de um mundo comum desde a colonização.

fazer-mundo para reflorestar a Terra

A fratura do mundo entre planície e montanha, entre citadinos e camponeses, em curso no desmatamento não é um privilégio do Haiti. Em escala mundial, os desmatamentos da Terra também atestam essa ausência de mundo comum, onde as violências dos desmatamentos são externalizadas num país longínquo além do horizonte. As políticas de reflorestamento do Haiti e o massacre do parque La Visite mostram que a realização de uma Terra compartilhada, a realização de um *habitar-com*, não deu lugar a um *habitar-junto*. A realização de uma presença com outros sobre uma mesma Terra não deu lugar a uma multiplicação de diálogos entre urbanos e camponeses, entre ministros do Meio Ambiente e carvoeiros, entre ribeirinhos das planícies e habitantes do país-à-parte. Ao contrário, a realização de uma solidariedade física e ecológica desses mundos traduziu-se num fortalecimento dessa fratura, num prolongamento das dominações e sacrifícios dos camponeses: num reflorestamento sem o mundo.

No Haiti, assim como em outros lugares, o reflorestamento sem o mundo é uma iteração da ecologia da arca de Noé que usa o pretexto de um dilúvio ambiental para recusar o mundo àqueles que são marginalizados. Seria preciso retirar os camponeses da imagem dos parques e dos espaços arborizados do Haiti. Entretanto, é justamente aí que um mundo comum está em jogo. É justamente aí que uma verdadeira inventividade política é necessária. Não seria possível imaginar maneiras de estar junto que assegurassem a essas pessoas um lugar digno no seio do mundo? Não seria possível imaginar que esses camponeses, a exemplo de seus ancestrais quilombolas, pudessem ser erigidos em primeiro lugar defensores dessa floresta, participando de uma tarefa comum? Desde quando os camponeses são os seres excedentes numa terra que conhecem melhor do que todos? Mais do que a preservação das terras, da biodiversidade e da integridade dos ecossistemas, o desmatamento levanta a questão do mundo que é construído ao deixar para trás a colonização e a escravidão. É essa alternativa que pretendi apontar aqui. Ou as políticas de reflorestamento se prolongarão, mantendo a ruptura entre campo e cidade, entre morros e planícies, entre camponeses e citadinos, entre Haiti e o mundo, ou as respostas a esse desmatamento e a essa erosão serão as alavancas da instauração de um mundo onde tanto uns como outros podem habitar juntos, onde os camponeses haitianos são reconhecidos em sua dignidade humana. Esse apelo foi retumbante durante minha entrevista com o senhor Antoine, um dos camponeses do parque La Visite, em 2012: "Ele [o governo] tem que criar um lugar para que a gente possa continuar a viver, porque *sé moun nou yé* [porque nós somos pessoas]!".

7
o paraíso ou o inferno das reservas (Porto Rico)

Paraíso [1797]

Em 1797, o navio brasileiro *Paraíso* avança sobre as águas do golfo do Benim e atraca ao largo da cidade de Badagri, na atual Nigéria. No convés, o capitão João de Deus e toda a tripulação cristã repetem os gestos cotidianos que concretizarão neste reino aqui-embaixo o sonhado jardim. Esse paraíso marítimo anunciou mais uma vez o fim do mundo para os que não têm os mesmos deuses e cuja cor é estranha ao Éden. Os preços são negociados; os vilarejos, saqueados; e as peles Pretas, marcadas a ferro. Sob o convés, 258 almas são conduzidas pelos caminhos subterrâneos do porão. Vinte e oito se perdem no Lete-Atlântico. De volta à Bahia, inundado pelas águas Pretas das *plantations* e embalado pelas respirações Vermelhas sufocadas, o *Paraíso* cerca seu jardim magnífico sobre a terra candente de um mundo infernal.

o paraíso: laboratório colonial

Os colonizadores ocidentais e os ambientalistas encontram um de seus pontos comuns numa busca do paraíso na Terra que oculta a existência do outro. À violência de considerar os corpos indígenas, os espaços coloniais, as terras locais e as naturezas tropicais como o paraíso dos ocidentais, soma-se a violência da exclusão epistêmica, imaginária e política desses corpos, espaços, terras e naturezas de um pertencimento comum à Terra e ao mundo. Eles se tornam os outros para além dos mares: os *ultramarinos*. A procura do paraíso na Terra é apenas a transformação de uma parte da Terra em *laboratórios* em tamanho real da modernidade, em colônias. Antes mesmo de sua produção de saberes e de suas experiências científicas, o laboratório é um lugar isolado do mundo, no qual, por meio de uma relação de poder de um pesquisador sobre um objeto, uma matéria, um animal humano ou não humano, *está autorizado o que não se pode fazer do lado de fora*. Dentro, a moral e a justiça são, se não suspensas, pelo menos enfraquecidas. É a partir dessa cumplicidade colonial e ambiental que Richard Grove aponta a *invenção* da consciência ambiental ocidental no século XVIII nas "ilhas do paraíso", ou seja, nas colônias tropicais europeias. Grégory Quenet lembra que as colônias ali desempenharam o papel de "laboratório de imaginários, práticas e saberes".[1] A preservação do paraíso transforma-se numa nova missão civilizadora ocidental, num novo fardo do homem Branco que, abalado pelas descolonizações do século XX, redescobre um novo vigor e uma nova legitimidade com os avanços científicos. Esquece-se, no entanto, de que no laboratório colonial do paraíso os colonizados, assim como os porquinhos-da-índia, são submetidos aos desejos do pesquisador.

Esse tema persiste hoje nos escritos ambientalistas que pretendem encontrar ou defender o paraíso, bem como nas representações do Caribe e das outras ex-colônias europeias que abordam suas paisagens, seus corpos ou seus paraísos fiscais.[2] Uma das imagens mais comumente associadas ao Caribe no imaginário dos países da Europa e da América do Norte é a de praias de areia branca aquecidas por um sol cálido, pontilhadas por fartos coqueiros e por sombras errantes. Encontram-se também as naturezas luxuriantes de florestas úmidas, embaladas pelos cantos alegres de pássaros e pelo jorro de rios límpidos. Essa última imagem prolonga-se hoje pelo discurso de uma biodiversidade "excepcional" que deve ser salva das mãos negligentes e sem rosto. Abaixo dos trópicos, as lagoas e os manguezais oferecem-se lascivamente aos olhos e à vinda do verdadeiro ator histórico. Os habitantes dessas ilhas são reduzidos a corpos-servis, que carregam peixes, rum e cannabis, ou a corpos-objetos de fantasias sexuais. As peles-fontes para sorver, os seios rijos nas árvores e as madeiras fálicas generosas completam as paisagens desse paraíso inventado. Encarnadas hoje pelas *plantations* de hotéis nos litorais, essas fantasias de paraíso coabitam tranquilamente no seio de países pobres, marcados pela insegurança alimentar e pela profunda violência. De Santo Domingo a Cuba, do Haiti a Curaçao, de Granada a Porto Rico, os paraísos acomodam-se perfeitamente ao calvário dos arredores.

a reserva paradisíaca ou o inferno de Vieques

É a um "paraíso" desses que a pequena ilha de Vieques, situada ao largo de Porto Rico, convida. Ela tem a forma de um longo retângulo de 34 quilômetros de comprimento por 4 quilômetros de largura e faz parte do Commonwealth porto-riquenho, dependente dos Estados Unidos. Vieques é célebre atualmente por suas praias de areia branca, por suas duas baías bioluminescentes e por sua reserva natural. Por trás dessa imagem paradisíaca encontra-se, no entanto, a história de uma dominação colonial e militar imposta pelos Estados Unidos. De 1941 a 2003, Vieques foi utilizada para fins militares pela Marinha norte-americana, que ocupou 105 dos 136 quilômetros quadrados da ilha, ou seja, mais de três quartos de sua superfície, repartidos em duas zonas: uma a oeste, reservada para a estocagem de munição, e uma a leste, utilizada como campo de bombardeio. Vieques tornou-se um laboratório militar e uma região de experimentação de armas e bombas de todos os tipos, inclusive de napalm, foguetes de sinalização e armas de urânio empobrecido, enquanto os 10 mil habitantes permaneciam confinados em uma estreita faixa no meio da ilha.[3] A própria Marinha francesa também foi convidada a utilizar Vieques para exercícios militares em dezembro de 1985. A ilha era bombardeada em média 180 dias por ano. Em 1998, 23 mil bombas foram lançadas sobre a ilha.[4] Os empregos que acompanharam a presença da Marinha dos Estados Unidos em Vieques não foram suficientes para esconder o inferno que seus habitantes enfrentaram. Durante quase sessenta anos, os habitantes foram obrigados a viver em um país bombardeado e exposto à contaminação das terras pelos metais pesados provenientes das munições utilizadas ou armazenadas no local, que representam graves ameaças sanitárias.

Essa situação durou até 1999, ano em que David Sanes, um morador de Vieques e funcionário da Marinha americana, foi acidentalmente morto por uma bomba. Em consequência da morte de Sanes, houve manifestações não só da população local mas também dos habitantes da ilha principal de Porto Rico, atraindo o apoio de personalidades americanas e porto-riquenhas, como Robert Kennedy Jr., Al Sharpton, Jesse Jackson e Willie Colón. Em 21 de fevereiro de 2000, com o apoio de autoridades religiosas, a maior manifestação da história de Porto Rico foi organizada em San Juan e reuniu entre 85 mil e 150 mil pessoas.[5] Em 4 de maio de 2000, mais de duzentas pessoas que ocupavam havia mais de um ano o campo de bombardeio foram desabrigadas e detidas pelas autoridades federais.[6] Diante dessas manifestações e da pressão internacional, a Marinha norte-americana retirou-se da parte oeste em 2001 e da parte leste em 2003, fechando no ano seguinte a base militar Roosevelt Roads na ilha principal.

Com o fim das operações de bombardeio, o governo americano tomou uma decisão no mínimo surpreendente. Enquanto a população esperava uma restituição, acompanhada da completa despoluição, das terras ocupadas pela Marinha, estas foram devolvidas à agência US Fish and Wildlife Service (USFWS, o serviço americano de peixes e vida selvagem) para delas fazer uma reserva "natural". Os 32,5 quilômetros quadrados da parte oeste de Vieques utilizados pela Marinha foram entregues a diferentes agências locais e federais: 17 quilômetros quadrados à municipalidade de Vieques, 3 quilômetros quadrados ao Conservation Trust of Puerto Rico [Fundo de Preservação de Porto Rico]; e 12,5 quilômetros quadrados ao Departamento do Interior, que fez dela imediatamente um *national wildlife refuge* (refúgio nacional para a vida selvagem) administrado pela USFWS. Em 2003, os 59 quilômetros quadrados da parte leste foram cedidos à USFWS, ampliando assim a área do refúgio para cerca de 72 quilômetros quadrados. As terras e as águas adjacentes a essa reserva abrigam hoje quatro espécies de plantas e dez espécies animais ameaçadas.[7] Desde então, as praias desse refúgio são locais de desova para tartarugas-de-couro, tartarugas-de-pente e tartarugas-verdes.

a heterotopia colonial

Essa coabitação íntima – e, *a priori*, paradoxal – entre a fantasia de locais paradisíacos e as grandes destruições dos ecossistemas e das vidas humanas, no fundo, participa de um princípio fundador da colonização das Américas: *a heterotopia colonial*. Michel Foucault define as heterotopias em oposição às utopias como lugares "absolutamente outros".[8] A heterotopia atribui a lugares (*topos*) usos e práticas diferentes (*hetero*) de um centro geográfico ou de uma norma. Paraíso ou inferno, a colônia caribenha é o laboratório em que, contrariamente ao centro metropolitano imperial, tudo é permitido e admitido moralmente. Enquanto a escravidão era proibida na França europeia desde 1315, ela era enquadrada juridicamente nas colônias francesas até 1848.[9] O nascimento do Iluminismo foi acompanhado pela intensificação das formas mais execráveis de desumanização.[10] Essa mesma heterotopia colonial é característica do Plantationoceno, que aceita uma organização violenta, racista e misógina no interior da *plantation* ao mesmo tempo que a condena nos locais de venda dos produtos que, no entanto, são oriundos dela. Eis o inverso das sociedades democráticas ocidentais apontado por Achille Mbembe: a política da inimizade que louva a justiça aqui para disseminar a injustiça acolá.[11] Essa heterotopia colonial foi evidente nas tentativas de recriar o Éden nas colônias das Américas e da Ásia, dando origem a um conjunto de jardins botânicos à imagem do jardim Monplaisir, de Pierre Poivre, na ilha Maurício. Para além de suas belezas e de seus interesses científicos, esses jardins foram concomitantes às conquistas e à escravidão. Ao mesmo tempo que celebravam as praias paradisíacas de Porto Rico e de Vieques pelo turismo, os Estados Unidos não hesitaram em lá testar suas bombas, por exemplo o agente laranja na floresta El Yunque, de Porto Rico, e o napalm em Vieques.

a violência da página em branco

O desejo de abundância de riquezas sem fim e o desejo de proteção nos jardins paradisíacos transformam os humanos e os não humanos das paisagens das Américas em páginas em branco e mudas oferecidas às tintas das fantasias coloniais. Essa página em branco age como o véu descrito por W. E. Du Bois, que recusa o mundo àquelas e àqueles que já estão lá, cuja presença está impregnada nas paisagens.¹² Essa página em branco imposta pela colonização e reconduzida pelo ambientalismo moderno resulta em um triplo apagamento do mundo. Em primeiro lugar, tal apagamento opera em *uma compreensão ambientalista das reservas*, a recusa do encontro dos outros, do reconhecimento de suas histórias e de seus lugares, assim como de suas práticas ecumenais. Dessa forma, as reservas são associadas ao duplo processo de expulsão do lugar de vida dos povos autóctones e à invenção de uma nova concepção dessas terras e ecossistemas como "virgens" ou "selvagens". Como foi o caso do Parque de Yosemite: a invenção americana da natureza como uma *wilderness* (terra selvagem e sem humanos) resultou na expulsão dos ameríndios e no apagamento da história deles.¹³ A preservação do meio ambiente como justificativa da colonização foi explícita no caso da colonização francesa do Magreb no século XIX. Diana Davis mostra que o Império Francês forjou uma narrativa das destruições dos indígenas na natureza a fim de legitimar a expansão colonial francesa.¹⁴ Os genocídios dos ameríndios e os matricídios descritos na Parte I são os vestígios violentos desse apagamento do mundo.

A reserva de Vieques foi explicitamente associada à *expulsão dos habitantes* locais por meio da ação da Marinha dos Estados Unidos. Esse caso parece ainda mais peculiar, pois é difícil negar a presença da mão dos humanos em terras que foram bombardeadas e degradadas durante sessenta anos. Entretanto, foi justamente o que fizeram os Estados Unidos com o "Spence Act", que faz de uma terra utilizada como campo de bombardeio um refúgio para a vida selvagem, uma *"wilderness area"*.¹⁵ Num relatório de 1980 que se seguiu às críticas ambientais do governador da época, Romero Barceló, a Marinha defendeu sua prática declarando que os impactos ambientais consecutivos a suas atividades, incluindo a erosão dos solos em pontos específicos e alguns danos à vegetação, eram relativamente mínimos e podiam ser atenuados de modo simples.¹⁶ Quanto à vida selvagem, exceto por alguns efeitos indiretos ligados à destruição de hábitats ou às mortes decorrentes de balas "perdidas", a Marinha argumentou que sua presença e sua atividade eram benéficas, criando um "efeito santuário".¹⁷ Ao impedir que os habitantes locais entrassem nesses espaços, a Marinha dos Estados Unidos alegou ter tido um impacto positivo sobre a biodiversidade, impacto que seria, portanto, prolongado logicamente pela reserva natural.

Designar terras bombardeadas durante sessenta anos como reservas naturais permite abarcar tanto a dominação em curso pela Marinha estadunidense como a resistência dos habitantes de Vieques. Alguns membros do US Fish and Wildlife Service descrevem com entusiasmo o modo como os pássaros escolheram se instalar nas crateras deixadas pelos bombardeios ou nos *bunkers* onde as munições eram armazenadas. Esses vestígios, impressos no solo de Vieques, do desenvolvimento da maior potência militar da Terra, do ator de um conjunto de guerras e sofrimentos no mundo todo, estão recobertos pela ingênua paisagem harmoniosa de pássaros bebericando num lago. Entretanto, os vestígios das violências do mundo permanecem. Essas terras estão poluídas, e os habitantes não podem entrar nelas sem perigo. Eles reproduzem essa humanidade-astronauta da ecologia da arca de Noé, segundo a qual a Terra a preservar é pensada a partir de um lugar inabitável. Os habitantes continuam a ser rejeitados nessas terras e confinados a uma estreita faixa no centro da ilha. Exclusão de fato pela impossibilidade de ir até lá, por causa da perigosa poluição. Exclusão política dos habitantes e das autoridades locais em relação à gestão e às decisões sobre o uso dessas terras. Nesse sentido, a transferência interna, feita pelos Estados Unidos, da Marinha ao US Fish and Wildlife Service foi percebida pela população local como o prolongamento de uma usurpação colonial da terra.

A expulsão do mundo é o que institui o tal "paraíso". Se as reservas naturais constituem ferramentas importantes na panóplia de ações ecologistas, elas transformam-se em inferno assim que evacuam a preocupação do mundo. O ambientalismo que só se concentra no que acontece no interior das fronteiras das reservas encontra-se, então, num impasse. Ele oculta o mundo, aquele mesmo que tornou essas reservas necessárias. Em Porto Rico, como em outros lugares, um movimento de justiça ambiental emergiu dessas águas, lembrando com força as vozes dos que fizeram dessa ilha uma Mãe Terra.[18]

8
a química dos senhores (Martinica e Guadalupe)

Cavendish [1757]

No porto de Liverpool, em 6 de junho de 1757, o navio britânico *Cavendish* toma a direção da costa atlântica africana. Como o tabaco de mesmo nome, o *Cavendish* comprime 170 corpos-folhas na madeira do navio negreiro a fim de deles extrair uma matéria Negra, úmida e açucarada, que perfumará as *plantations*. Capturado pelos franceses ao longo do trajeto, o navio é levado a Guadalupe. Cento e cinquenta e um corpos dessecados são desembarcados como adubo colonial a ser espalhado sobre os morros da ilha de Basse-Terre. No fim do reinado da cana-de-açúcar, outra Cavendish, a variedade de banana de mesa, aporta em Guadalupe. A Cavendish embarca em sua carne as misérias operárias e as hierarquias racistas, os galpões misóginos e as dores veladas, as tempestades tóxicas e as paisagens aniquiladas, para dela extrair, em contrapartida, um gosto lucrativo, suave e saboroso que alegra os palácios do Norte. De catástrofes em curso, a química dos senhores transformou a Terra em recurso e o mundo em *plantation*.

Bananal na Martinica, 2017. © Foto do autor.

a condição tóxica do Plantationoceno

Fazendo da *plantation* o principal modo de habitar da Terra, o Plantationoceno reduz o mundo a um mercado de recursos consumíveis. Os habitantes humanos e não humanos encontram-se subjugados às técnicas de transformação da Terra em recursos, entre elas a utilização de produtos químicos tóxicos na agricultura industrial. Para além das consequências da emissão de gases de efeito estufa sobre o clima, o Plantationoceno revela-se também na difusão global de substâncias tóxicas e persistentes utilizadas como tecnologias de governo da natureza. O programa europeu de regulamentação de substâncias tóxicas REACH catalogou mais de 143 mil substâncias químicas declaradas para fins comerciais.[1] Presentes nos solos, nas águas, nos produtos alimentares animais e vegetais, no ar e nos próprios corpos, elas não são visíveis nem perceptíveis pelo olfato. No entanto, essas moléculas representam grandes riscos sanitários para humanos e não humanos.[2] Um estudo da Organização Mundial da Saúde (OMS), referente ao ano de 2004, atribuiu à exposição ambiental a produtos químicos 4,9 milhões de mortes (ou seja 8,6% do total) e 86 milhões de anos de vida perdidos em função das doenças causadas.[3] O Stockholm Resilience Center [Centro de Resiliência de Estocolmo] apontou a difusão desses tóxicos como um dos nove limites às condições seguras da vida dos humanos na Terra.[4] Desde as revoluções industriais do século XX e o desenvolvimento da indústria química, esses produtos da atividade humana forjaram uma das condições das vidas humana e não humana: *a condição tóxica do Plantationoceno*.

Embora todo mundo seja exposto a esses ecossistemas contaminados, nem todo mundo contribuiu da mesma forma, não enfrenta as mesmas consequências nem possui os mesmos meios para se proteger deles. Em particular, permanecem grupos de senhores proprietários, cujos interesses financeiros coincidem com as contaminações perenes da Terra. *A química dos senhores* designa essa configuração do habitar colonial em que a condição tóxica é, a um só tempo, a consequência da exploração capitalista desses ecossistemas por seus senhores e a causa que reforça a dominação de tais territórios por esses mesmos senhores.

a clordecona nas Antilhas: violências e dominações tóxicas

A contaminação da Martinica e de Guadalupe por uma molécula organoclorada chamada clordecona ($C_{10}Cl_{10}O$) também narra a história global da condição tóxica do Plantationoceno e de sua química dos senhores. Da mesma família do DDT, a clordecona (CLD) é uma molécula fabricada nos Estados Unidos, e depois na França, utilizada em mais de 25 países como pesticida, seja para uso doméstico, contra formigas, bichos-do-fumo ou baratas, seja para uso agrícola, contra o besouro-da-batata na Europa e contra a broca-da-bananeira nas latitudes tropicais nas Américas e na África.[5] A utilização do CLD de 1972 a 1993 em bananais antilhanos provocou a contaminação das terras agrícolas por um período que vai de sessenta anos a vários séculos.[6] Um sexto da produção mundial de uma molécula cancerígena – e que é um desregulador endócrino – foi pulverizado sobre 20 mil hectares de terras agrícolas de duas pequenas ilhas densamente povoadas.[7] Essa contaminação afeta o conjunto dos ecossistemas da Martinica e de Guadalupe. O CLD é encontrado nos solos, nos lençóis freáticos, nos manguezais e nas águas costeiras, em alguns produtos agrícolas e animais, bem como em produtos da pesca. Essa contaminação constitui também um problema sanitário. A exposição crônica ao CLD diminui o período de gestação, aumenta o risco de nascimento prematuro,[8] afeta negativamente o desenvolvimento cognitivo e motor durante a primeira infância[9] e favorece o surgimento *e* a recidiva do câncer de próstata.[10]

Muito mais do que uma contaminação ambiental, o CLD nas Antilhas é o vestígio de diferentes tipos de violência e dominação. Em primeiro lugar, encontram-se as violências e as desigualdades sociais em relação aos trabalhadores agrícolas obrigados pelos produtores a utilizar tais pesticidas, frequentemente sem proteção, para manter o emprego. Em 1974, uma das maiores greves dos trabalhadores agrícolas da Martinica exigiu a suspensão do uso da clordecona e de outros produtos, assim como a disponibilização de luvas e roupas de proteção. Entretanto, tais demandas foram recusadas nos acordos de fim de greve, e os trabalhadores continuaram a ser os primeiros expostos a essa molécula cancerígena.[11] A violência contra os trabalhadores é o reverso de uma violência em relação aos não humanos e à biodiversidade presentes nas *plantations*. Segue-se uma "violência lenta" e multidimensional contra os humanos e os não humanos, que se infiltra lentamente em todos os poros dos ecossistemas antilhanos, destruindo a qualidade das paisagens e reduzindo a qualidade de vida de seus habitantes.[12]

Tendo ao fundo um passado colonial em comum entre essas antigas colônias e o Estado francês, ainda hoje marcado por profundas desigualdades sociais e estruturais entre a França continental e ultramarina, o CLD nas Antilhas narra a história de uma dominação ambiental escrita sobre inúmeras paisagens da Terra: a história da capacidade de um pequeno número para impor ao conjunto dos habitantes condições tóxicas de vida por várias dezenas, e até centenas, de anos. Mais do que uma restrição por efeito de mercado, a dominação ecológica significa de fato uma imposição pura e simples de uma vida tóxica.[13] Por meio desse setor agrícola, dos governos e dos serviços estatais que sustentaram tais escolhas, uma vida num país contaminado é imposta aos habitantes dessas ilhas. Nas Antilhas, o setor agrícola é majoritariamente controlado por um pequeno número de pessoas pertencentes à comunidade dos Békés, pessoas que se reconhecem como herdeiras dos primeiros colonizadores escravagistas das Antilhas.[14] Em sociedades pós-escravagistas, o retorno de conflitos ecológicos que opõem pessoas que se reconhecem como descendentes de colonizadores escravagistas e pessoas que se reconhecem como descendentes de escravizados apenas exacerba ainda mais as violências.[15] A contaminação por CLD não é um acidente ambiental que seria a conjunção infeliz de uma molécula particular e de um solo particular, como dá a entender um relatório parlamentar de 2009.[16] Ela decorre, sobretudo, desse habitar colonial da Terra que transforma o mundo em *plantation*. Transformando essas ilhas em *plantations*, esse habitar colonial confinou os antilhanos e o futuro deles no interior das *plantations*.[17]

uma demonstração de força tóxica que reforça o habitar colonial

A química dos mestres manifesta-se também na maneira como a contaminação é gerada em benefício dos que a causaram, como é o caso do CLD – assim, *a química reforça os senhores*. Se os plantadores de banana foram os autores dessa contaminação, as primeiras consequências econômicas e sociais foram sentidas pelos demais setores agrícolas e piscícolas. A difusão do CLD no conjunto das bacias hidrográficas onde se encontravam os bananais afetou as possibilidades de uma produção saudável para os demais produtores que propunham uma agricultura de subsistência baseada em tubérculos e na criação de gado, bem como para os piscicultores. Um conjunto de medidas dos serviços do Estado que visavam proteger as populações teve como consequência a proibição de determinadas culturas ou produções de acordo com os riscos de contaminação. Como o CLD estava fortemente impregnado nos solos contaminados, as culturas de tubérculos eram mais suscetíveis de conter traços dessa substância. Assim, a partir de 2003, os serviços do Estado impuseram a todos os agricultores que desejassem cultivar tubérculos uma análise prévia dos solos a fim de investigar a presença de CLD. A cultura era proibida a partir de determinado limiar. Do mesmo modo, a partir de 2008, a pesca foi proibida nos rios e, de 2009 em diante, em algumas faixas do litoral das duas ilhas. Alguns agricultores, criadores e pescadores que nunca haviam utilizado o CLD tiveram de suspender suas atividades, mudar de carreira ou se aposentar antecipadamente. No âmbito doméstico, os jardins crioulos apreciados pela população também foram contaminados em alguns locais.

Em contrapartida, por sua forte afinidade com os solos e por sua débil migração pelo caule das plantas, o CLD não se encontra na banana. A própria banana –gênero alimentício que causou a contaminação dessas ilhas – não é contaminada pelo CLD. A presença dessa substância no solo não afeta, portanto, a produção dos bananais. Isso significa que, sobre uma terra contaminada onde não é mais possível desenvolver uma produção saudável de tubérculos, nutriz para as Antilhas, é possível produzir banana tipo exportação. Assim, torna-se mais lucrativo manter a monocultura da banana – a causa da contaminação – sobre uma terra contaminada do que implementar um método de despoluição e trabalhar no sentido de uma agricultura de subsistência. As propriedades químicas do CLD favorecem, se não o desenvolvimento, pelo menos a manutenção do mesmo setor agrícola que está na origem da contaminação das Antilhas: a banana Cavendish. Os plantadores, como conta Simone Schwarz-Bart em seu romance *Ti Jean l'horizon* [Ti Jean o horizonte], parecem de fato "encontrar uma nova garantia em meio ao desastre".[18]

a química dos senhores e a mentira da humanidade-astronauta

Quer se trate de outros pesticidas perigosos, de resíduos da produção de energia fóssil, de detritos nucleares ou ainda de partículas inorgânicas, a violência da condição tóxica recobriu o mundo. Embora as *plantations* pareçam distantes dos centros de decisão, das cidades e das grandes metrópoles, os habitantes da Terra, humanos e não humanos, de ontem, de hoje e de amanhã, continuam subjugados por tais violências. O caso da clordecona nas Antilhas expõe a dificuldade das sociedades, Estados e governos em mudar de rumo mesmo após o desastre. A concepção ambientalista das "poluições", que reduz essas contaminações a simples problemas técnicos, legitima a ideia de que as soluções seriam também de natureza técnica. À imagem dos equipamentos pretensamente protetores usados pelos aplicadores de pesticidas, mantém-se a mentira de uma humanidade-astronauta que seria preservada das diferentes mortes, dos pesti-*cidas* pulverizados nas plantações.[19] Assim, decreta-se que é saudável continuar um modelo econômico legado pela constituição colonial dessas sociedades, que subjuga tais ilhas e seus habitantes à *plantation*, simplesmente por meio da troca de técnica de produção. De fato, os plantadores de banana reduziram pela metade o uso de pesticidas, herbicidas e nematicidas desde os anos 2000. Entretanto, quarenta anos após os primeiros alertas dos pesquisadores do Institut National de la Recherche Agronomique [Instituto Nacional de Pesquisa Agronômica] (INRA) sobre a poluição por CLD,[20] as pesquisas referentes aos métodos de despoluição desse organoclorado ainda não apresentaram uma "solução". Em 2018, estima-se que mais de 90% dos habitantes estavam contaminados.[21] Aliás, o CLD é apenas uma das muitas moléculas utilizadas nas Antilhas. Outras moléculas potencialmente cancerígenas foram usadas nas plantações de banana e de cana-de-açúcar pelo menos até 2015.[22] Hoje, Martinica e Guadalupe figuram entre os departamentos franceses onde o uso de pesticidas – inclusive do glifosato – é o mais intenso,[23] onde a mentira da humanidade-astronauta está inculcada com o maior zelo.

Um conjunto de senhores-proprietários tem interesse em manter o habitar colonial por meio dessa química, ainda que isso conduza o mundo ao naufrágio. A cada divulgação de um perigo sanitário dos pesticidas, as velas são recosturadas e as escotilhas consertadas. Às vezes, as tripulações são substituídas e outros Negros são embarcados. A abordagem ambientalista das despoluições serve, então, para manter a rota de um mundo em *plantation* como o negreiro *Cavendish*. Entretanto, ouve-se surgir do interior do porão a cólera dos escravizados e os pedidos de justiça dos habitantes afetados no próprio corpo. Na Martinica e em Guadalupe, desde 2006 foram apresentadas queixas contra o Estado francês no caso da clordecona, mas elas ainda aguardam julgamento. Associações e coletivos como EnVie-Santé e Asfa, em Guadalupe, bem como o coletivo Zéro Chlordécone e as associações Assaupamar, Écologie Urbaine e Mun, na Martinica, pretendem justamente influenciar uma mudança política de rota.[24]

Essa história não deveria ser uma preocupação exclusiva de cidadãos franceses ultramarinos desprezados. Embalados pelo imaginário da cultura colonial da Terceira República,[25] os mercados da França continental há mais de um século ostentam o fruto das *plantations* coloniais e pós-coloniais do antigo Império Francês (Antilhas, Camarões, Costa do Marfim, Guiné). Mais de 90% das bananas produzidas com o CLD foram consumidas alegremente por franceses no continente. Alianças transatlânticas devem ser criadas para inaugurar outra maneira de viver junto, de habitar essas ilhas tanto quanto a Terra.

9
uma ecologia colonial: no coração da dupla fratura

Wildfire [1859-60]

Desde 1492, um fogo desenfreado percorre a Terra, devastando corpos e paisagens por onde passa. Por todos os lados, bravas almas tentam contê-lo sem se comunicar entre si. Algumas protegem as florestas virgens, mas fazem pouco caso das florestas de ébano em chamas. Outras socorrem os corpos Pretos, sem se preocupar com a fornalha das plantações. Nessa fratura, o fogo persiste. Eis que ele ressurge em 16 de dezembro de 1859 em Nova York, dia em que o navio *Wildfire* [Fogo selvagem] começou um tráfico proibido havia 51 anos. Ao longo das margens do rio Congo, esse fogo descontrolado engole 650 corpos-árvores e espalha as cinzas de pessoas em um escuro porão de Negros. Cento e quarenta e três incandescências são assim consumidas na brasa cinzenta do Atlântico. Detido ao largo de Cuba por seu negócio ilícito, o *Wildfire* é conduzido a Key West, na Flórida, a fim de liberar ali os 507 sobreviventes em 26 de abril de 1860. No mês de agosto, sob o impulso da American Colonization Society [Sociedade Americana de Colonização], as 285 madeiras-queimadas restantes que pisaram no solo africano reforçam as plantações candentes da Libéria.[1] Na ausência de aliança, esse fogo continua a alimentar a caldeira colonial do mundo.

As respostas ambientalistas à tempestade ecológica mantêm a dupla fratura moderna. Essa abordagem não apenas engendra um conjunto de violências e de recusas do mundo mas também se revela contraproducente, pois oculta as desigualdades socioeconômicas e as dominações políticas que causam a criticada destruição ambiental. Ao separar as críticas ambientais de um lado e as críticas antiescravistas e anticoloniais de outro, o ambientalismo encarna uma *ecologia colonial*: uma ecologia que tem a função de preservar o habitar colonial e as dominações humanas e não humanas que a ela se ligam. A abordagem ambientalista do Antropoceno reproduz assim um *oikos colonial* e os porões do mundo. A ausência de diálogos e de alianças entre os dois movimentos é precisamente o que alimenta esse fogo moderno que devora o mundo, esse *wildfire*.

a ecologia negreira: o ambientalismo sob a condição da escravidão

Por um lado, o pensamento da preservação da natureza tomou forma no século XVIII em reação às destruições ambientais nas colônias sem se preocupar com as injustiças constitutivas do mundo colonial. O empobrecimento e a erosão do solo diminuíam a produtividade das culturas, enquanto o desmatamento reduzia o abastecimento de madeira necessária aos engenhos para produzir o açúcar e o rum. Para preservar os solos, os produtores estenderam o período de cultura, desenvolveram fazendas de fumo para sua produção e adotaram técnicas econômicas de cultura do solo.[2] A partir dos anos 1670, em resposta ao desmatamento, empreenderam-se esforços para melhorar a eficácia do processo de transformação da cana-de-açúcar, utilizando como combustível principalmente resíduos fibrosos da cana passados no moinho – o bagaço –, em Guadalupe e na Martinica, a fim de reduzir a demanda de madeira.[3] Do mesmo modo, as primeiras políticas estatais de preservação de florestas foram implementadas nas colônias holandesas, francesas e britânicas. Para o historiador Richard Grove, longe dos centros de reflexão metropolitanos, as origens do ambientalismo moderno residiriam nessas experiências coloniais e, especificamente, nas ações do missionário, botânico e cultivador de especiarias francês Pierre Poivre.

Como intendente da ilha de França (antigo nome da ilha Maurício) de 1767 a 1772, Poivre lamentou as ações de homens guiados pela ganância que desmataram a ilha, deixando apenas "terras áridas, abandonadas pelas chuvas e totalmente expostas às tempestades e ao sol escaldante".[4] Inspirado pelos fisiocratas e auxiliado por seus companheiros Bernardin de Saint-Pierre e Philibert Commerson, Poivre instaurou políticas de preservação das florestas da ilha com o intuito de conservar o índice pluviométrico da região. Por causa dessa relação explícita entre desmatamento e mudança climática local, Poivre é considerado um dos precursores do ambientalismo moderno, fazendo eco à luta contemporânea contra o aquecimento climático global.[5] Entretanto, ao celebrar as ações pioneiras desse botânico, ninguém deu destaque ao fato de que essa preservação de florestas participava plenamente de uma colônia escravagista.

Essa compreensão truncada da ecologia permitiu que perdurasse a lenda segundo a qual Pierre Poivre se preocupava com os escravizados. De fato, Pierre Poivre dedicou algumas frases em seus escritos e discursos à crítica da escravidão. "A ilha de França [...] deveria ser cultivada apenas por mãos livres", declarou aos habitantes Brancos da ilha em 1767.[6] Poivre defendeu até a ideia de que a escravidão seria contrária a uma boa prática cultural da natureza e menos lucrativa do que a mão de obra livre.[7] Sob o jugo dos feitores, os escravizados seriam, na verdade, cultivadores ruins. Entretanto, Pierre Poivre declarou também que os escravizados eram "trabalhadores que se tornaram necessários" para a colônia.[8] Ao introduzir medidas que favoreciam a instrução na religião católica, Poivre esperava que os escravizados "se acreditassem franceses" e "que serviriam seus Senhores com fidelidade, como seus benfeitores; e [que], apesar dos horrores da escravidão, eles poderiam ser felizes, conservando essa liberdade preciosa da alma [...]".[9]

Longe de ser um defensor da emancipação dos escravizados e da igualdade dos Pretos, Pierre Poivre foi decididamente escravagista. Como agente da Companhia Francesa das Índias Orientais, Poivre comprou dezenove escravizados no Timor em 1754, inaugurando relações comerciais com essa colônia portuguesa, todo orgulhoso por haver encontrado uma mão de obra menos cara e menos propensa ao aquilombamento.[10] Como intendente da ilha de França, ele foi responsável pela condução do tráfico negreiro, negociando pelo menor valor possível os preços dos seres humanos em Madagascar, na costa oriental africana e nas Índias a fim de aumentar seu contingente na ilha Maurício. No âmbito pessoal, Poivre possuía 88 escravizados que trabalhavam no cultivo das especiarias no jardim de sua habitação chamada "Monplaisir" [Meu prazer].[11] Ao partir, em 1772, Poivre revendeu sua habitação ao rei, inclusive seus utensílios, seus móveis e o "campo dos Pretos", cedendo-lhe seus 88 escravizados e seus 50 animais.[12]

De maneira complementar aos decretos de preservação das árvores na ilha Maurício, o decreto de Poivre sobre a "polícia dos escravizados", que reiterava a necessidade de eles serem instruídos na religião católica e reduzia a trinta o número de chibatadas autorizadas,[13] era *uma política de conservação dos escravizados em escravidão*, contribuindo conforme seus próprios termos para a sua "multiplicação".[14] A insistência de Poivre na cultura de grãos alimentícios, tais como o arroz, mais do que nas culturas de exportação, como o café ou o algodão, tinha o intuito de alimentar as tropas coloniais na rota de expansão do reino rumo ao leste, visando estabelecer outras *plantations*. A abundância de árvores, escravizados e alimentos devia servir para a preservação das colônias e das *plantations* do reino. Colonizador, senhor e intendente de uma ilha-colônia escravagista, o ambientalismo de Pierre Poivre, assim como as demais medidas de preservação dos solos, encaixavam-se perfeitamente em *uma ecologia negreira cristã* cujo objetivo era preservar o habitar colonial da Terra e suas escravidões.

a emancipação plantationária: a abolição sob a condição das *plantations*

Por outro lado, uma das consequências da dupla fratura moderna é pensar que a escravidão dizia respeito apenas ao corpo dos que eram escravizados. Essa compreensão truncada da escravidão teve como consequência pensamentos do *antiescravismo* e da *abolição* que foram dissociados do habitar colonial e de seus efeitos sobre os ecossistemas. Certamente, em um mundo colonial onde os impérios, as monarquias e as repúblicas da Europa e das Américas concordavam em tratar os Pretos como matéria Negra, a abolição dos tráficos e das escravidões foram avanços políticos e morais importantes. Do século XVIII ao XIX, em 1793 no Haiti, 1833 na Inglaterra, 1848 na França e 1888 no Brasil, foi preciso lutar e discutir para obter tais abolições. Entretanto, esses movimentos abolicionistas fizeram pouco caso do destino ecológico das colônias. Ao contrário, esses movimentos subordinaram as abolições à manutenção da exploração colonial da terra por meio da *plantation*, originando o paradoxo de uma *emancipação plantationária*.

Evidentemente, abolicionistas como Granville Sharp e Victor Schœlcher tinham plena consciência de que a escravidão de Pretos estava intimamente ligada a uma *economia* de *plantation*.[15] Eles desconstruíram o discurso dos produtores escravagistas, segundo o qual a escravidão de Pretos era uma necessidade duplamente natural pela sobrevivência das colônias de *plantation*: discurso que apresentava Pretos como sub-humanos não "civilizados", naturalmente servis e naturalmente constituídos para trabalhar a terra nas latitudes tropicais. Em resposta, o trabalho teórico de antiescravistas e abolicionistas foi duplo, correspondendo a dois gestos conceituais principais.

O primeiro, iniciado no século XVIII, consistiu em *defender* e até em *estabelecer* o lugar dos Pretos escravizados no seio da família humana. Ele foi inspirado por um igualitarismo evangélico, a exemplo dos Quakers entre ingleses e americanos, ou por uma igualdade que repousava no direito natural, entre os franceses, tais como Denis Diderot e Condorcet.[16] Esse gesto deu origem a discursos e ensaios de "negrologia", que visavam *demonstrar* a humanidade dos Pretos e atestar que, tirados de sua condição de escravizados, eles podiam ser educados, civilizados e instruídos na religião, contribuindo para a prosperidade das sociedades coloniais.[17] Apesar da acuidade política desses esforços em defesa de Negros escravizados, eles compartilham com os escravagistas o injusto postulado filosófico que faz a avaliação jurídica, política e moral da escravidão depender de uma investigação sobre a suposta natureza dos Negros. Paradoxalmente, perpetuam o imperialismo da ontologia que subordina a ética às questões "O que eles são?", "Eles são homens e mulheres?" e "Eles são cristianizáveis?".[18] O medalhão de Josiah Wedgwood,* o romance *A cabana do Pai Tomás*, de Harriet Beecher Stowe, a obra *De la littérature des Nègres* [Sobre a literatura dos Negros], do abade Grégoire, e os dis-

---

* Josiah Wedgwood (1730–95), industrial britânico do ramo da porcelana, criou um medalhão abolicionista em 1787 com a frase *"Am I Not a Man or a Brother?"* [Eu não sou um homem ou um irmão?]. O intuito era conquistar o apoio popular na luta abolicionista. [N. T.]

cursos de William Wilberforce[19] tiveram todos a função de justificar a consideração moral em relação aos Pretos e de provar que eles pertencem ao gênero humano, mostrando sua bondade ou sua inteligência. Esse gesto permitiu apresentar aos europeus e americanos católicos Brancos a escravidão dos Pretos como uma injustiça e como uma violação do princípio da igualdade natural dos seres humanos. Aos que pensam que a escravidão é indispensável às colônias, que "pereçam as colônias em vez de um princípio", respondeu Schœlcher.[20]

O segundo gesto consistiu em *dissociar* a escravidão dos Pretos da economia de *plantation*. Tal gesto foi auxiliado por um desenvolvimento do pensamento econômico dos fisiocratas e dos liberais que mostra a ineficácia de uma mão de obra servil comparativamente a uma mão de obra livre.[21] Ele foi mais evidente no movimento internacional abolicionista, marcado pela criação de sociedades nos Estados Unidos, na Inglaterra e na França no fim do século XVIII. Estratégico e político, esse exercício de dissociação permitiu a coexistência de dois interesses percebidos anteriormente como contraditórios: a humanidade e a liberdade de princípio dos Pretos, de um lado, e a manutenção do habitar colonial por meio da produção intensiva das *plantations*, de outro.[22] As vozes dissonantes de Condorcet e Sismondi propondo a divisão das *plantations* e o acesso dos ex-escravizados à terra surtiram pouco efeito.[23] Assim, de acordo com seu livro *Des colonies françaises: Abolition immédiate de l'esclavage* [Sobre as colônias francesas: abolição imediata da escravidão], Schœlcher concilia a abolição da escravidão e a *plantation* com o emprego do trabalho livre: "As colônias não devem perecer, elas não perecerão. [...] Não é verdade que o trabalho livre é impossível nos trópicos, trata-se apenas de saber determinar os meios para obtê-lo [...]. Toda a questão para nós reduz-se, portanto, a: ORGANIZAR O TRABALHO LIVRE".[24]

Esse exercício de dissociação deu origem a alianças insólitas em que alguns produtores escravagistas se tornaram, eles mesmos, abolicionistas, aí entrevendo a possibilidade de uma continuação próspera de suas plantações.[25] Paradoxalmente, *a abolição da escravidão tornou-se uma aliada das plantations dos antigos senhores*. Os decretos da abolição na França e na Inglaterra, que "indenizavam" os proprietários por suas "perdas", tiveram a intenção de manter a empresa plantationária de exploração da natureza, dos não humanos e dos humanos. A não redistribuição de terras e a não indenização dos recém-libertos os mantinham sob a férula econômica de seus antigos senhores. Penalizando a vagabundagem e limitando o acesso à propriedade da terra, os decretos que se seguiram à abolição da escravidão instituíram formas de "salariado bitolado", que entravaram o desenvolvimento de um campesinato e fixaram – em parte – os novos "livres" em suas antigas *plantations* e oficinas a fim de continuar a trabalhar para seus antigos senhores.[26] Ainda, para atenuar a redução de mão de obra decorrente das resistências dos novos livres, a França e a Inglaterra recorreram à servidão por contrato [*engagisme*]. Desde 1853, essa política trazia uma mão de obra parcialmente servil proveniente da África, da China e da Índia que, por um período de três a seis anos, assumia o trabalho dos ex-escravizados nas *plantations*.[27] Da servidão por contrato à organização de migrações discriminatórias dos cidadãos ultramarinos rumo à França continental (Bumidom),[28] passando pelos auxílios anuais aos grandes agricultores e pela hipertrofia do funcionalismo, *a história política das Antilhas francesas é a história da manutenção da plantation*.

Uma mesma associação entre abolição e *plantation* esteve em prática no Haiti. A Revolução Haitiana (1791–1804), que combinou antiescravismo e anticolonialismo, com Cécile Fatiman, Dutty Boukman, Toussaint Louverture e Jean-Jacques Dessalines, entre outros, não produziu uma mudança radical na relação com a exploração das terras pela *plantation*. No dia seguinte à abolição da escravidão, contra a vontade dos ex-escravizados e diante dos numerosos protestos das mulheres que já desejavam ampliar sua agricultura de subsistência, o trabalho nas plantações foi imposto novamente por Polverel e Louverture. Em 1795 e 1796, este último não hesitou em reprimir com suas tropas as rebeliões de ex-escravizados que viam nessa medida um retorno à escravidão. Proprietário de várias plantações, Louverture associava explicitamente a emancipação da escravidão à continuação da *plantation*, facilitando em certos lugares o retorno de alguns colonizadores Brancos das regiões outrora sob o controle britânico.[29] Louverture foi pego pelo paradoxo plantationário imposto pelas potências coloniais europeias e americanas, acreditando que o restabelecimento da produtividade das mesmas plantações que haviam subjugado os seus continuava a garantir a liberdade deles diante das demandas internacionais de açúcar e café.[30] A primeira Constituição do Haiti, de 8 de julho de 1801 – ainda uma colônia à época –, consagrou juridicamente a manutenção pós-escravagista da *plantation*, que não pode "sofrer a menor interrupção" como princípio estruturante da sociedade, legitimando qualquer medida do governador para assegurar sua cultura pelos produtores e trabalhadores rurais.[31]

Por fim, lembremos que as abolições da escravidão, a princípio, abriram a participação política dos ex-escravizados apenas aos homens. A despeito de sua importante participação nas lutas antiescravistas,[32] as mulheres outrora escravizadas não podiam votar, o que mantinha relações desiguais entre homens e mulheres ex-escravizados. Ainda que as abolições dos tráficos e das escravidões tenham sido progressos políticos, sociais e morais fundamentais para o mundo, deixaram em suspenso tanto as novas formas de subjugação pós-escravagistas inerentes ao sistema misógino das *plantations* como a destruição dos ecossistemas ligados à exploração intensiva dos não humanos. Essa *abolição sem ecologia* não questiona em absoluto o habitar colonial, as formas inerentes de exploração da Terra e dos não humanos. A emancipação plantationária e a abolição sem ecologia convergem para o mesmo horizonte: a manutenção da *plantation* negreira e misógina. Assim, *a preservação do habitar colonial e de suas plantations foi a condição da abolição dos e das escravidões dos Pretos nas Américas.*

Dois discursos críticos do mundo colonial moderno estão presentes sem se comunicar. Por um lado, uma corrente de preservação da natureza aceita, sem alarde, preservar as florestas sob o fundo da escravidão e do tráfico negreiro: *uma ecologia negreira*. Por outro, uma corrente abolicionista contribuiu para a emancipação dos escravizados do século XVII ao XVIII, deixando de lado as degradações ambientais causadas pelos colonizadores: *uma abolição da escravidão sob a condição da plantation colonial*. Uma *emancipação plantationária* em que os grilhões da escravidão foram rompidos ao mesmo tempo que se mantinham os ex-escravizados no meio do universo escravizador das *plantations* de seus antigos senhores.[33] Alguns argumentos abolicionistas consideravam até uma expansão imperial das *plantations* por meio da colonização da África.[34] Esse foi o caminho que o Império Francês tomou nos séculos XIX e XX quando, apoiado por uma ciência colonial, impôs nas Américas, na África, na Ásia e na Oceania *plantations* coloniais de algodão, borracha, café, cacau, oleaginosas, bananas, bem como a pecuária e a exploração de minérios e de recursos fósseis das terras colonizadas.[35] Essas *plantations* subjugaram o conjunto dos indígenas por meio da organização republicana do trabalho forçado de homens, mulheres e crianças, do prolongamento da escravidão doméstica e de seu quinhão de castigos atrozes.[36] Terras, humanos e não humanos foram confundidos em uma mesma matéria Negra a ser explorada em benefício das elites comerciais metropolitanas. Paradoxalmente, a abolição da escravidão e a preservação de florestas nas colônias participam da manutenção do habitar colonial e do prolongamento global da plantation sob várias formas. O abolicionismo e o ambientalismo reúnem-se numa mesma *ecologia colonial*, patriarcal, cristã e racista que preserva os interesses dos colonizadores e dos senhores de escravizados que se beneficiam das *plantations*.

fratura entre anticolonialismo e ambientalismo moderno

As descolonizações nas Américas sofreram dessa mesma dupla fratura moderna. Percebendo a colonização e a situação colonial unicamente como o controle de uma administração estrangeira sobre um povo autóctone (ou local), os diferentes movimentos anticoloniais do século XVIII ao XX se empenharam essencialmente em reconquistar uma soberania própria desses povos.[37] Ao dissociar o destino das paisagens e dos ecossistemas da compreensão da colonização, o anticolonialismo desenvolveu-se sem modificar a relação de exploração intensiva da terra. Isso traduziu-se com frequência no desejo de ser senhor no lugar do senhor, de ser aquela ou aquele que se beneficia do habitar colonial.

Isso foi explícito no anticolonialismo dos colonizadores Brancos americanos. A descolonização dos Estados Unidos da América, declarada em 4 de julho de 1776, significou a ascensão de uma soberania sem, no entanto, o questionamento da conquista colonial das terras e dos povos ameríndios nem da escravidão dos Pretos. Esse foi também o projeto da "fronda dos Grandes Brancos" da colônia francesa de São Domingos durante a Revolução Francesa, quando, conforme aponta Aimé Césaire, a avareza e a vontade de preservar os preconceitos de cor, a *plantation* e a escravidão derrotaram seu anticolonialismo.[38] As independências dos países da América Latina no início do século XIX interessavam-se pelos escravizados apenas como potenciais recrutas para as lutas armadas. Embora alguns escravizados tenham sido libertados após essas guerras, a instituição da escravidão não foi fundamentalmente questionada por essas independências. A escravidão continuaria, no caso do Brasil e de Cuba, até os anos 1880.[39] O anticolonialismo não foi um questionamento da escravidão nem do habitar colonial.

Desse ponto de vista, quer se traduzam por independências, como na Jamaica, na Guiana, no Suriname ou em Santa Lúcia, quer por integrações estatutárias no seio da antiga potência colonial, como nas Antilhas francesas, nas Antilhas neerlandesas, nas ilhas Virgens britânicas e americanas e em Porto Rico, as descolonizações caribenhas do pós-Segunda Guerra Mundial não questionaram os fundamentos do habitar colonial, reproduzindo economias de *plantation* sob formas modificadas.[40] O mundo colonial estabeleceu uma maneira de habitar a Terra que se apoia na exploração destrutiva do meio, em que o desenvolvimento só se mede em termos de PIB e de ganhos econômicos, em que a emancipação do jugo colonial está subordinada à intensificação da exploração da natureza. Como se a libertação tivesse de ser feita às custas de uma aceleração da destruição dos ecossistemas, dos crimes e injustiças das ditaduras e regimes autoritários que se formam para assegurar e se beneficiar desse habitar colonial da Terra.

Por outro lado, desde o fim do século XIX, nasce um conjunto de movimentos ambientais. Da ideologia da *wilderness* ao Greenpeace, do Sierra Club ao WWF, da ecologia profunda ao Les Amis de la Terre e à Sea Shepherd, os diferentes movimentos e associações ambientalistas fizeram pouco caso das lutas antirraciais, bem como das lutas anticoloniais.[41] A despeito de todas as qualidades literárias e políticas do livro fundador *Primavera silenciosa*, de Rachel Carson,[42] ali os perigos da poluição química causada pelo uso compulsivo de pesticidas estão totalmente desconectados das lutas dos Pretos estadunidenses pelos direitos civis em curso no momento de sua publicação. Um grupo de pessoas opõe-se às violências praticadas contra a natureza sob a forma de exploração de recursos energéticos, de rastros de moléculas tóxicas e de exposição a substâncias radioativas, deixando de lado a miséria de uma população operária explorada, a exposição dos migrantes latino-americanos a esses mesmos pesticidas nos campos dos Estados Unidos (conforme tornado visível por César Chávez[43]) e a expulsão dos povos de seu lugar na terra. A energia nuclear impactou majoritariamente territórios colonizados devido a testes de bombas – tal como nas ilhas Marshall,[44] sob o controle americano, as ilhas da Polinésia e da Argélia, sob o controle francês, ou as terras dos Maralingas, na Austrália[45] – *e* pela extração de urânio, como nos territórios dos Navajo e dos Lakota nos Estados Unidos, cujos povos, majoritariamente não Brancos, sofrem consequências sanitárias. A despeito desse colonialismo nuclear, o anticolonialismo não foi um dos pontos fortes do movimento antinuclear. Entretanto, hoje os movimentos antinucleares dos países do Norte denunciam essa mesma colonização de suas cidades e campos pelas centrais nucleares e por seus resíduos milenares.

Cuidar dessa fratura permite identificar as aporias comuns do abolicionismo, do anticolonialismo e do ambientalismo. Primeira aporia: é ilusório proibir a dominação e a exploração de seres humanos por outros seres humanos mediante a escravidão, o tráfico negreiro e a colonização ao mesmo tempo que se conserva uma organização social e econômica cuja função é a exploração colonial da Terra. Mudar de política implica mudar de ecologia. Segunda aporia: torna-se ilusório proteger os espaços naturais e as florestas da Terra dos desejos financeiros de certos humanos a partir do momento em que se aceita a escravização de outros seres humanos pelas dominações escravagistas e coloniais: mudar de ecologia implica mudar de sociedade. Essas aporias constituem uma ecologia colonial, que mantém a separação artificial entre o devir material do planeta e dos não humanos e o devir social e político dos humanos.

o *oikos* colonial do Antropoceno

Por meio dessa ecologia colonial, o ambientalismo produz, em contrapartida, uma percepção das catástrofes ecológicas contemporâneas centrada no devir do habitar colonial. Como apontaram Maquiavel, a respeito da *fortuna* e das inundações, e Rousseau, a respeito da Providência e do terremoto de Lisboa de 1755, a constituição social e política das catástrofes naturais traduz, acima de tudo, as experiências, as historicidades de grupos particulares, suas (in)ações e suas maneiras de habitar a Terra.[46] Por trás da grande narrativa global do Antropoceno, de um "Homem" que perturba os equilíbrios ecossistêmicos e que, paradoxalmente, seria também a panaceia para tais desequilíbrios, as catástrofes são percebidas e narradas a partir de um centro geográfico e temporal, um lar singular: um *oikos colonial*.

Esse *oikos* desvela-se em inúmeros discursos de instituições internacionais, nas representações, nas mídias, nas artes e nas produções culturais. Uma forma de entender é por meio das representações das catástrofes planetárias e ambientais (causadas ou não por humanos) nos *blockbusters* americanos vistos por centenas de milhões de espectadores. De maneira simétrica aos efeitos especiais espetaculares, esses cenários ilustram ficticiamente uma imagem do navio-mundo que enfrenta tempestades, terremotos e tsunamis com seu funcionamento, sua (bio)diversidade, sua família central e as maneiras "normais" de habitar a Terra. Em filmes como *O dia depois de amanhã* e *2012*, de Roland Emmerich, o foco é uma família Branca dos Estados Unidos, proprietária de uma grande casa em um bairro calmo de uma grande cidade, que possui um ou vários carros. Heterossexual e frequentemente biparental, a família Branca de classe média é retratada com segurança financeira, pais que ocupam cargos de executivos, lugares de vida espaçosos com uma geladeira bem abastecida. Sem problemas de sobrepeso nem qualquer tipo de deficiência, ela goza de boa saúde. Cenas do dia a dia são exibidas em torno do farto café da manhã, quando se podem ver as ternuras cotidianas entre pais que cuidam de seus filhos que já não são pequenos, antes que estes partam para escolas de qualidade. Do mesmo modo, no filme *Interestelar*, de Christopher Nolan, a crise ambiental global de um planeta do qual os humanos não conseguem mais tirar alimentos, assolados por tempestades de poeira, é vivida por intermédio do cotidiano de uma família americana Branca e abastada, com propriedades e dois filhos.

No centro de cidades cosmopolitas como Los Angeles e Nova York, a catástrofe ambiental global é reduzida à experiência de um *oikos* singular e de seu tempo próprio: o do *seu* possível colapso, com o seu modo de vida, com as suas maneiras de habitar a Terra, mas também com a sua genealogia específica que indica a função reprodutiva do lar. O tempo é aquele em que os que possuem e dominam correm o risco de perder sua posse e seu domínio: *o tempo dos senhores*. A história é narrada pelos senhores ameaçados. Assim, o evento considerado catastrófico em escala global é, em primeiro lugar, o que ameaça *a reprodução desse lar, de sua composição étnica, social e sexual, de seu salário, bem como de suas maneiras de habitar a Terra*. Toda a intriga de tais filmes hollywoodianos consiste em desvelar como esse lar, com sua maneira de habitar a Terra, sobreviverá à catástrofe e dela sairá fortalecido. Em *2012*, o novo marido da mãe morre, os pais divorciados antes do cataclisma reatam e a família retorna à sua composição "normal". Em *O dia depois de amanhã*, o pai salva o filho e a família se recompõe. O problema não é que o Antropoceno e suas catástrofes *também* sejam vividos por famílias Brancas heterossexuais, de classe média, saudáveis, em bairros abastados das grandes cidades cosmopolitas nos Estados Unidos. O problema surge quando esse *oikos* é apresentado pela *exclusão de outros*. Os *oikoi* dos outros, com outras realidades socioeconômicas e sanitárias, outras temporalidades e genealogias que são ameaçadas muito antes da catástrofe, são escondidos nessas narrativas, assim como na narrativa do Antropoceno.

os Negros do *oikos* colonial

Sem dúvida, cada vez mais, esses filmes de catástrofe concedem um lugar às minorias. Personagens Pretos, latinos, indianos, asiáticos, homossexuais, aborígenes ou árabes são exibidos na tela. No entanto, em sua maioria, esses personagens ficam limitados à posição de *house Negro* [Negro da casa], descrita por Malcolm X e que eu designo aqui como "Negro do *oikos* colonial". Em um discurso proferido na Universidade de Michigan, em 23 de janeiro de 1963, Malcolm X opôs as ações do *house Negro* e do *field Negro* [Negro do campo] diante de um incêndio na casa do senhor.[47] O *house Negro* – que vive na casa do senhor – se precipitaria para salvar o senhor e a casa dele às custas da própria vida, se necessário, enquanto o *field Negro* – que vive numa senzala no campo – rezaria pela destruição do senhor e de sua casa. Durante o evento catastrófico, o *house Negro* é aquela ou aquele que, não possuindo nem seu corpo nem casa própria, tem por função preservar o corpo e a casa dos senhores, preservar o *oikos colonial*. As minorias na tela dos filmes de catástrofe que gravitam em torno da família central são frequentemente apresentadas na mesma situação. Mais do que a assistência prestada ao homem Branco por personagens Pretos, chamados de *magical Negroes* (Negros mágicos), os Negros do *oikos* colonial preservam uma maneira de habitar a Terra. Enquanto seus cotidianos familiares, suas senzalas e suas temporalidades passam despercebidos, eles têm a função de preservar o lar da casa central às custas de suas vidas descartáveis. *Eles são apresentados fora-do-solo, sem lugar na Terra, sem* oikos *próprio, a serviço do* oikos *colonial*.

Em *O dia depois de amanhã*, nem o estudante Preto nem a estudante Branca têm um cotidiano com seus respectivos pais. O Preto nova-iorquino sem-teto Luther, literalmente sem *oikos*, é quem dá conselhos para o menino Branco rico se proteger do frio. No final, Luther desaparece, assim como a catástrofe social que ele enfrentava com seu cão antes da catástrofe ambiental. Os dois Pretos que estão no filme *Interestelar*, o diretor de escola e o astronauta-físico, não têm relações familiares, nem casa própria, nem função de reprodução, seus papéis consistem apenas em ajudar Cooper a cuidar de seus filhos e netos. Em 2012, ainda que personagens minoritários ocupem importantes posições de poder e de saber, como a de um presidente dos Estados Unidos e a de um cientista Pretos, eles são mostrados apenas em suas terrestrialidades, ou seja, em seu habitar, em seu *oikos* próprio. O *único* núcleo reprodutor que sobrevive é a família Branca dos Estados Unidos, o centro da catástrofe.

o porão do Antropoceno

A pluralidade conflitual de atores, de tempos e de *oikoi* que tentam viver juntos no seio de uma pólis, de uma cidade, é subsumida no interior de um "nós" homogêneo. Embora esse "nós" possa ser multicor, ele se concentra em torno de um único *oikos*, de uma única maneira de habitar a Terra, à imagem da *plantation* colonial preservada pelas abolições do século XIX. As buscas das minorias por igualdade e por justiça sociais, anteriores à catástrofe, estão confinadas no porão inaudível do Antropoceno. A intriga desses filmes é apenas um detalhe dos caminhos pelos quais o *oikos* colonial e seu porão serão mantidos, ainda que esse *oikos* seja a causa da catástrofe. Então, a catástrofe passa a ser vista apenas com base no registro técnico e científico da Terra, o único proposto na tela. Ela se explica por cálculos, esquemas, associações entre o céu, a Terra, os oceanos e o Sol, e não por relações entre pessoas, entre países, entre ricos e pobres, entre homens e mulheres, entre Brancos e não Brancos. Os cientistas tornam-se, então, os verdadeiros atores "políticos" da catástrofe, tentando penetrar nas arenas decisórias, ditar as políticas a serem seguidas. Essa alternativa lúgubre entre igualdade e justiça sociais, de um lado, e a proteção dos equilíbrios ecossistêmicos do planeta, de outro, entre abolicionismo e preservação das florestas, entre anticolonialismo e ambientalismo, perpetua, em contrapartida, a dupla fratura da modernidade, bem apropriada aos senhores do *oikos* colonial. A catástrofe vem salvar o *oikos* colonial.

Esse fantasma apolítico é desfeito por Malcolm X. A oposição entre o *house Negro* e o *field Negro* foi com frequência percebida unicamente como uma diferença de atitude psicológica em face do mundo colonial: aquele seria um "vendido", este um rebelde. No entanto, aqui o gesto fundamental de Malcolm X é tornar visíveis, durante as catástrofes, a pluralidade *e* a conflitualidade historicamente presentes no mundo. Não existe um "nós" homogêneo e igual diante das catástrofes. As lutas pela igualdade e pela justiça, bem como suas memórias, não desaparecem milagrosamente diante da tempestade. Apreender politicamente as catástrofes ecológicas pressupõe observar o que se passa no porão do Antropoceno, levar em conta inúmeras catástrofes que estão contidas nessas tempestades e reconhecer outros objetos, além da fúria dos elementos naturais, como parte integrante das ameaças do Antropoceno. Filmes como *Febre da selva* e *Chi-Raq*, de Spike Lee, *Fruitvale Station: A última parada*, de Ryan Coogler, e *Crash: No limite*, de Paul Haggis, revelam o difícil viver-junto, o clima de medo, de crimes, de misérias sociais e de exclusão política do mundo em curso nas cidades de Nova York, Chicago, São Francisco e Los Angeles antes da chegada de eventos climáticos catastróficos.

O pensamento político da catástrofe requer uma literatura e uma arte cinematográfica capazes de transpor essa dupla fratura na qual são apresentados, de um lado, filmes sobre as realidades sociais e políticas das minorias e, de outro, as catástrofes globais onde aparece o *oikos* colonial único da família Branca de classe média; na qual ora se abordam as injustiças sociais, as discriminações raciais decorrentes da história colonial do mundo, ora se fala do derretimento das geleiras e das ameaças ambientais globais. Enfrentar a tempestade moderna implica escritas do mundo que conservem sua pluralidade constitutiva, uma literatura com narrativas-florestas em que todos encontrem uma árvore sob a qual se abrigar. Superar essas fraturas pressupõe, portanto, levar a sério as continuidades entre humanos e não humanos. O que acontece com a Terra, com os solos e com as florestas repercute no próprio corpo dos humanos, assim como em suas condições de vida sociais e políticas, e vice-versa. O solo das *plantations* e o corpo dos escravizados confundem-se em uma única Terra-Negra subjugada pelo habitar colonial. Manter juntos antiescravismo, anticolonialismo e ambientalismo, desfazer-se da sombra do porão do Antropoceno: essa é a missão de uma *ecologia decolonial*.

parte III

o navio negreiro: sair do porão da modernidade em busca de um mundo

10
o navio negreiro: o desembarque fora-do-mundo

Espérance [1749-50]

Embarcados diretamente do interior das terras, os sofrimentos dos rostos arrancados de seus familiares afluem até o golfo da Guiné. Em Uidá, no atual Benim, olhares agitados espiam através das fendas dos barracões um inesperado horizonte auspicioso. No fim do ano de 1749, 227 buscadores de luz são acorrentados no antro do *Espérance* [Esperança], navio proveniente do Havre. No inferno atlântico do porão, por trás do medo, do abatimento, dos desejos suicidas ou dos sonhos de vingança, uma pulsação surda conserva a esperança de um encalhe numa terra acolhedora. Em 15 de fevereiro de 1750, o *Espérance* naufraga ao largo de Le Vauclin, na Martinica. Desembarcados naquela areia desconhecida, 177 náufragos do *Espérance* já procuram, através das fendas dos morros ainda verdejantes, as possíveis aberturas de um mundo.

Cap 110, memorial da enseada Cafard, escultura de Laurent Valère, 1998. © Foto do autor.

Escultura *Vicissitudes*, de Jason deCaires Taylor, Granada, 2006. © Jason deCaires Taylor / DACS / Artimage Adagp, Paris, 2019.

o navio negreiro: arca imaginária do mundo caribenho

Pensar a crise ecológica *a partir* do Caribe implica pensar as representações do mundo e os imaginários próprios que atravessam essas sociedades pós-coloniais e pós-escravagistas. Afinal, dividido entre as grandes narrativas atávicas europeias, as cosmogonias milenares dos ameríndios e as memórias das sociedades africanas, imagina-se que o Caribe não teria narrativa mítica própria. As práticas culturais caribenhas seriam apenas uma mistura heteróclita tecida a partir do que perdurou da África, da América e da Europa nas travessias transatlânticas. O Caribe pós-Colombo não teria nenhuma gênese mítica. Demonstrado pelos arquivos coloniais, seu nascimento seria apenas histórico. Essa oposição enganosa entre mito e história[1] oculta o que o Caribe gerou como imaginário próprio, que não é redutível nem à bacia da Guiné, nem à Europa, nem às Américas pré-coloniais. Entre modernos e indígenas, o Caribe coloca em cena esses terceiros termos simbolizados pelos Negros escravizados coloniais, uma gênese própria que se funda no seio do tráfico negreiro transatlântico e da escravidão colonial. A colonização europeia e as escravidões formam também um imaginário a partir do qual se pode falar de um mundo, de seus habitantes, de suas terras e de seus mares.

No seio desse imaginário, o navio negreiro funciona como uma verdadeira *arca do mundo crioulo*. Ao lado dos trajetos perfeitamente históricos desses navios durante quatro séculos, o navio negreiro representa também uma cena mítica no imaginário caribenho na medida em que trata da origem da fundação dessas sociedades. Ele encarna a cena fundadora que anuncia as relações com a Terra, com a natureza e com o mundo dos antigos prisioneiros, tanto dos que se reconhecem descendentes de escravizados como dos que se reconhecem descendentes de senhores de escravizados. Assim, ele está presente tanto nos discursos de militantes políticos e ecologistas caribenhos quanto nas produções literárias e teóricas de autores do mundo atlântico, de Aimé Césaire a Maryse Condé, de Édouard Glissant a Herman Melville, passando por Isabel Allende. O navio negreiro é, a um só tempo, o cronótopo de Paul Gilroy que desenha a unidade do "Atlântico Negro",[2] associando África, Europa e América, e a metáfora socrática do mundo em que as lutas dos cidadãos pelo título de líder da cidade são comparadas às disputas dos marinheiros pelo título de capitão do navio.[3]

a política do desembarque

O navio negreiro é a *arkhé* do mundo crioulo em seu duplo sentido de *começo* e de *fundamento*. Como começo, o navio negreiro representa os inícios, a cena primordial do mundo crioulo. Ele apoia-se na "Passagem do Meio",* que representa uma ruptura conceitual e imaginária em um real histórico contínuo. Por um lado, aí opera um processo de nadificação [*néantisation*] pelo qual a frente continental e africana encontra não um fim, mas uma perda. Essa ruptura no seio do porão do navio negreiro assume a imagem do *bottomless pit* [buraco sem fundo] de Robert Nesta Marley,[4] do "abismo" de Édouard Glissant, onde quase tudo se perde,[5] ou desse mar carcereiro de Derek Walcott, que encerra as histórias, as memórias, as batalhas e os martírios.[6] Por outro lado, esse abismo e esse mar dão à luz. Algo emergiu do abismo.[7] Em seu *Diário de um retorno ao país natal*, Aimé Césaire encontra o começo dos Pretos caribenhos na experiência do navio negreiro. "Vômito de negreiro",[8] eles foram expulsos do porão negreiro, fazendo deste a *matriz das sociedades crioulas*. É dessa forma que Raphaël Confiant e Patrick Chamoiseau situam os primeiros traços de uma literatura crioula num *grito* no porão do navio negreiro dado por um prisioneiro.[9] Um grito de revolta e sofrimento, mas, sobretudo, um grito de recém-nascido. Simultaneamente nadificação e nascimento, esse começo faz do navio negreiro, segundo Glissant, um "abismo-matriz".[10]

Como fundamento, o navio negreiro contém os princípios que estruturam o mundo crioulo. Assim como o cofre de madeira no qual os hebreus conservavam as Tábuas da Lei, o navio negreiro encerra em seu seio, em seu convés inferior e em seu porão, os preceitos políticos, sociais e morais que estruturam as relações com a natureza, com a Terra e com o mundo. O principal traço desse fundamento

---

* Rota principal do tráfico negreiro e uma das três etapas do comércio triangular, a Passagem do Meio era a viagem transatlântica feita pelos navios negreiros levando a bordo pessoas escravizadas capturadas na África com destino às Américas. [N. T.]

reside numa *política do desembarque*. O desembarque faz, inicialmente, referência aos quatro séculos ao longo dos quais navios europeus desembarcaram, nas margens caribenhas e americanas, milhões de africanos aprisionados transformados em Negros e escravizados coloniais. Verdadeiras fábricas negreiras, tais navios "produzem" essa categoria sociopolítica de seres designados como escravizados Negros ao transformarem a "matéria"-prima dessa madeira de ébano. Com "política do desembarque", designo as *disposições* e *engenharias* sociais e políticas que conferem às pessoas uma relação de alienação com seu corpo, com a Terra e com o mundo. A política do desembarque do navio negreiro engendra, assim, "corpos perdidos" (aculturados), náufragos (fora-da-Terra) e Negros (fora-do-mundo).

corpos perdidos

O navio negreiro como abismo-matriz dá à luz seres em situações particulares que podem ser chamados, como fez Césaire, de "estranha cria dos mares".[11] Seu estranhamento revela-se primeiro na maneira como os prisioneiros são destituídos de suas histórias e de seus vínculos com uma Mãe Terra. O navio negreiro destitui o cativo de seus pertencimentos culturais, de suas práticas sociais e de suas crenças espirituais. Sua língua, seu nome, sua religião, suas artes e sua cultura são amordaçados. Reduzidos a serem apenas corpos separados de seus ecossistemas culturais e históricos, os Negros cativos foram renomeados, rebatizados, instruídos em práticas de trabalho, em práticas religiosas e em relações sociais à imagem da sociedade cristã colonial. O fato de crenças e práticas terem subsistido não invalida o princípio da recepção desses cativos, que é o da aculturação estrutural. Essa cria dos mares é reduzida a um corpo cujo domínio recai sobre os senhores escravagistas: *um corpo perdido*. Tal perda de corpo é também uma perda da relação com a Terra. A escravidão teve como princípio retirar desses seres as práticas culturais por meio das quais eles fazem parte de um ecúmeno, de uma relação com a Terra enquanto local habitado por humanos e não humanos. As artes, as danças, os cantos e a alimentação tecem relações sociais que consagram um pertencimento coletivo, bem como uma terrestrialidade. Disso resultam corpos perdidos, prisioneiros de uma errância flutuante sem porto coletivo, histórico ou terrestre que lhes seja próprio.

náufragos: fora-da-terra

O navio negreiro produz também uma relação particular com o próprio solo do Caribe e das Américas que eu designo como *a condição de náufrago*. O desembarque dos que conseguem sair do porão do negreiro não é uma chegada, mas um naufrágio, tal como o do navio *Espérance*. Aqui, o naufrágio vai além daqueles que pereceram no mar durante a travessia do Atlântico. Os historiadores mostraram que cerca de 15% dos cativos que subiram a bordo dos navios (1,8 milhão de 12,5 milhões) pereceram durante a travessia.[12] Além das inevitáveis lacunas de arquivo sobre navios dos quais não se encontram vestígios, a principal razão dessa subestimação é conceitual. Com efeito, o inferno do porão do navio negreiro começa muito antes dos portos negreiros da África Ocidental, tais como Uidá ou a ilha de Goreia. O início do embarque no porão do negreiro, ou seja, o início do trajeto que levava a esse espaço de madeira, deve ser procurado na captura violenta de africanos em suas terras, nas guerras entre diferentes grupos cujo objetivo era alimentar o comércio triangular e nos acordos firmados entre europeus e líderes africanos que se aproveitavam dessas pilhagens e vendas. A captura nas aldeias, a marcha rumo aos portos e o encarceramento em barracões previamente montados à entrada do porão foram constitutivos do embarque. De uma violência inaudita, esses procedimentos causaram a morte de vários milhões de pessoas nas terras africanas, muito antes da travessia transatlântica. Em um relato perturbador dado a Zora Neale Hurston, Oluale Kossola conta como seu embarque terrestre, do ataque de sua aldeia Bantè aos barracões em Uidá, foi assombrado pela morte de seus familiares.[13] O abolicionista Thomas Buxton estimou que, para cada pessoa introduzida em um negreiro, era preciso contar, pelo menos, uma vítima.[14] Do mesmo modo, o historiador Joseph Miller estima que, para cada 100 pessoas capturadas ou vendidas no interior das terras africanas, apenas 57 subiam a bordo do navio no caso do tráfico angolano.[15] A partir desses índices, o número de todos os que foram embarcados nesse tráfico transatlântico chegaria a mais de 25 milhões.

Os cativos africanos desembarcados em terras americanas foram os que enfrentaram a travessia das planícies africanas até as *plantations* americanas e *sobreviveram* ao inferno do porão negreiro. São náufragos. Nem todos os náufragos desembarcaram nas margens. Alguns pereceram no fundo do oceano Atlântico ou do mar do Caribe, outros em um barracão na costa oeste africana, outros tantos nas planícies da Guiné durante as longas marchas forçadas rumo aos portos, atacados pelas chamas, pelas lâminas ou pela exaustão. Essa condição de náufrago mantém juntos os que morreram na África ou no oceano Atlântico e os que foram descarregados nas margens das Américas. Essa é a condição de vidas Pretas no rastro histórico, ontológico e político do navio negreiro ressaltada por Christina Sharpe.[16] Essa é a pujante solidariedade expressa pelas esculturas submarinas de Jason deCaires Taylor na baía de Molinere, na ilha de Granada, e pelas estátuas de Laurent Valère no memorial da enseada Cafard, na Martinica. Estas foram erigidas em memória do *naufrágio* de um navio negreiro *e* de todas as vítimas do tráfico negreiro. Como as 208 vidas do navio *Zong* que não foram lançadas ao mar, que foram mantidas em cativeiro no porão antes de serem encaminhadas à Jamaica, as experiências do mundo dos desembarcados são habitadas pelas experiências daquelas e daqueles que pereceram no caminho.

Muitos náufragos são migrantes e, como lembra vigorosamente o Mediterrâneo, muitos migrantes, oprimidos pela globalização iníqua, naufragam.[17] Contudo, os náufragos do navio negreiro não são migrantes. A condição de náufrago também deve ser distinguida do que Étienne Tassin chama de "condição migrante".[18] Os termos "migração" ou "migração forçada" são inadequados. Isso resulta em primeiro lugar do fato de que a desumanização dos que são reduzidos a escravizados é também acompanhada da impossibilidade de constituição de um sujeito político, da impossibilidade de um "eu" e, consequentemente, da impossibilidade de um verbo. *Os Negros são os objetos dos verbos dos outros*. "Eles foram" transportados, nomeados, capturados, reduzidos, destituídos, mortos, violados, caçados, comprados, salvos, libertados, lançados e embarcados. Evidentemente "algo" perdurou, mas esse "algo" não é mais (ou ainda não é) um sujeito. Além disso, o sujeito a quem se atribui o termo "migração" simplesmente não é anterior a ela. Africanos não migraram pelo simples fato de que "os africanos" não existiam antes de tal migração. Havia povos da Guiné, de São Tomé, de Daomé e outros de diversas aldeias e grupos culturais. A condição migrante pressupõe, no entanto, não apenas um verbo e um sujeito, mas sobretudo certa continuidade – pelo menos nos pertencimentos e na cultura – entre o antes e o depois, a continuidade do sujeito. Ainda que seja obrigado a fugir por pressões políticas, por guerras ou condições climáticas insuportáveis, migrante é *aquele ou aquela que* migra. Os migrantes caminham, partem, fogem, gritam, choram, atravessam os mares, desafiam as fronteiras, saltam os muros e as barreiras. O navio negreiro não produz migrantes nem migração forçada pelo simples fato de que "mercadorias" não se deslocam por si mesmas.

Ainda que anuncie condições terríveis de vida, o naufrágio contém também a esperança de que o inferno do porão não existirá mais. O atracamento representa ao mesmo tempo sua triste sorte: a sorte daqueles cujas trajetórias de vida foram interrompidas pelo ciclone colonial ou pelo banco de areia escravagista; e sua salvação, ou seja, sua sobrevivência-apesar-de, a sobrevivência apesar do terror das ondas do porão do negreiro. A coincidência de um naufrágio do navio negreiro que carrega a esperança de um desfecho feliz encontra-se no caso dos Black Caribs, hoje chamados de Garífuna. A história desse povo tem origem no naufrágio de um navio negreiro na ilha de São Vicente no século XVIII, graças ao qual os cativos teriam escapado, estabelecendo relações com os ameríndios que controlavam a ilha.[19] Vencidos pelo Império Colonial Britânico, uma parte dos Garífuna foi realocada numa ilha ao largo de Honduras e, em seguida, espalhou-se pela Guatemala e por Belize. Um mesmo naufrágio na costa equatoriana em 1533 está na origem da população afroequatoriana da província de Esmeraldas. Esses africanos náufragos aliaram-se aos ameríndios contra a Coroa espanhola e fundaram um território de resistência denominado "República Zambo de Esmeraldas".[20]

Apreender as Américas antes de tudo como terras de descarregamento leva a uma maneira bastante particular de concebê-las e de pensar sobre elas. Uma terra que é então percebida como uma terra de fuga do porão do negreiro não encarna uma terra prometida, muito menos uma terra de liberdade. Essa ilha não é um lugar onde o náufrago se projeta, mas onde ele sobrevive *esperando* ser transportado a outro lugar. Esse sentimento percorre as profundezas das Antilhas francesas a partir do momento em que se trata de explicar uma ausência de investimento na política do país ou uma ausência de projeto coletivo a longo prazo. Ao menos é o que expressa Glissant quando fala de uma terra que os africanos transportados não "levavam nem no ventre".[21] Durante uma seção plenária da conferência anual da Caribbean Studies Association (CSA) em Guadalupe, em 2012, um célebre escritor guadalupense, Ernest Pépin, respondeu a uma pergunta do público afirmando que "os antilhanos pensam que um navio virá buscá-los para levá-los a outro lugar".* Para esse escritor, os jovens seriam "desconectados" e viveriam como "viajantes em trânsito".[22] Essa condição de náufrago também tem como consequência principal a maneira como homens e mulheres deixaram o navio: eles desembarcaram, literalmente saíram do barco, sem, no entanto, terem aterrado. *Eles desembarcaram sem tocar na Terra.*

Em seu romance *L'autre face de la mer* [A outra face do mar],[23] o escritor haitiano Louis-Philippe Dalembert ilustra essa mesma relação com a terra a respeito do Haiti. Dalembert faz uma analogia explícita entre o universo do navio negreiro, o inferno do porão e a vida em Porto Príncipe, uma cidade assolada por ocupações, ditaduras e uma violência que se tornou corriqueira. Por um lado, ele retraça uma história familiar de três gerações em Porto Príncipe no século XX, quando todos os membros dessa família são movidos, em diversas ocasiões, por esse desejo de fuga, por esse alhures, por essa outra face do mar. Por outro lado, essa história é literalmente entrecortada por uma narrativa do universo do porão de um navio negreiro durante toda a travessia atlântica. Ao longo das páginas, encontramo-nos ora bem no meio da poeira e do barulho de Porto Príncipe, ora na noite eterna e nos gemidos recorrentes do convés inferior e do porão do navio negreiro. Mais do que uma analogia, Dalembert estabelece uma continuidade entre os desejos de saída do universo do porão do navio negreiro e de saída da experiência de violência de Porto Príncipe. A terra do encalhe, a que torna possível a sobrevivência ao naufrágio, torna-se também uma terra de onde fugir, a exemplo de um personagem central chamado Jonas:

> Para dizer a verdade, salvo as pequenas maluquices pontuais, ele [Jonas, filho da narradora] nunca me deu motivo de verdade para reclamar. Ele parece até agarrado a este pedaço de terra como *um náufrago a uma boia salva-vidas*. Isso não me impede de chamá-lo de "Pés Polvilhados", para que, mesmo de brincadeira, ele não esqueça onde se encontra seu ancoradouro.[24]

Como o personagem de Jonas no romance de Dalembert, fazer de uma boia salva-vidas seu ancoradouro é a situação paradoxal desses

---

*   Proposta do autor ao participar dessa conferência.

náufragos caribenhos. Essa condição de náufrago ilustra a passagem de uma terra de fuga – que abriga a fuga do afogamento certeiro – a uma terra de onde fugir, uma terra onde se colocará em prática todo um conjunto de medidas para deixá-la. Longe de ser um solo para os cativos, a partir do qual é possível se erguer e se instalar em um lar, a terra é tornada e mantida estrangeira, e os desembarcados permanecem fora-do-solo. Perdura uma forma de *exílio da ilha na ilha*. Ainda que conheçam todos os seus mínimos recônditos, ainda que dominem seus ritmos e suas estações, esses náufragos nela permanecem como estrangeiros. Ali a desterritorialização é estrutural. Essa terra permanece estrangeira, pois a condição de náufrago faz dela um lugar de passagem onde se espera a repetição de um naufrágio rumo a outro lugar ou o impossível retorno a uma Mãe Terra pré-colonial.

o Negro: fora-do-mundo

Além dos corpos perdidos e dos náufragos, o navio negreiro produz Negros. Seres mantidos em uma situação fora-do-mundo, em uma relação de estranhamento radical com o mundo. "Fora-do-mundo" não significa que os escravizados não estejam fisicamente presentes nas Américas, nas oficinas das cidades ou nas plantações, tampouco que seus lugares e funções sociais não sejam reconhecidos. Significa que os escravizados são mantidos fora de um conjunto de instituições, de arenas públicas e políticas onde se constrói e se organiza o mundo. Assim como as crianças e as mulheres não escravizadas, os escravizados não podem votar, não podem ocupar cargos de autoridade nos conselhos soberanos e nas cortes de Justiça, tampouco o cargo de governador. Reduzidos a uma mão de obra dos desejos dos outros, os escravizados permanecem estrangeiros no mundo. Essa estrangeiridade radical do escravizado colonial deve ser diferenciada da estrangeiridade de um *Foreigner* [estrangeiro][25] pelo simples fato de ele não ser reconhecido como sujeito de outro reino ou como cidadão de outro Estado, como um espanhol ou um inglês. Nem estrangeiros nem cidadãos, os Negros escravizados são, portanto, limitados a um espaço intersticial. Essa ambiguidade é explícita no Código Preto de 1685 de Colbert, que, por um lado, institui os Negros escravizados como sujeitos de direito da *mesma* forma que os súditos do rei, podendo, às vezes, estar em juízo,[26] e, por outro lado, legitima a *alteridade* deles, codificando as torturas que lhes são aplicadas, sua venda e cessão como *bens móveis*. O navio negreiro "criou" seres que não são nem estrangeiros nem cidadãos verdadeiros, seres designados para o porão, cuja principal estrangeiridade é serem inadmissíveis no convés do mundo. O negreiro desembarca Negros em um fora-do-mundo, sem tocar na Terra.

figuras da fuga do mundo: as saídas do porão

O navio negreiro como arca do mundo crioulo engendra pessoas que conjugam as três condições: de corpos perdidos, de náufragos e de Negros. O navio negreiro dá à luz, mas esse milagre matricial não está recoberto pelo cuidado amoroso para com os recém-nascidos. Trata-se de um nascimento que é ao mesmo tempo não nascimento para o mundo, próprio da ontologia política Preta analisada por Norman Ajari,[27] que destina vidas Pretas, desde o nascimento, a uma "forma-de-morte". Glissant também recusa o termo "gênese" e prefere "digênese".[28] Com essa política do desembarque, as pessoas são desvinculadas de seus pertencimentos culturais, postas numa relação fora-do-solo e obrigadas a estar fora-do-mundo. Esses cativos no porão da embarcação nasceram, mas estão reduzidos à existência de uma vida nua – o que os gregos chamavam de *zoé*.[29] Tais são as condições de partida de um pensamento da ecologia a partir do mundo caribenho. Diante dessa política do desembarque que acultura, que aliena e que escraviza, os náufragos partem em busca de um eu, de uma terra e de um mundo. Assim, o gesto de emancipação do navio negreiro é triplo. Trata-se de reconstruir uma estima saudável de si e de seu corpo, uma identidade, uma história, uma cultura diante da aculturação do navio negreiro; de tocar na terra depois da alienação da sociedade colonial; e de tornar-se parte do mundo recusado aos escravizados. As narrativas do surgimento de vários povos caribenhos onde escravizados Negros eram a maioria tomam como ponto de partida *a saída metafórica do porão do navio negreiro*, quer se trate de uma revolta vitoriosa (Martinica), de uma fuga bem-sucedida (as comunidades quilombolas do Suriname e da Jamaica), de uma revolução radical (Haiti/São Domingos) ou de uma abolição da escravidão.

Como na canção "The Whale Has Swallowed Me", do músico de blues J. B. Lenoir,[30] paralelos são estabelecidos entre a gênese dos povos Pretos das Américas – descrita como uma saída do porão do negreiro – e três célebres gêneses que tomam a forma de uma saída--emancipação: a dos deuses gregos do ventre de Cronos; a do povo judeu do jugo do faraó; e a de Jonas da baleia em alto-mar. No entanto, esses paralelos encontram seu limite no fato de que, ao contrário dos Pretos das Américas, essas três narrativas apresentam uma saída--emancipação que é posterior à existência do grupo. Zeus liberta seus irmãos e irmãs do ventre de Cronos para que o *tempo deles* comece. Todavia, Deméter, Héstia, Hera, Hades e Zeus já eram irmãos e irmãs antes da abertura do ventre de Cronos. A emancipação dos hebreus do jugo escravagista do faraó, com a saída do Egito e a travessia do mar Vermelho, é posterior à existência do povo judeu. Quando Moisés diz ao faraó "deixe meu povo ir", "meu povo" preexiste a essa enunciação e a essa ação política. Por fim, quando Jonas, confinado por três dias e três noites dentro de um monstro marinho por ter desobedecido a Deus, é finalmente expelido, sua libertação é posterior à sua existência, posterior ao seu nome. Ao contrário dos deuses gregos, do povo judeu e de Jonas, a existência dos Pretos das Américas se reconhecendo como descendentes de escravizados não é anterior à saída-emancipação matricial. Os Negros nos porões dos navios negreiros não constituem um povo preexistente à sua insurreição, sobre o qual um dos cativos poderia dizer ao capitão "deixe meu povo ir". Eles têm vários nomes, pertencem a várias aldeias, a várias regiões, cada uma com suas línguas, suas práticas, seus costumes e suas culturas. As fraternidades *nascem* pela experiência dessa saída do ventre do negreiro, que lhe confere a qualidade de matriz. Ainda que a gênese crioula comporte em seu seio um movimento *fora-de*, ela não é um êxodo.

Uma das formas mais importantes dessa saída do porão do navio negreiro e de resistência foi a fuga do mundo colonial. A fuga do porão prolonga-se nas ilhas caribenhas e nas Américas com uma fuga da *plantation*, de modo que, no navio ou na ilha, uma mesma fuga do mundo está em ação, a exemplo do personagem Longoué, do romance *O quarto século*, de Glissant. O primeiro escravizado em fuga, o que conserva a memória africana ancestral nos morros da ilha, não é o que foge da *plantation*. É o que foge da *plantation* para os morros imediatamente após desembarcar do navio negreiro. Antes mesmo de ter de fato experimentado a vida na *plantation*, ele foge: "ele escapou desde a primeira hora".[31] Fugir do mundo colonial não é, em primeira instância, um trajeto que colocaria os fugitivos a certa distância geográfica do navio negreiro. Para além de seus múltiplos contornos físicos e dimensões, o navio negreiro do qual fugir deve ser apreendido, acima de tudo, como um dispositivo colonial que simboliza um encontro particular entre a Europa, a África e as Américas. A fuga do mundo colonial também se traduz *por uma fuga do encontro colonial*, a ação que visa ao fim desse encontro. Essa fuga assume várias formas, representadas por pelo menos cinco figuras.

Em primeiro lugar, ela assume a forma física de um *abandono-de-si*. O abandono não designa aqueles que, resignados ou oprimidos, não tentaram nenhuma ação contra o mundo colonial. Esse abandono-de-si faz referência àquele que, tendo largado tudo, perdeu seu próprio eu. Ele é representado pela figura do *Negro destroço*. A expressão "Negro destroço" foi empregada nas colônias escravagistas francesas para designar escravizados Pretos errantes encontrados pelas autoridades ou capturados pelas forças policiais, mas cujos senhores não podiam ser determinados, ou seja, cuja identidade havia se perdido. Essa ausência de si torna impossível o confronto com o outro. Em seguida, essa fuga assume a forma de uma eliminação-de-si por meio da figura do *suicida*. São aquelas mulheres e aqueles homens impelidos por um desejo tão profundo de retorno ao país familiar que suas revoltas assumem as formas de um jogar-se ao mar com um sorriso libertador nos lábios, de uma corda enrolada no pescoço atada a um galho de mafumeira ou, ainda, de uma recusa a se alimentar, com a convicção de um retorno, pela morte, ao país natal da Guiné.[32] São também as mulheres que, resistindo ao controle colonial sobre sua matriz, fazem a difícil escolha do aborto, e às vezes do infanticídio, como conta Toni Morrison em seu romance *Amada*. Essa fuga assume também a forma individual ou coletiva de um *partir-por-si* como um êxodo marítimo que não deixa rastros sobre a água, uma multidão desenfreada rumo a outro lugar fora desse abismo, fora da imensidão, sem pontos de referência do oceano, rumo a uma terra que esconde e que abriga. É a figura do quilombola que foge da habitação e busca refúgio, alimento e abrigo nos morros, nas montanhas e nos manguezais. É o desembarque enlouquecido e a corrida olhando para trás, sem objetivo a não ser escapar dos negreiros. Essa figura está presa entre o espectro de um retorno impossível e a impossibilidade de fazer/compor um mundo com os encontros por causa das condições desumanas exigidas por tal encontro.

Essa fuga do encontro assume igualmente a forma de um *fazer-o--outro-partir*. Ela é encarnada pela figura do vingador, que, revoltado, trava uma luta até a morte do outro, até a negação radical do opressor. Trata-se, por exemplo, do gesto pelo qual Joseph Cinque, em 1839, se liberta de seus grilhões no navio *Amistad* ao largo da costa cubana e irrompe do porão desse navio negreiro com outros cativos, que, no confronto, matam quase toda a tripulação espanhola.[33] Ainda que essa revolta de nascimento assuma a forma de um confronto armado com os responsáveis imediatos por essa opressão, tal confronto continua sendo um meio, e não o objetivo da ação. Essa figura ainda é assombrada pela possibilidade de um retorno a uma terra de vida e de igualdade, como se ela pudesse escapar desse encontro e de suas consequências colocando um fim nelas pela morte do outro. Por fim, esse objetivo da fuga do encontro também assume a forma de um *fazer-o-mundo-partir*. Ela é encarnada pela figura do *kamikaze*, cujo projeto coletivo de revolta consistiu em atear fogo na pólvora do navio negreiro para destruir tudo, como aconteceu nas embarcações *La Galatée* [A Galateia], em 1738, e *Le Coureur* [O corredor], em 1791. Nem eu, nem nós, nem eles, nem o mundo: não há mais o encontro.

Fuga do encontro do navio negreiro	
Negro destroço	abandono de si
suicida	eliminação de si
quilombola	partir por si
vingador	fazer o outro partir
kamikaze	fazer o mundo partir

Figuras do navio negreiro

Diante da política desumanizadora do desembarque do navio negreiro, corpos perdidos, náufragos e Negros procuram se emancipar, em busca de dignidade, em busca de justiça. Eles desenham os contornos de uma ecologia decolonial com suas múltiplas figuras, uma ecologia impulsionada pela busca de um eu, de uma Terra e de um mundo onde se possa viver dignamente.

11
a ecologia quilombola: fugir do Plantationoceno

Escape [1706–07]

Em 3 de setembro de 1706, o *Escape* [Fuga] deixa Barbados em direção à costa africana e suas riquezas Pretas. Em um porto desconhecido pelos arquivos, 151 vidas são acorrentadas no porão, destinadas a rastejar nas *plantations* coloniais. O peso das correntes marcou o início das corridas desenfreadas rumo a um alhures marinho, das buscas revoltadas de corpos metamorfoseados e das fantasias de um retorno aos países rememorados. Como os demais negreiros, o *Escape* já carregava em seu ventre a gênese quilombola das fugas por vir. De volta a Barbados em 15 de maio de 1707, 121 desejos ambulantes foram desembarcados com a forte convicção de que, por trás da arrogância das *plantations*, persistem a possibilidade de um outramente [*autrement*], os traços de uma Mãe Terra e o horizonte de um mundo.

Estátua do quilombola desconhecido em Porto Príncipe, Haiti (Albert Mangonès, 1968). © Foto de Marie Bodin.

aquilombar o Antropoceno

A dupla fratura permite pensar que a escravidão dos Pretos e a colonização das Américas eram apenas histórias secundárias da verdadeira epopeia técnica do "Homem" no seio do Antropoceno.[1] Entretanto, por seu habitar colonial, o Antropoceno engendrou um conjunto de Negros, de seres que são colocados no porão, tornados estrangeiros para a Terra e para o mundo, tornados visíveis pelos termos "Plantationoceno" e "Negroceno". Reconhecer que as colonizações e as escravidões estavam no coração da modernidade ressalta um conjunto de experiências de resistência antiescravista que enriquecem as ferramentas conceituais para pensar a crise ecológica. Em busca de um mundo, Negros e escravizados de ontem e de hoje resistiram tanto à servidão como ao habitar colonial do Antropoceno. Uma das resistências mais potentes é o *aquilombamento*.

PARTE III **O navio negreiro**

Desde o século XVI, em um mundo recoberto pelas *plantations* do oceano Índico ao oceano Pacífico, o aquilombamento foi uma prática de resistência ecológica e política corrente. Nos barracões da costa ocidental africana, onde os cativos eram amontoados, nos navios negreiros e em todas as Américas, homens, mulheres e crianças reduzidos à escravidão fugiram do habitar colonial. O aquilombamento designa a prática de escravizados que escaparam das *plantations* rurais ou das oficinas urbanas para tentar (sobre)viver nas florestas das montanhas vizinhas ou no interior das terras, em um para-fora do mundo colonial. Os que conseguiram escapar são chamados "*Nègres marrons*", "*cimarrones*", "*maroons*" ou "quilombolas", respectivamente nas colônias francesas, espanholas, inglesas e portuguesas. De François Mackandal, no Haiti, a Frederick Douglass, nos Estados Unidos, passando por Queen Nanny, na Jamaica, e Zumbi dos Palmares, no Brasil, os quilombolas são encontrados em todas as Américas. Eles empreendiam fugas terrestres e marítimas que os conduziam ao interior das terras do Brasil, aos manguezais de Nova Orleans, às montanhas do Haiti ou, ainda, aos morros das Pequenas Antilhas e da ilha da Reunião. Alguns conseguiam até concretizar o retorno à costa africana rumo à Libéria e a Serra Leoa.

O aquilombamento assumiu várias formas. Distingue-se o pequeno aquilombamento, que se refere à fuga de indivíduos sozinhos e durava de algumas semanas a alguns meses, do grande aquilombamento, fuga de pessoas escravizadas que formaram comunidades quilombolas com duração de muitos anos, dentre as quais algumas existem até hoje, na Guiana, no Suriname, na Colômbia e na Jamaica.[2] O aquilombamento foi praticado com intensidades diferentes de acordo com a colônia, mas também de acordo com as geografias. No seio dessa diversidade, ele conserva como ponto comum a fuga, símbolo forte da recusa da escravidão. Alguns ficarão surpresos ao ouvir falar nisso hoje, considerando que a escravidão colonial foi abolida no século XIX. No entanto, o aquilombamento ultrapassa as barreiras históricas e nacionais da escravidão colonial, indicando uma clara recusa da sujeição de pessoas a uma maneira de habitar a Terra. A fuga quilombola frequentemente teve como condição o encontro de uma terra e de uma natureza. Diante de um habitar colonial devorador de mundo, os quilombolas colocaram em prática outra maneira de viver junto e de se relacionar com a Terra.

no coração da dupla fratura da modernidade

A associação de uma ação antiescravista com as premissas de uma preservação do meio ambiente foi largamente ocultada tanto pelos pensadores clássicos da ecologia como pelos que celebram o símbolo de resistência dos quilombolas. No que tange aos assuntos humanos, a figura do quilombola permaneceu por muito tempo prisioneira da querela sobre o sentido político de seu gesto. Os quilombolas eram heróis antiescravistas ou, ao contrário, não passavam de saqueadores fora da lei que não hesitavam em abandonar suas irmãs e irmãos de servidão? Nos anos 1960, historiadores e sociólogos da escravidão designados pelo nome "escola francesa", tais como Gabriel Debien, Yvan Debbasch e André-Marcel d'Ans, afirmaram que o aquilombamento não advinha de um desejo de liberdade, mas, em vez disso, demonstrava um comportamento anormal e até mesmo patológico.[3] Em contraste, sob o nome "escola haitiana", um conjunto de historiadores que compreendia, entre outros, Jean Fouchard, Edner Brutus, Leslie Manigat e C. L. R. James insistiu nos desejos de liberdade em curso entre os quilombolas, fazendo deles, inclusive, os fundadores da nação haitiana.[4] Uma terceira posição, mais recente, representada, entre outros, por Leslie Péan e Adler Camilus, reconhece de forma inequívoca no aquilombamento um desejo de liberdade e de fuga da opressão escravagista e colonial, ao mesmo tempo que admite os limites dessa forma de resistência na perspectiva de uma libertação *e* de uma experiência de liberdade.[5] Os quilombolas, como analisa Neil Roberts, revelam uma nova forma de liberdade que foi ocultada no cânone das teorias políticas clássicas.[6]

Hoje, fora da academia, o quilombola é apresentado como um símbolo de resistência política diante dos regimes coloniais, como se vê em sua presença na literatura caribenha e nos numerosos monumentos, nomes de rios e estradas que lhes são dedicados nas Américas. As efígies de Gaspar Yanga, no México, do quilombola desconhecido, no Haiti, da Mulâtresse Solitude [Mulata Solidão], em Guadalupe, e de Benkos Biohó, na Colômbia, além do rio Maroni e de inúmeros romances, atestam a presença heroicizada do quilombola.[7] Entretanto, ao abordar essa figura unicamente a partir do prisma de suas resistências guerreiras e de seus símbolos políticos, as práticas da natureza e da terra adotadas como condição de sua fuga foram relegadas a segundo plano – apesar dos numerosos estudos de antropólogos e historiadores a esse respeito.[8] Nesse trabalho necessário de defesa da humanidade e da coragem dos quilombolas, a dimensão ecológica de suas ações foi minimizada. *O vigor das correntes quebradas e das corridas enlouquecidas sobrepôs-se à paciência de inhames plantados e de florestas perscrutadas*. No que tange aos pensamentos ecologistas, o quilombola é notado por sua ausência. A ausência de interesse pelas histórias, pelas antropologias e pelas sociologias da escravidão na genealogia clássica do ambientalismo traduziu-se pela pouca atenção dada a essa figura e à sua ecologia política. Então, faz-se pouco caso do encontro de Thoreau com quilombolas nos bosques de Walden ou do encontro de John Muir com Pretos na Cuba escravagista. O caminhante solitário do ambientalismo pintou de um branco virginal esses mesmos bosques ocupados pelos Vermelhos ameríndios e pelas comunidades quilombolas, ocultando as buscas de mundo traçadas nas paisagens da chamada *wilderness*.[9]

Proponho aqui cuidar dessa dupla fratura mantendo junta a dupla iluminação da busca de um mundo pelos quilombolas. Diante do caminhante solitário, o quilombola mostra outra relação com a natureza, marcada por um desejo de mundo. Diante dos louvores de sua resistência guerreira, essa figura aponta a prática ecologista como condição da emancipação. Para sair do porão do mundo e desfazer sua política do desembarque, os quilombolas empreendem uma fuga com três características importantes: a matrigênese de uma terra encontrada; a metamorfose crioula de um eu e de um corpo recuperado; e a ecologia política de uma comunidade humana e não humana a ser preservada.

pisar na terra: a matrigênese quilombola

Inúmeras fugas quilombolas foram condicionadas pelo *encontro* com uma natureza e uma terra a salvo das planícies das *plantations* e da ordem colonial. Elas não foram motivadas pelo entusiasmo despreocupado de um caminhante solitário, mas pela angústia dos fugitivos diante do risco de serem encontrados pelas autoridades coloniais e por seus cães de guarda [*molosses*]. Esse encontro é, em primeiro lugar, uma experiência desafiadora diante de uma natureza inóspita. A inospitalidade, o distanciamento e o difícil acesso aos espaços encontrados foram paradoxalmente as chaves das fugas quilombolas, comportando assim as suas próprias geografias.[10] As montanhas que se encontram na Martinica, em Guadalupe, no Haiti, na República Dominicana, na Jamaica e em Cuba, as grandes florestas do Suriname e da Guiana e os ambientes pantanosos do Mato Grosso, no Brasil, e da Luisiana atuaram como "aliados naturais", facilitando a dissimulação dos fugitivos e a sobrevivência de comunidades de quilombolas.[11] Mais do que uma fuga, os quilombolas praticaram "uma arte da fuga", que turva as fronteiras coloniais e abre espaços de criação camuflados pelas florestas e pelos pântanos.[12] Por seus caminhos não traçados, por sua beleza inabitável, por sua posição fora das atividades do mundo colonial e por suas plantações, a natureza dos morros se apresenta não como um lugar onde se vive, mas como o local onde se esconde. Nas primeiras pegadas da fuga, *o quilombola é obrigado a habitar o inabitável*. Passados a urgência e os primeiros momentos inóspitos, o encontro dos quilombolas com uma terra e com uma natureza estrangeiras engendra outras relações além das definidas pela *plantation*. Os morros-esconderijos e os espaços hostis tornam-se terras habitadas. Esse processo de aclimatação por meio do qual a terra e a natureza constituem a matriz material da existência dos quilombolas dá origem a uma *matrigênese*. Ao contrário do matricídio do habitar colonial e de seu inverso, a *wilderness*, os quilombolas forjaram novamente um laço matricial com as terras e naturezas encontradas.[13] De repente, a Terra sem *manman* se torna uma Mãe Terra.

Por um lado, essa matrigênese é um processo metafísico que se desenrola por meio da prova de morte. Desde as primeiras noites, o quilombola corre com o triplo desafio de ter de escapar das garras do poder colonial que tenta capturá-lo, de se proteger das intempéries e do frio e, por fim, de sobreviver no isolamento dessa natureza fora-do-mundo, tanto evitando seus pântanos movediços, suas encostas escorregadias, seus precipícios e seus animais perigosos quanto garantindo a sua subsistência ao encontrar, aqui e ali, alimento e bebida. O quilombola, esgotado por todos esses perigos, abandona-se a essa terra encontrada numa morte provável. Essa morte não é unicamente o cessar da respiração, uma morte biológica; ela se torna, sobretudo, o símbolo do fim de uma existência que precede o encontro com a natureza. De repente, com essa fuga, morre o(a) exilado(a), morre o(a) sem Mãe Terra, morre o(a) arrancado(a)-de-sua-terra, morre o(a) escravizado(a)-*alienígena*-a-essas-terras. A morte se torna uma porta de saída, e até um caminho que alivia, apesar de tudo, essa experiência desoladora, encarnando não a conclusão da fuga, e sim, paradoxalmente, seu êxito. No romance *Nègre marron*, de Raphaël Confiant, essa prova da morte acontece quando o quilombola renuncia:

> Como era impossível descer pela costa – você jamais aceitaria cortar cana como aqueles batalhões de Negros, cuja dança você observava logo que o tempo seco se anunciava, nem trabalhar nos moinhos e nas destilarias dos Brancos –, você havia decidido *renunciar à vida*. Você tinha se estendido, de cara contra o chão, durante dias e noites, sem se mexer, apesar dos enxames de mosquitos que se encarniçavam contra a sua pele, das feras noturnas que vinham farejar o seu corpo e desviavam rapidamente por causa da sua respiração que se tornara pesada.[14]

No romance *L'esclave vieil homme et le molosse* [O velho escravizado e o cão de guarda], de Patrick Chamoiseau, essa morte se encontra no fundo de uma nascente na qual o quilombola cai durante a fuga:

> O velho homem que fora escravizado disse a si mesmo que ali ele morria, no fundo daquela fonte, como tantos outros quilombolas talvez, desaparecidos nas florestas, e que ninguém tinha visto novamente bem magros perto de um galinheiro. Deu um leve sorriso: morrer nas entranhas vivas de uma nascente mais velha do que ele. [...] ele se sentia invadido pela pureza. Bebeu daquele esplendor que já lhe inundava os pulmões: desejava tanto aquilo. [...] Ele morria. Acabou luta. Terra branca. Lama quente. A luz torturante aliava-se agora às sombras que o tinham habitado, e ele conheceu a derradeira vertigem. [...] O velho homem que fora escravizado partia para descobrir o mistério derradeiro. Vencido.[15]

O quilombola é "vencido" por essa natureza e por essa terra. Ele para de lutar contra os "mosquitos que se encarniçavam contra a sua pele", ele para de lutar contra essa água de nascente, ele "acabar-lutar" de modo que tal morte é também *uma submissão a essa natureza*. Esse abandono é a humilde aceitação de uma vulnerabilidade do quilombola que devolve sua sorte às mãos da natureza. É a percepção de que essa terra detém as chaves de sua existência. É um pedido metafísico a essa terra para que ela cuide de seu corpo, para que ele seja adotado por ela. Envolvido por um enxame de mosquitos, recoberto pelas águas da nascente, essa terra por túmulo ou berço. A salvação concedida pela terra e pela natureza ao quilombola produz um duplo nascimento. Essa terra se torna Mãe Terra, e o quilombola, metamorfoseado, se torna um filho dessa Mãe Terra.

No nível material, um cordão umbilical é tecido à mão por meio das fugas quilombolas nas Américas. Essa reconexão em curso no aquilombamento inaugura uma maneira de habitar a Terra que retoma os gestos de uma mãe para com seu filho. A Mãe Terra abriga, recolhe e protege do mesmo modo que uma mãe dá refúgio a seu(sua) filho(a). A Mãe Terra alivia os males. Os quilombolas percorrem seus caminhos, descobrem seus usos, os pontos de água que saciam a sede, assim como as plantas que cuidam ou envenenam. A Mãe Terra nutre. Como camponeses, os quilombolas se alimentam da terra com uma agricultura de subsistência coletiva. Eles seguem os rastros dos gestos deixados pelos ameríndios ao mesmo tempo que conservam as deliciosas misturas dos jardins crioulos.

a metamorfose crioula: recuperar um "eu", descobrir um corpo

Tal matrigênese traduz uma mudança desses seres fugidos, *uma metamorfose crioula*. Pela fuga no seio das florestas, no interior das montanhas, enrolados nas raízes dos manguezais, os escravizados fugitivos africanos transportados tornam-se filhos das Américas. O quilombola torna-se nativo. Por esses espaços-tempos criados, ele descobre para si um lugar e uma existência que lhe são próprios, um "morro para si".[16] Essa metamorfose crioula permite aos quilombolas redescobrirem um "eu" e um "nós" por meio de uma nova relação com seu corpo, um pertencimento cultural por meio de uma nova liberdade de culto e um pertencimento ao mundo pela participação na organização de uma vida coletiva. Escapar da escravidão dá abertura para a descoberta de um corpo novo. Ele não segue mais a mecânica das mutilações físicas e sociais de uma vida em escravidão. Como um dançarino que sai de uma gaiola, descobre-se do que o corpo é capaz como movimento, como alongamento e como nave com a qual a Terra é percorrida. Outrora rastejando no porão do casulo negreiro, o quilombola metamorfoseado descobre-se um corpo capaz de voar. Da escravidão às dominações e aos racismos contemporâneos, uma mesma emancipação metamórfica anima as lutas proteiformes dos Pretos do Atlântico, como relata Sylvia Wynter em *Black Metamorphosis* [Metamorfose negra].[17]

Escapar da escravidão permite recuperar uma liberdade de culto e de cultura. Longe da *plantation* e de seu cristianismo único imposto, os quilombolas exploram e praticam cultos recompostos da África e enriquecidos com experiências das Américas. Guardiões dos traços e das memórias anteriores à Passagem do Meio, os quilombolas dão corpo a outra narrativa existencial. À narrativa atávica que atribui aos Pretos uma existência Negra por vontade de Deus, os quilombolas descobrem para si outra história, com seus cantos, suas crenças, seus personagens, seus heróis e os mitos de seus próprios começos, como narrou Tooy Alexander, o capitão dos Saramaka de Caiena, ao antropólogo Richard Price.[18] As artes mortas no porão se redescobrem diante das cabaceiras, nas vibrações dos djembês, nos passos de dança, nas gravuras, nas costuras ou esculturas dos quilombolas da Guiana e do Suriname.[19] O ex-escravizado Negro é reconectado a uma comunidade histórica com a qual ele habita, a partir de então, a Terra. Os quilombolas podem, então, elaborar as práticas agrícolas e inventar as artes culinárias que alimentarão seus corpos físico e metafísico. Longe das monoculturas das *plantations*, os quilombolas adquirem novamente essa responsabilidade por seu corpo. Eles colocam em ação *as primeiras utopias anticoloniais e antiescravistas* modernas mostrando este fato marcante: por meio do cuidado e do amor dedicados à Mãe Terra é possível redescobrir seu corpo, explorar sua humanidade e se emancipar do Plantationoceno e de suas escravidões.

a ecologia dos quilombolas: os protetores de florestas

Pela matrigênese, uma comunhão de destinos funda-se entre os quilombolas, a terra e a natureza. Os quilombolas desenvolvem, portanto, uma relação inversa ao abandono inicial quando demandavam a proteção de uma Mãe Terra. Para sobreviver, tornam-se aqueles que preservam a terra, que cuidam da natureza, transformando-se nos *primeiros ecologistas modernos das sociedades crioulas*. Essa atitude ecologista destaca-se inicialmente na gestão interna das comunidades humanas e não humanas formadas pelo cuidado e pela preocupação que são dedicados a essa terra de vida, assim como na maneira como esses quilombolas fariam de tais espaços um lar, um *oikos*, aprendendo sua linguagem, seu *logos*. Ao contrário da sociedade de *plantation*, as comunidades quilombolas souberam viver a partir de seus arredores, dentro de uma pegada ecológica restrita.

A ecologia dos quilombolas destaca-se, sobretudo, pela atitude defensiva dessas comunidades em relação às autoridades coloniais e escravagistas, mas também em relação aos concessionários que desejavam desbravar, derrubar florestas e submeter essas terras à exploração colonial. Longe de significar "agrupamentos de humanos", como quer o uso corrente, as palavras "assentamento", "quilombos", "mocambos" ou *palenques* representam, sobretudo, comunidades humanas *e* não humanas que escapam do habitar colonial da escravidão. O assentamento Keller, em Guadalupe, o Quilombo dos Palmares, no Brasil, ou o Palenque de São Basílio, na Colômbia, representam essas alianças humanas e não humanas tecidas pelo aquilombamento contra um Plantationoceno destruidor de mundo.*

Nas Antilhas francesas, essa comunhão de destinos das florestas e dos quilombolas foi tão grande que é possível seguir o desenvolvimento do aquilombamento de acordo com a evolução da cobertura florestal das ilhas. Comparando com a Jamaica, com o Suriname e com o Haiti, Guadalupe e Martinica tiveram um desenvolvimento histórico menos expressivo das grandes comunidades quilombolas. Isso se deve, sobretudo, ao rápido desmatamento que essas ilhas sofreram no início da colonização francesa. Uma das primeiras comunidades de quilombolas da Martinica foi aquela dirigida por Francisque Fabulé. Em 1665, essa comunidade tinha entre quatrocentas e quinhentas pessoas.[20] Depois do desmatamento maciço empreendido pelos colonizadores naquele momento, nenhuma grande comunidade de quilombolas seria reportada na Martinica após 1720. Em função do desbravamento mais lento em Guadalupe, encontram-se grupos importantes após os anos 1720. Por exemplo, em 6 de março de 1726, o ministro reportou um grupo de seiscentos quilombolas.[21] Notificações desse tipo continuariam até 1735. Como mostra Yvan Debbasch, o destino dessas comunidades quilombolas esteve intimamente ligado ao grau do desmatamento:

---

* Em espanhol, *palenque* também designa uma zona delimitada para defesa de ataques externos. O que os quilombolas fizeram.

PARTE III **O navio negreiro**

> Os quilombolas sabem muito bem que o desbravamento significa o fim das comunidades de fugitivos, por isso se opõem a ele com todas as forças: na Grande-Terre – ilha vizinha a Guadalupe – os *Grands--Fonds*,* "embora considerados o melhor terreno", continuam inabitados, "pelo temor devido à crença de que os quilombolas fazem das florestas desse rincão seu isolamento e sua fortaleza"; os mais corajosos dos concessionários tiveram de recuar diante dos bandos.[22]

Em defesa de seus lugares de vida e de refúgio, aqui se encontra uma das primeiras ações ecológicas populares. Em consequência do desenvolvimento do desmatamento, nenhuma grande comunidade foi criada.

Essa postura protetora das florestas operou em Santa Lúcia (uma antiga colônia francesa). Durante suas guerras contra o Império Colonial Britânico, os quilombolas organizaram-se em grupos armados, como *freedom fighters*, a fim de lutar por sua liberdade. Alianças foram formadas entre esses quilombolas e alguns oficiais do exército francês. A relação instaurada entre esses quilombolas, essas terras e as florestas da ilha traduz-se no nome que tais grupos adotaram: "o Exército Francês nas Florestas".[23] Composto majoritariamente de quilombolas, esse exército era temido em função do fervor de seus membros na defesa da própria vida. De modo semelhante, na Dominica (também uma antiga colônia francesa), quilombolas organizaram-se como um exército nas florestas. Conhecido como "o mais antigo líder" e "o chefe supremo", Jacko aquilombou-se durante 46 anos e participou de duas *Maroon Wars* [Guerras quilombolas] que opuseram quilombolas e autoridades coloniais britânicas. Esse líder era conhecido como "o governador das florestas",[24] marcando simbolicamente a posição da floresta como fonte da resistência antiescravista.

Por fim, essa figura do quilombola ecologista encontra a sua maior expressão na história de alguns quilombolas do Suriname chamados de Saramaka. A comunidade quilombola dos Saramaka foi fundada no século XVIII e existe ainda hoje entre a Guiana e o Suriname. Isolados na floresta do Suriname, lutando por reconhecimento, esses quilombolas enfrentaram a expropriação de seus recursos florestais, "apanha-

---

* Região de morros e vales situada no sudoeste da ilha Grande-Terre, em Guadalupe. Por sua topografia, teve um papel estratégico para ameríndios e quilombolas. [N. T.]

dos" pelo "mundo exterior". Após respeitar os acordos de paz de 1762, o governo do Suriname construiu a barragem de Afobaka, cujas águas engoliram, em meados dos anos 1960, grande parte do meio de vida florestal dos Saramaka. Desde então, paralelamente a violações dos direitos humanos, as florestas do povo Saramaka passaram a ser cobiçadas por empresas internacionais, bem como por organizações de proteção da natureza que tinham toda a intenção de expulsá-lo desses locais. Após anos de batalhas judiciais na Comissão Interamericana de Direitos Humanos e, em seguida, na Corte Interamericana de Direitos Humanos, os representantes do povo Saramaka ganharam a causa.[25] Por essa luta vitoriosa contra o Estado do Suriname para preservar as florestas como parte integrante de sua comunidade, dois representantes dos Saramaka – o líder Wanze Eduards e o estudante de direito Hugo Jabini – receberam o Prêmio Ambiental Goldman em 2009. Assim como a figura do quilombola, eles foram reconhecidos internacionalmente como ecologistas notáveis.

as quilombolas

No interior dessas metamorfoses crioulas e dessa matrigênese encontram-se experiências especificamente femininas do aquilombamento. Historicamente, a *partida* para o aquilombamento incluía uma proporção menor de mulheres. Por suas condições de mulheres e de mães, estas últimas encontravam ainda mais entraves à liberdade de movimento do que os homens escravizados.[26] Mulheres escravizadas eram raptadas por quilombolas durante a pilhagem de *plantations*, e as experiências de quilombos reproduziram, em alguns pontos, desigualdades entre homens e mulheres. É o que Maryse Condé aponta no romance *Eu, Tituba: Bruxa negra de Salem* por intermédio de sua personagem Tituba, que é excluída dos assuntos políticos e guerreiros pelo líder do quilombo sob o pretexto de ela ser mulher.[27] Assim, nas representações, o aquilombamento permanece principalmente masculino. O inverso dessa perspectiva masculina do aquilombamento produziu, em contrapartida, uma figura quilombola mulher que seria idêntica à do homem quilombola, ao mesmo tempo que negava as dominações específicas da condição das mulheres escravizadas: *a* quilombola [la marron]. Tal representação opera no romance de André Schwarz-Bart a respeito da Mulâtresse Solitude em Guadalupe.[28]

Entretanto, a posição das mulheres no sistema escravagista leva a uma outra compreensão do aquilombamento e ao reconhecimento de outras ações além da fuga, um conjunto de outras figuras que denomino *as quilombolas* [*les marronnes*]. Entre elas encontram-se, em primeiro lugar, aquelas com quem as alianças tornam possíveis as fugas iniciais dos homens e a manutenção do aquilombamento. Há também as *libertadoras*, aquelas que literalmente libertam os escravizados, a exemplo da que ajudou o quilombola Longué no romance de Glissant, *O quarto século*.[29] Há as *mães-quilombolas*, que aceitam permanecer na *plantation* e se encarregam de criar os filhos com amor, sem saber se a aliança se manterá, se o homem quilombola voltará para buscar mulher e filhos. É esse fardo que carrega a protagonista do poema "The Fugitive's Wife" [A mulher do fugitivo], de Frances Ellen Harper.[30] Do mesmo modo, as mulheres cultivavam os campos dos quilombos e criavam animais a fim de alimentar as comunidades. Por fim, encontram-se também as *passadoras*, as que continuam a alimentar os homens quilombolas, a escondê-los em suas senzalas, como a escravizada Comba em Nova Orleans em 1764.[31] Na Dominica, em 1813, Caliste e Angelle foram condenadas por terem alimentado os fugitivos e mantido relações sexuais com eles.[32] Vivendo nos quilombos, elas também conseguem voltar às cidades para vender os produtos cultivados, passando de um mundo a outro, a exemplo de Tia Rosa no romance *A ilha sob o mar*, de Isabel Allende.[33] Elas tecem solidariedades entre o mundo da *plantation* e o dos quilombolas. Diferentemente da fantasia masculina de um homem quilombola sozinho, essas primeiras mulheres quilombolas foram as que tornaram possíveis o aquilombamento dos homens e a sobrevivência dos quilombos, ou seja, a metamorfose crioula e a matrigênese.

Ao lado das que ajudam, encontram-se sobretudo mulheres que se aquilombam por si próprias e pelos seus, que questionam a um só tempo a escravidão e a sua dominação pelos homens livres e pelos homens escravizados. Um dos exemplos mais célebres é o de Queen Nanny, líder de um quilombo no século XVIII na Jamaica. Nos Estados Unidos, depois de ter fugido, Harriet Tubman comandou sozinha treze missões no Sul para libertar outros escravizados, ao mesmo tempo que militava pelo direito das mulheres ao voto. Da mesma forma, Sojourner Truth, que escapou de uma *plantation* com a filha e ganhou um processo para recuperar o filho, atesta que a afirmação de uma dignidade humana em oposição à escravidão *também* passa pela afirmação de sua dignidade de mulher ("*Ain't I a woman?*" [E eu não sou uma mulher?]).[34] Essas quilombolas mostram, assim, uma dupla resistência, à escravidão e à dominação masculina. Elas revelam que a metamorfose crioula também passa pela defesa de uma responsabilidade por seu próprio corpo. Apesar dessas diferenças, uma vez que homens e mulheres Brancos concordavam em menosprezar os escravizados Pretos e as escravizadas Pretas, homens e mulheres quilombolas formaram alianças para subverter essa fratura colonial.

limites e virtudes

A utopia da ecologia política quilombola esbarra, no entanto, no limite da ilusão de uma vida completamente fora do mundo colonial. Paradoxalmente, a fuga do mundo colonial não permite que se escape dele. Se a fuga quilombola coloca em prática as possibilidades de outro mundo e de outra maneira de habitar a Terra, ela não instala os quilombolas em um lugar fora-do-mundo e fora da Terra. Essa ilusão é quebrada pela primeira vez no que se refere às necessidades materiais da experiência de autonomia dos quilombolas. Se quilombolas criam e constroem para si uma parte de seus utensílios, o resto provém necessariamente da *plantation*, da oficina ou, ainda, da cidade colonial. Eles têm de levar tudo consigo no momento da fuga ou de se abastecer regularmente (sobretudo de armas e munições), correndo o risco de serem capturados. Além da pequena viabilidade das comunidades quilombolas por causa do desequilíbrio entre o grande número de homens e o pequeno número de mulheres,[35] essa dependência constituiu sempre um limite a ser levado em conta em suas experiências.

Essa ilusão perde-se também por meio das inúmeras tentativas de retorno a um país conhecido antes do encontro colonial e do navio negreiro. Tal retorno – e não o retorno geográfico – é impossível, pois a fuga pelos morros não é uma volta no tempo. Os que retornaram no *Amistad* voltaram a países que continuavam à mercê de um mundo colonial. Eles podiam ser embarcados novamente ou ver membros de sua família sucumbirem a essas predações negreiras. Ainda que pelo distanciamento geográfico seja possível se esquivar da opressão escravagista, o mundo colonial continua presente, e seus efeitos alcançam o interior do quilombo. O medo de ser descoberto ou denunciado pode

dirigir organizações muito desiguais e injustas. Do mesmo modo, na Terra, é impossível escapar dos efeitos dos poluentes químicos persistentes, dos fenômenos climáticos intensos e das perturbações dos ciclos físico-químicos. Não há mais florestas quilombolas onde as escravidões do Plantationoceno não tenham deixado suas marcas. Evidentemente, aqui e ali, seus efeitos podem ser atenuados. Assumir uma responsabilidade por terras e florestas quilombolas nunca está a salvo de um encontro violento com o mundo "exterior".

A ecologia política quilombola encontra um segundo limite no fato de a fuga do mundo não mudar o mundo. As ecologias quilombolas permanecem restritas a espaços precisos. Nem o quilombola, nem o escravizado dos jardins crioulos, nem o camponês dos morros conseguiram questionar em seu conjunto o habitar colonial das *plantations* e suas escravidões. O mundo colonial conseguiu, em parte, acomodar muito bem as comunidades quilombolas, firmando acordos com elas, como na Jamaica, onde o reconhecimento dessas comunidades ficou subordinado a seu compromisso – respeitado ou não – de levar às autoridades todos os escravizados que desejassem aquilombar-se também. O aquilombamento não levou por si só ao fim da escravidão no mundo colonial nem à derrubada do habitar colonial.

O fato de o aquilombamento não permitir a subversão da ordem escravagista nem a mudança do habitar colonial no cerne do Antropoceno não significa que ele seja inútil. As experiências dos quilombolas das Américas são criadoras e mostram caminhos de resistência diante do Plantationoceno e do Negroceno. A matrigênese quilombola retraça as relações segundo as quais vivemos sobre a Terra, onde o mundo se descobre povoado de comunidades humanas e não humanas que habitam juntas. Trata-se de reconhecer politicamente essa qualidade matricial de uma Terra que transcende qualquer cálculo econômico e que, em contrapartida, evidencia obrigações em relação aos conjuntos que a compõem. Metamorfoseados, os humanos seriam nela menos os elos de uma cadeia plantationária e capitalista que estrangula os sopros de vida do que borboletas rodopiantes que alegram o bosque com a colorida criatividade de seus caminhos. Essas aberturas estavam todas contidas nas primeiras recusas, as recusas das desigualdades, das humilhações e das destruições. Recusas determinadas pela convicção profunda de que outro mundo é possível.

12
Rousseau, Thoreau e o aquilombamento civil

Wanderer [1858-59]

Em 3 de julho de 1858, o navio *Wanderer* [Andarilho] deixa discretamente a Carolina do Sul a caminho da África Ocidental. A bordo, o capitão Nicholas Brown e seus colegas Corrie e Farnum, todos determinados a retomar o tráfico negreiro transatlântico proibido havia cinquenta anos. Dos 487 cativos embarcados no estuário do Congo, apenas 409 alcançam a costa americana em 28 de novembro de 1858. Pouco depois de ter vendido a maior parte dos corpos-acorrentados, o penúltimo navio negreiro americano é detido. O capitão Brown e seus companheiros são presos por tráfico ilegal, julgados e absolvidos em 23 de novembro de 1859 em Savannah, na Geórgia. O *Wanderer* até tenta uma nova expedição negreira. Na mesma época, a algumas centenas de quilômetros dali, ocorre uma cena simetricamente oposta. Em 30 de outubro de 1859, outro *wanderer* americano, o caminhante Henry David Thoreau, tem em mente outro capitão Brown. Inspirado por sua mãe, Cynthia, suas irmãs, Sophia e Helen, e suas tias, Jane e Maria, Thoreau defende o abolicionista John Brown, que havia tomado a via armada para libertar os escravizados no sul dos Estados Unidos. O capitão Brown é preso, julgado e enforcado em 2 de dezembro de 1859, em Charles Town, na Virgínia.

John Muir em Cuba: derrubar o muro do ambientalismo

A dupla fratura da modernidade ergue um muro entre questões ambientais e questões coloniais. Esse muro não apenas esconde as continuidades entre ambientalismo e colonização mas também – e o que é ainda mais pernicioso – deixa supor que as lutas anticoloniais e antiescravistas diriam respeito somente aos colonizadores e aos próprios escravizados, que a busca por um mundo seria somente assunto dos Negros designados ao porão da modernidade. Talvez a espessura desse muro apareça mais claramente nos escritos de John Muir, o "pai fundador dos parques americanos".[1] Em setembro de 1867, John Muir iniciou uma caminhada pelo sul dos Estados Unidos, do Kentucky à Flórida, conforme relatou em seu livro *A Thousand-Mile Walk to the Gulf* [Uma caminhada de mil milhas até o golfo]. É particularmente surpreendente sua indiferença pelos Pretos, dois anos após uma abolição da escravidão arrancada ao fim de uma guerra civil. Muir encontra e recebe a hospitalidade de produtores Brancos escravagistas que mantêm seu cultivo de *plantation* com "escravizados" apesar da emancipação.[2] Os Pretos encontrados são apresentados como perigosos, tentando roubar seus pertences, selvagens como quilombolas que não oferecem um "ninho" a seus filhos ou "surpreendentemente" civilizados para com o homem Branco quando "bem-educados", porém pouco afeitos ao trabalho.[3] Essa condescendência atinge o paroxismo quando, em janeiro de 1868, Muir visita Havana, em Cuba, onde passaria um mês. Ele sente um verdadeiro prazer em descobrir as belezas da natureza cubana catando conchinhas e plantas no Morro. No entanto, o que Muir descreve como "um de seus países de sonhos felizes, uma das mais belas ilhas do Caribe", continua a ser um dos lugares mais importantes do tráfico negreiro transatlântico ilegal, onde a escravidão ainda era permitida.* A segunda viagem infrutífera do negreiro americano *Wanderer* em 1859 teve como destino Cuba.[4] Embora descreva os "cubanos" (Brancos) como "soberbamente refinados, educados e uma agradável companhia", salvo um motorista de carro, Muir insiste na *feiura* dos Negros de Cuba. Os trabalhadores Pretos de Havana são "os

---

*   Cuba só aboliria a escravidão em 1886.

mais fortes e os mais feios Negros" de toda a sua viagem ao redor do golfo, e as vendedoras Pretas são de uma "feiura piedosa e natural".[5] Criticando a crueldade dos cubanos contra os animais, Muir permanece em silêncio sobre a sorte dos escravizados Pretos em Cuba. Muito diferentes foram as atividades de Alexander von Humboldt e de Élisée Reclus, cientistas e atentos observadores da natureza que, também tendo passado uma temporada em Cuba no século XIX, não hesitaram em fustigar o tráfico negreiro e a escravidão.[6]

As observações racistas de Muir também dizem respeito aos ameríndios encontrados durante passeios na Serra Nevada dos Estados Unidos.[7] Ainda que Muir aponte o pequeno impacto ambiental deles quando comparado ao do homem Branco, ele os descreve como "selvagens parcialmente felizes", levando uma vida "estranhamente suja e irregular" em "uma *wilderness* própria", em suma, como elementos estrangeiros.[8] Ao contrário de seus companheiros Brancos e de seus cães, designados por nomes próprios, os outros são sempre designados por nomes homogeneizantes, como "*the Indian*", "*the Chinaman*", "*the African*" ou "*the Negro*". Para Muir, a celebração dessas paisagens "paradisíacas" e a produção discursiva da *wilderness* estão ligadas à exclusão dos Pretos e dos ameríndios de uma humanidade comum, ou seja, à construção de um muro que separa a preocupação com a referida "natureza" e a preocupação com os colonizados e com os escravizados. Em sua última grande viagem, de 1911 a 1912, Muir narra seu encantamento com as flores da Amazônia e com os baobás da África sem mencionar os conflitos coloniais em curso. Entre outros países, ele percorre a Namíbia, a África do Sul, Moçambique e a Tanzânia sem dedicar uma linha sequer em seu diário à dominação imperial da África pelas nações europeias, à opressão colonial dos indígenas, às recentes guerras dos Bôeres, à invasão italiana da Líbia ou ao recente genocídio dos Hereros pelos alemães.[9] *Fratura.*

Hoje, o muro de Muir é mantido no seio de *leituras* ambientalistas de Rousseau e de Thoreau. As exaltações de Rousseau em relação à natureza dos Alpes e a observação meticulosa do lago Walden feita por Thoreau designariam, acima de tudo, uma sensibilidade particular em relação à natureza, singularmente europeia e americana, sem nenhum vínculo com a escravidão e a colonização. Apesar de suas ricas implicações sociais e políticas, os pensamentos sobre a natureza de Rousseau e de Thoreau são comumente separados de suas concepções políticas. A ecologia decolonial faz esse muro cair. A saída do porão do navio negreiro diz respeito também àquelas e àqueles que são *ditos* livres. Quebrar essa divisória feita de tijolos de preconceitos permite estabelecer novamente os laços entre naturalismo, colonização e escravidão. Desse modo, proponho aqui uma genealogia diferente desse pensamento ecológico, uma *genealogia quilombola*. Voltando sucessivamente aos escritos e à vida de cada um desses autores, mostro como Rousseau se dedica a uma verdadeira práxis quilombola em seu interesse pela natureza e como, em relação a esta, a sensibilidade de Thoreau foi suportada por um *aquilombamento civil*, influenciado pelo longo engajamento das mulheres Brancas de sua família, dos Estados Unidos e da Inglaterra (como Elizabeth Heyrick) contra a escravidão.

Rousseau, ou o caminhante quilombola

O encontro de Rousseau com a natureza por meio de sua prática do herbalismo e de seu fascínio pelo *Systema naturae* de Lineu, descrito em *Os devaneios do caminhante solitário* e *Confissões*, foi com frequência destacado para ilustrar, entre os filósofos, uma das primeiras sensibilidades em relação à natureza e à sua preservação.[10] Oculto nesse relato está o fato de que, para Rousseau, esse encontro se desdobrou numa relação com o mundo análoga aos quilombolas, ou seja, em um momento de *fuga do mundo*. Essa é a analogia narrada por André Schwarz-Bart em seu romance *La Mulâtresse Solitude*,[11] no qual ele descreve o universo de um quilombo dirigido por um líder chamado Sanga, que devia seu "prestígio" ao livro de Rousseau, *Os devaneios do caminhante solitário*. Essa fuga aparece tanto nos personagens de romances de Rousseau – como Júlia, seu amante Saint-Preux e sua prima que fogem para os bosques em *Júlia, ou A nova Heloísa* – como em sua vida pessoal.[12] No início de junho de 1762, seu *Emílio, ou Da educação* é condenado tanto pela Faculdade de Teologia da Sorbonne como pelo Parlamento de Paris. O Pequeno Conselho de Genebra condena também *Do contrato social*, publicado no mesmo ano. O Parlamento de Paris, bem como o Pequeno Conselho de Genebra, ordena que Rousseau seja detido ["*appréhendé au corps*"]. O ano de 1762 marca o início do período de sua vida em que ele é perseguido, alvo de sermões, recebe escritos caluniosos e é chamado de todos os nomes. Advertido durante a madrugada pelo marechal de Luxemburgo,[13] deixa Montmorency rumo à Suíça. Não podendo permanecer em Genebra, cidade da qual era cidadão, sob pena de detenção, refugia-se primeiro em Neuchâtel. Após ter a casa alvejada por pedras, e desejando fugir das perseguições, ele vai para a ilha de São Pedro, no meio do lago de Bienna, na Suíça.[14] Expulso novamente, ele prossegue sua fuga para Berlim, em seguida para Derbyshire, na Inglaterra, depois para a França, passando por diversas cidades, sob vários nomes falsos. De 1762 até sua morte, em 1778, Rousseau viveu em uma fuga permanente, e foi ao longo desses dezesseis anos de fuga que sua paixão pela botânica e pelo herbalismo, assim como seus escritos sobre a natureza, ganharam toda a sua dimensão.

Mais do que uma simples circunstância, a *fuga do mundo* foi a condição do encontro com a natureza e do desenvolvimento de sua paixão pela botânica. A natureza tornou-se, então, um refúgio, cuja função primeira era *escondê-lo* e preservá-lo dos possíveis ataques daqueles que o perseguiam: "Parece-me que sob a sombra de uma floresta sou esquecido, livre e calmo como se não tivesse inimigos ou como se a folhagem dos bosques me defendesse de seus ataques como os afasta de minha lembrança [...]".[15]

Rousseau e o quilombola encontram outra analogia na experiência de solidão e de busca de um eu no seio de uma fuga para a natureza. Não se trata de uma solidão amorosa, de uma solidão diante da ausência de um ser amado. Mesmo acompanhado à mesa, ele permanece isolado do mundo e das outras pessoas boas ou más. Trata-se de uma solidão diante do mundo no seio da qual Rousseau pensava *se* encontrar. Uma solidão na qual, de maneira análoga ao quilombola, ele pensava recuperar seu eu. A recuperação de um eu por Rousseau assume a forma de uma *escrita quilombola*. Entre 1756 e 1762, foi "no coração da floresta de Montmorency",[16] observa Alain Grosrichard, que Rousseau escreveu *Do contrato social*, *Emílio*, *A nova Heloísa* e *Carta a D'Alembert*. Essa escrita quilombola de Rousseau após 1762 caracteriza-se por relatos de suas fugas e uma abordagem autobiográfica, abrangendo, entre outras obras, *Confissões*, *Rousseau juiz de Jean-Jacques* e *Os devaneios de um caminhante solitário*. A partir de sua fuga do mundo, por meio da botânica e da natureza, Rousseau adota uma escrita de si e procura restaurar seu verdadeiro "eu". Evidentemente, *a experiência* concreta da natureza de Rousseau permanece sensivelmente diferente daquela dos quilombolas. Sua experiência de fuga solitária para a natureza era encurtada cada vez que a fome, o frio ou a chuva o levavam de volta à casa mais próxima, onde ele encontrava alimento, abrigo, calor e companhia. Aliás, foi somente sob a condição de ter suas necessidades materiais minimamente atendidas que foi possível para ele se entregar a essa relação íntima e desinteressada com a natureza. Aí se encontra o limite da *práxis* quilombola do naturalismo de Rousseau.

Reconhecer essa práxis quilombola de Rousseau é uma maneira de levar a história da escravidão dos Pretos e da colonização de volta ao naturalismo, bem como à teoria política, uma maneira de "crioulizar Rousseau".[17] À metáfora da escravidão que percorre *Do contrato social*, acrescenta-se em Rousseau a concepção política de uma "liberdade fugitiva"[18] a partir da figura (retórica) do escravizado, do selvagem ou do judeu que foge, ecoando as experiências coloniais das Américas: "Dou vinte passos na floresta", escreve Rousseau, "rompem-se meus grilhões e ele [meu opressor] jamais tornará a ver-me".[19] Resta evitar o excesso inverso, no qual a leitura crioulizada da vontade geral de Rousseau oculta, em contrapartida, a importância material dessa floresta e de sua natureza para a liberdade. Reler o naturalismo *e* a teoria política de Rousseau à luz do aquilombamento permite, portanto, derrubar o muro da dupla fratura.

Thoreau dividido em dois

Diferentemente de Rousseau, Thoreau viveu em um país onde a escravidão e o tráfico negreiro transatlântico não eram coisas separadas pelos mares. Ambos se desenvolveram na mesma terra em que ele residia. De 1845 a 1847, Thoreau morou em uma cabana no meio dos bosques do lago Walden, a três quilômetros da cidade de Concord, em Massachusetts, e narra essa experiência em seu famoso livro *Walden*.[20] De modo equivocado, essa estada continua a ser percebida unicamente como uma robinsonada, os passeios de um homem apaixonado pela natureza, pioneiro na imaginação e na escrita ambiental. Pouquíssima importância é dada aos múltiplos encontros de Thoreau com quilombolas em *Walden*.[21] Eles parecem ainda mais insignificantes no desenvolvimento de *Walden*, pois, no livro, Thoreau – aliás, conhecido por sua crítica fervorosa da escravidão – dedica apenas algumas linhas à escravidão dos Pretos nos Estados Unidos. A escrita ecológica de Thoreau, seus estudos da natureza que fizeram dele "o mais célebre dos naturalistas americanos",[22] por um lado, e seus engajamentos políticos manifestados em *A desobediência civil* e nos escritos antiescravistas, por outro, seriam duas partes bem separadas de uma mesma obra.

O pensamento de Thoreau apresentava uma cisão. Ora Thoreau é em primeiro lugar um pensador político, por meio da sua desobediência civil – que, aliás, foi inspirada por um *hobby* naturalista –, ora ele é apresentado como o fundador do ambientalismo americano, e seu engajamento político contra a escravidão seria apenas uma razão adicional, mas não indispensável, para celebrá-lo. Numerosos estudos no campo literário da ecocrítica mantêm essa separação fictícia, vendo em *Walden* apenas a experiência e a escrita de uma natureza, obra na qual seu posicionamento diante da escravidão permanece, na melhor das hipóteses, circunstancial.[23] Como os quilombolas, Thoreau encontra-se no coração da dupla fratura da modernidade. Na contramão de tal análise, sustento que as poucas linhas que narram os encontros de Thoreau com quilombolas americanos revelam um entrelaçamento muito mais forte entre sua prática naturalista e seus engajamentos antiescravistas. Thoreau não foi viver na floresta de Walden simplesmente porque amava a natureza. A permanência de Thoreau em Walden revela, acima de tudo, *uma recusa radical da escravidão dos Pretos e uma experiência profundamente anticolonial.*

Thoreau defensor dos quilombolas

Lembremos que os engajamentos e os escritos políticos mais conhecidos de Thoreau, longe da indiferença de John Muir, tiveram como objeto a questão da escravidão. Eles nos são revelados por *A escravidão em Massachusetts*, *Defesa de John Brown* e *A desobediência civil*. Mais precisamente, seu engajamento político contra a escravidão destaca-se pela grande sensibilidade que ele desenvolve em relação ao tema das fugas dos escravizados, ou seja, em relação aos quilombolas. *A escravidão em Massachusetts* é a versão revista de um discurso proferido em 4 de julho de 1854, no qual Thoreau denunciava a aplicação da "Fugitive Slave Law" [Lei dos Escravizados Fugitivos] de 1850 pelo estado de Massachusetts. Essa lei previa que o escravizado fugitivo encontrado por um estado onde a escravidão tivesse sido abolida fosse devolvido a seu senhor. Ela foi aplicada durante o processo do escravizado fugitivo Anthony Burns e suscitou a crítica mordaz de Thoreau.[24]

Essa sensibilidade em relação ao aquilombamento manifesta-se também na prática ativa pela qual, com a mãe, Cynthia, e a irmã Sophia, membros da Concord Women's Anti-Slavery Society [Sociedade Antiescravista de Mulheres de Concord],[25] ele ajudou quilombolas a prosseguir suas fugas através da *underground railroad*.* Ele pagava as passagens de trem, escondia escravizados na casa da família e, às vezes, conduzia-os ele mesmo ao trem. Procurando o modo mais rápido de pôr fim à escravidão, inclusive com o emprego de meios violentos, ele prolongou seu engajamento com o apoio às ações armadas do capitão John Brown.[26] Em dado momento, Thoreau foi até favorável à emigração maciça dos Pretos dos Estados Unidos, projeto de retorno que animou muitos quilombolas.[27]

Se a sensibilidade de Thoreau em relação à escravidão e ao aquilombamento é explícita em seus escritos e em sua participação na fuga de alguns escravizados, a articulação de sua prática política e de sua prática naturalista não se encontra, no entanto, em seus discursos, mas sim em sua práxis quilombola. O primeiro momento dessa práxis aparece em sua fuga inicial. Seu projeto de habitar nos bosques de Walden, à beira do lago que leva o mesmo nome, de 1847 a 1849, teve seu impulso inicial numa vontade de *escapar* do governo. Indo para a floresta e se recusando a pagar os impostos, Thoreau tentava escapar da autoridade de um Estado que "compra e vende homens, mulheres e crianças como gado às portas de seu senado".[28] Ele aquilombou-se. Por mais surpreendente que isso possa parecer, Thoreau, como inúmeros quilombolas da América, foi para as florestas a fim de tentar escapar da escravidão. Thoreau aquilombou-se no sentido literal do termo: *ele fugiu da escravidão*. O aquilombamento de Thoreau não faz dele um Negro quilombola. Com efeito, Thoreau não é um Negro, tampouco um "Branco quilombola", como foram os primeiros colonos Brancos europeus que trabalharam

---

* Rede implementada para facilitar as fugas dos escravizados nos Estados Unidos.

nos campos em condições próximas da escravidão, num sistema de servidão por contrato do qual alguns também fugiram.[29] No entanto, por seu gesto de saída da cidade de Concord para se instalar nos bosques a alguns quilômetros, ele manifestou uma forma inesperada de um mesmo aquilombamento: um *aquilombamento civil*. Explicitar esse aquilombamento exige voltar à concepção thoreauniana de escravizados da escravidão dos Pretos.

os escravizados da escravidão dos Pretos: os outros escravizados do Plantationoceno

Thoreau começa um poema intitulado "True Freedom" [Liberdade verdadeira] com os seguintes versos:

Não espereis que os escravizados pronunciem a palavra
Para libertar os cativos
Sede livres por vós mesmos, e não por procuração
E adeus, escravidão.
Sois todos escravizados, tendes todos um preço.[30]

Embora a escravidão seja habitualmente pensada como algo relacionado somente aos escravizados, Thoreau amplia essa concepção de modo que os senhores, as autoridades e a sociedade civil permaneçam tão guiados por essa economia quanto o próprio escravizado. *Os escravizados não são os únicos escravizados da escravidão*. Sem questionar a situação abjeta na qual se encontra tipicamente o escravizado Preto, todo o esforço teórico da obra de Thoreau, inclusive em *Walden*, consiste em mostrar que os que suportam, direta ou indiretamente, esse aparelho estatal organizado em torno do sistema escravagista, ainda que se dediquem às suas tarefas longe dos campos de algodão e dos engenhos, permanecem não somente aviltados mas também *escravizados da escravidão*. À condenação moral da escravidão e da associação de um cidadão a um governo escravagista, soma-se a condenação da relação política pela qual a sociedade civil está associada ao governo escravagista. Se uma mesma relação de reconhecimento é estabelecida entre o escravizado e o governo, assim como entre o tal "livre" e o governo, e se esse governo é justamente um só, então não se pode reconhecer esse governo sem ser também escravizado. Há apenas um governo: o governo dos escravizados.[31]

Da mesma forma, a escravidão permanece uma parte inseparável de uma organização econômica que visa ao enriquecimento de alguns por meio da cultura maciça de gêneros alimentícios tais como a cana-de-açúcar, o algodão e o índigo. Embora o escravizado encarne a força produtiva da escravidão, os senhores, as autoridades e a sociedade civil, porquanto submetidos a essa economia, também permanecem escravizados da escravidão. Tanto o escravizado como o senhor, tanto os cidadãos como o Estado são subjugados por essa agricultura "frívola" e essa economia que faz deles "todos escravizados". Assim, a escravidão dos Pretos nos Estados Unidos aparece como um sintoma de uma condição mais geral: a da criação de sociedades não apenas escravagistas mas também, e sobretudo, *escravizadas*. Thoreau explicita essa subjugação em *Walden* ao descrever como a cultura do café e do chá, bem como a produção de carne, leite e manteiga, tal como empreendidas por seu vizinho irlandês, encerram este em um círculo infernal de dívidas e de miséria, sustentando, acima de tudo, "a escravidão, a guerra [...] direta ou indiretamente".[32] Diante desse habitar colonial, a prática alternativa de Thoreau, ao não recorrer a nenhum desses produtos, ao utilizar feijões, entre outros, foi a tentativa de outra maneira de habitar a Terra, que não implica a escravidão de uma parcela dos humanos e da maioria dos animais.

Pelo reconhecimento de uma escravidão da escravidão, Thoreau opera uma ruptura radical com a negrologia dos escravagistas e dos abolicionistas. A oposição à escravidão não é o resultado de uma interrogação sobre a natureza do escravizado, e sim decorre da elucidação das relações da sociedade civil com esse crime. Uma sociedade não pode ser "civil" no seio de um Estado escravagista, ainda que seus membros não sejam, eles mesmos, senhores de escravizados. *Nós somos todos escravizados da escravidão quando a escravidão é admitida em uma sociedade*. A solidariedade entre os ditos escravizados e os ditos livres não repousa mais na simpatia-sem-vínculo de um centro detentor dos critérios de medida da humanidade, que reconhece tal humanidade naqueles que são colocados em questão. Ela reside no reconhecimento de uma subjugação comum – embora não idêntica – a um mesmo mundo escravagista. É na alvorada do mundo que Thoreau se opõe à escravidão. Assim, a emancipação não está em jogo apenas entre o senhor e o escravizado; ela se desenvolve também entre a sociedade civil, por um lado, e as elites mercantis, os produtores e o Estado, por outro, os que legitimam, legalizam e organizam esse mundo de escravidão. Os livros, assim como os escravizados, têm de se emancipar da escravidão, como aponta Thoreau:

> Não penseis que o tirano está longe,
> No próprio seio tendes,
> O distrito de Colúmbia
> E poder de libertar o escravizado.[33]

o aquilombamento civil

O reconhecimento da escravidão da escravidão feito por Thoreau evidenciou uma situação insuportável, suscitando o desprezo por uma sociedade que vive seu cotidiano sem se preocupar com tal questão. Como, então, emancipar-se dessa escravidão? "Que cada habitante do Estado dissolva seus laços com o Estado, enquanto ele se atrasa no cumprimento do seu dever",[34] defende. Se Thoreau é de fato o fundador da desobediência civil, essa não foi a sua única resposta à escravidão. Sua desobediência foi precedida de uma fuga para a floresta, junto ao lago Walden. Escravizado da escravidão, Thoreau foge, Thoreau se aquilomba. A mesma utopia acalentada por tantos escravizados fugitivos, de escapar para sempre do mundo colonial e escravagista das Américas através das montanhas, florestas e rios, é carregada por Thoreau. Michael Meyer nota que a evasão dele para o lago adquire ares "de uma versão branca das *slaves narratives*",[35] essas narrativas de fugas de escravizados Pretos. *Walden* é a história de uma tentativa de escapar dessa escravidão, a narrativa de um *aquilombamento civil*.

À primeira vista, a expressão "aquilombamento civil" poderia parecer um oximoro. Nas formas mais fortes de aquilombamento, as resistências e as fugas dos escravizados para as florestas não têm nada de "civil". Mas aí está toda a radicalidade de Thoreau: mostrar outra possibilidade de ação. Mantendo juntas as duas partes da obra de Thoreau, injustamente separadas, o aquilombamento civil designa as resistências e as tentativas de fuga da escravidão e do habitar colonial pela sociedade civil, por aqueles que, não sendo juridicamente escravizados, permanecem mesmo assim escravizados da escravidão. Dessa forma, na sua temporada em Walden, Thoreau empreende a abertura de uma alternativa: a de outra maneira de habitar a Terra.

Talvez a utopia quilombola de Thoreau tenha sido influenciada pelo clube dos transcendentalistas que ele frequentava, o qual fundou duas comunidades utópicas na mesma época de sua temporada em Walden: Brook Farm (1841-47) e Fruitlands (1843-44).[36] Assim, sua fuga precisava tentar viver, habitar, nutrir-se e atender às suas necessidades sem ter as mãos atadas ao governo, destacando aí as premissas de uma atitude ecologista. Evidentemente, os dois anos passados em Walden não constituíram uma experiência de isolamento total nem uma ruptura completa com a cidade de Concord, situada a três quilômetros de sua cabana. Algumas compras e utensílios com certeza foram levados da cidade, à qual ele retornava regularmente. Não foi necessário para ele ficar em um isolamento total para alcançar seu objetivo. Para Thoreau, tratava-se de mostrar e de experimentar outra ordem, *uma economia não plantationária*. Tratava-se de abrir uma possibilidade: a de não ser mais escravizado da escravidão.

Muitos são os filósofos e historiadores americanos do meio ambiente que se lançaram sobre os escritos naturalistas de Thoreau, tais como *Walden*, *The Maine Woods* [Os bosques do Maine] ou *Caminhando*, com o intuito de fazer dele um dos pioneiros do naturalismo americano, ocultando completamente o engajamento político que subjaz à sua prática. No entanto, *o naturalismo de Thoreau é, em primeiro lugar, uma resistência política à escravidão*. Antes de serem admirados por sua beleza, antes de serem observados em seus ritmos sazonais e diários, a natureza e o lago Walden têm a função de refúgio e de recurso. O lago torna-se o lugar onde "*the State is nowhere to be seen*" [não se pode ver o Estado em lugar algum].[37] A descoberta quilombola da natureza vem *em resposta* à escravidão e à subjugação decorrentes da relação com um governo escravagista. Essa é a herança de Thoreau escondida pelo muro da dupla fratura. Essa herança quilombola reinsere a sensibilidade, a ciência e o gênio da escrita da natureza de Thoreau em uma preocupação com o mundo, preocupação muito distante dos pensadores da *wilderness*. As caminhadas cotidianas de Thoreau são inspiradas pela convicção da existência de um tesouro no seio dessa natureza, a convicção de que nela há caminhos e desígnios utópicos antiescravistas. O mundo nunca deixou de estar presente. O aquilombamento civil foi a condição do naturalismo de Thoreau.

Thoreau sabia que Walden não era um lugar de natureza virgem.[38] Ele reconheceu que quilombolas e ex-escravizados haviam buscado refúgio nesses mesmos bosques. No capítulo "Antigos habitantes e visitas invernais" de *Walden*, à maneira de um arqueólogo, Thoreau desenterra os vestígios dos que viveram nesses bosques antes dele. Ele relata especificamente a ocupação anterior dos Pretos, dentre os quais alguns eram escravizados: Cato, Zilpha e Brister Freeman. Com efeito, como a historiadora Elise Lemire demonstra em seu livro *Black Walden*, Concord, cidade enaltecida como o berço da nação e da literatura americanas, foi também uma cidade escravagista.[39] Situando Cato "a leste de [seu] campo de feijões", Zilpha "bem no canto de [seu] terreno" e Brister Freeman "descendo a estrada à direita", o próprio Thoreau, por meio de sua escrita, narra, escreve e se coloca, ele também, no meio desses Pretos em busca de liberdade. Por sua escrita e sua arqueologia singular, ele ressitua sua cabana e sua experiência de Walden em uma topografia quilombola do lugar, em uma história política em que esses bosques são associados à resistência à escravidão e à busca de liberdade. *Thoreau escreve-se como quilombola.*

as quilombolas civis e as mulheres Brancas antiescravistas

O engajamento de pessoas Brancas e livres contra a escravidão e o Plantationoceno também foi um assunto *de mulheres*. Da mesma forma que o aquilombamento dos ex-escravizados, essas mulheres Brancas deram origem a práticas antiescravistas a partir de suas posições subalternas no seio dos Brancos livres. Elas participaram da mudança do mundo sem que, no entanto, uma voz igual à dos homens Brancos lhes tenha sido reconhecida. Assim, o aquilombamento civil de Thoreau foi possível graças ao apoio material e ao trabalho político de sensibilização oferecidos por sua mãe, Cynthia, e suas irmãs, Sophia e Helen, assim como por todas as integrantes da Concord Female Anti-Slavery Society, fundada em 1838 por Mary Merrick Brooks.[40] Foram essas mulheres, que não possuíam direito nem ao voto nem a ocupar uma cadeira no Congresso, que esconderam diversos escravizados fugitivos. Elas conceberam um conjunto de estratégias para convencer os homens de Concord, inclusive Emerson, a se engajarem na luta antiescravista, convidando vários abolicionistas conhecidos para participar, como Wendell Phillips e William Garrison, entre outros. Cynthia, Helen e Sophia Thoreau já eram favoráveis a uma separação em relação à Constituição dos Estados Unidos por causa da escravidão dez anos antes de Henry.[41]

Associações de mulheres Brancas antiescravistas também se formaram no início do século XIX na Inglaterra. Ao contrário das principais figuras masculinas abolicionistas, que preferiam a emancipação gradual, Elizabeth Heyrick destacou-se por seu engajamento em prol de uma abolição imediata mediante um panfleto de 1824. Sua oposição política ao Plantationoceno manifestou-se em um apelo ao boicote do açúcar da escravidão, incitando os britânicos *a levar a questão da escravidão para casa*:

> Mas levemos, individualmente, essa questão para casa. [...] estamos todos envolvidos, somos todos culpados [...] por sustentar e permitir a escravidão. O produtor recusa-se a libertar o escravo e o trata como um animal de carga [...] porque nós fornecemos o estímulo para tal injustiça, para tal cobiça e crueldade, ao comprar o seu produto. [...] Sim, há uma [ação a empreender]: a abstinência do uso dos produtos do Caribe, o açúcar em particular, cuja cultura é, sobretudo, resultado da escravidão. Quando não houver mais mercado para os produtos dos trabalhadores escravizados, somente então eles serão libertados.[42]

Ela inspirou mais de setenta sociedades de mulheres contra a escravidão, batendo de porta em porta em Leicester e em Birmingham pela emancipação imediata e pelo boicote do açúcar.[43]

O engajamento político das mulheres livres Brancas foi difundido também pelos escritos de célebres abolicionistas Brancas, como a peça de teatro *L'esclavage des Noirs, ou L'heureux naufrage* [A escravidão dos Pretos, ou O feliz naufrágio], de Olympe de Gouges, e o clássico *A cabana do Pai Tomás*, de Harriet Beecher Stowe, que vendeu milhões de cópias.[44] Obviamente, tais esforços foram acompanhados de inabilidades e de resquícios de preconceitos. No entanto, estes não deveriam apagar as poderosas resistências dessas mulheres Brancas contra a escravidão a partir da dominação política que elas sofriam dos homens Brancos.

Elas mostram que a saída do porão do navio negreiro é uma tarefa que cabe também àquelas e àqueles que estão no convés. A exemplo de John Brown, a escotilha do porão também pode ser quebrada pelo lado de fora.

um aquilombamento civil do Plantationoceno

Por meio de seus aquilombamentos civis e engajamentos antiescravistas no século XIX, Thoreau, Mary Merrick Brooks, Elizabeth Heyrick e Harriet Beecher Stowe propõem uma capacidade de ação fundamental diante do Plantationoceno. Eles mostram que os que hoje estão longe das *plantations* e dos engenhos, aqueles que não experienciam diretamente violências inerentes a essa maneira de habitar a Terra, são igualmente afetados, aviltados e subjugados. Pelos modos de consumo, pelas maneiras de se deslocar, uma parte da população dos países ricos sustenta tacitamente as violências e as opressões perpetradas contra aqueles que estão relegados ao porão do mundo. Além da escravidão dos Negros escravizados, o porão representa a escravidão da escravidão, a submissão daqueles que estão livres no convés do Plantationoceno. A partir do momento em que o navio acorrenta em seu porão seres humanos e não humanos, é o navio inteiro que se torna escravizado da escravidão, é o mundo e a Terra que se tornam navios negreiros. Diante de tais violências, os livres, os ricos, os homens e as mulheres não racializados também podem se livrar desses laços aviltantes e escravizadores, criar bolsões de resistência e de criatividade nas relações com os outros humanos e não humanos e manifestar uma solidariedade radical para com os Negros do mundo. O aquilombamento, assim como o aquilombamento civil, tem seus limites. Pela ubiquidade dos problemas ecológicos, escapar completamente do Plantationoceno é uma ilusão. Thoreau sabia muito bem disso quando foi detido durante uma breve passagem por Concord, tendo ficado uma noite na prisão antes de ser liberado por suas tias Jane e Maria. Essa detenção inaugurou, então, a resistência direta por meio da desobediência civil. Não é possível aquilombar-se infinitamente e evitar o confronto direto com os defensores de uma economia capitalista que mata o mundo de fome em prol da opulência de uma minoria. Mas esse aquilombamento civil permite desenhar o horizonte, a rota utópica de um mundo habitável que guia o confronto.

13
uma ecologia decolonial: sair do porão

Gaia [1848]

Em 1848, o capitão Vincente Madalena e sua tripulação espreitam a costa africana do convés do navio *Gaia*. Entretanto, o reconhecimento dessa Mãe Terra não é um reconhecimento de igualdade entre seus filhos. Alguns seriam até naturalmente inferiores. Os armadores combinam, então, os caminhos marítimos e terrestres que levarão os diminuídos ao porão e ao convés inferior. Em nome de uma natureza, *Gaia* abandonou os Pretos no fora-do-mundo Negro. Entretanto, um canto de liberdade e de amor-próprio foi entoado pelos escravizados e seus aliados. Os ecos abolicionistas percorrem a Terra e o tempo, como em 23 de agosto de 1791 na colônia francesa de São Domingos ou como em 23 de agosto de 1848 em alto-mar. Nesse dia, a Marinha britânica captura *Gaia* antes mesmo que ele completasse seu trabalho negreiro. O navio é condenado por tráfico ilegal. Em nome da igualdade, *Gaia* é destruído, abrindo o mundo a outra Mãe Terra. Eu proponho chamá-la *Ayiti*.

> *A verdadeira solução para a crise ambiental é a decolonização dos Pretos.*
> — NATHAN HARE, "Black Ecology", 1970

Hector Charpentier, *Memorial da abolição da escravidão*, Le Prêcheur, Martinica. © Foto de David Almandin.

A ecologia decolonial é uma ecologia de luta. Longe do ambientalismo da arca de Noé, que recusa o mundo e prolonga a dominação dos escravizados, trata-se de questionar as maneiras coloniais de habitar a Terra e de viver junto. O confronto das destruições ecossistêmicas está, portanto, intimamente ligado a uma exigência de igualdade e de emancipação. A partir do imaginário do navio negreiro, a ecologia decolonial é uma *saída do porão do mundo moderno*. No nível teórico, ela implica pensar/cuidar* da dupla fratura colonial e ambiental. Ela

---

* Em francês, *"penser/panser"*, termos de igual pronúncia que podem ser traduzidos como "pensar", tanto no sentido de refletir quanto no de aplicar um penso, um curativo, tratar um ferimento. Para não provocar ambigui-

é um duplo curativo que se traduz a um só tempo por *outra maneira de pensar as decolonizações* e por *outra maneira de pensar as lutas contra as degradações ambientais da Terra*. No nível cultural, histórico e linguístico, ela tem a necessidade de deslocar o Antropoceno para permitir que se vejam as outras formas de problematização da crise ecológica. No nível político, ela se manifesta por meio de um conjunto de movimentos sociais e de lutas no mundo.

da fratura colonial à fratura ambiental

A ecologia decolonial é uma crítica renovada das colonizações históricas e contemporâneas, bem como de seus legados, crítica que leva a sério as questões ecológicas do mundo. Em primeiríssimo lugar, trata-se de reconhecer que a relação colonial não se reduz a uma relação entre grupos de humanos. Ela compreende também relações específicas com não humanos, paisagens e terras por meio do *habitar colonial da Terra*. Isso significa que a emancipação da dominação colonial não pode ser pensada unicamente como uma mudança da relação de humanos com humanos. Ela implica também uma transformação da relação colonial com as paisagens e com os não humanos, inclusive em suas formas escravagistas. A ecologia decolonial é, portanto, um prolongamento ecológico das críticas existentes da fratura colonial. Elas podem ser esquematicamente reagrupadas em quatro polos.

O *anticolonialismo* do pós-Segunda Guerra Mundial é um primeiro polo que propõe uma abordagem soberanista e estatutária da decolonização. O vento da decolonização que soprou sobre o mundo traduziu-se primeiro por lutas e guerras em nome do acesso de um conjunto de países colonizados, se não à independência, pelo menos a um estatuto jurídico diferente que garantisse a igualdade de direitos dos antigos sujeitos coloniais e uma forma de autonomia política semelhante à dos territórios ultramarinos da Inglaterra, da Dinamarca, dos Estados Unidos, da França e dos Países Baixos.[1] Salientando as continuidades legadas pela colonização e pelo imperialismo,

---

dades que não existem no original, nesta tradução optou-se por traduzir "*panser*" como "cuidar". [N. T.]

O *pensamento pós-colonial* é um segundo polo que critica a consideração das culturas e a representação dos que foram colonizados como sempre os outros de um centro, em particular de um centro europeu.[2] Fortemente influenciado por pensadores como Edward Said e Frantz Fanon, bem como pelos *subaltern studies*, esse polo é um convite a um descentramento, a se desprender do eurocentrismo.[3] Trata-se de abrir a possibilidade de um poder de representação e de fala para os antigos colonizados, assim como para os que estão fora do Ocidente.[4]

Inaugurado pelo sociólogo peruano Aníbal Quijano e por um conjunto de pesquisadores da América Latina no início dos anos 1990, o *pensamento decolonial* constitui um terceiro polo que propõe uma crítica epistêmica da fratura colonial, ou seja, uma crítica das categorias de pensamentos do mundo que foram impostas pela colonização das Américas. Em particular, a imposição de uma concepção do poder que tem em sua base a raça como categoria central comprova uma "colonialidade do poder".[5] Assim, o esforço decolonial constitui uma "decolonização epistemológica"[6] que subverte as maneiras coloniais de pensar o mundo, as existências no seio deste e seus saberes, uma tentativa de se livrar da "colonialidade do ser"[7] e da "colonialidade do saber".[8]

Por fim, um quarto polo heterogêneo propõe uma crítica da fratura colonial do mundo a partir das perspectivas das mulheres do Sul e das mulheres racializadas nos países do Norte, o que Françoise Vergès denomina um "feminismo de política decolonial".[9] Das lutas antiescravistas das mulheres aos movimentos, coletivos e escritos do afrofeminismo, tais como os trabalhos de bell hooks, passando pelas lutas das mulheres indígenas no mundo, esse polo heterogêneo chama a atenção para a interseccionalidade das relações coloniais, de raça e de gênero que caracterizam as mulheres em situações (pós-)coloniais e suas modalidades de emancipação.

Esses quatro polos abordaram aqui e ali questões ambientais. Alguns traços persistem, como a crítica da economia colonial no *Discurso sobre o colonialismo*, de Césaire;[10] o programa político de Thomas Sankara em Burkina Faso, fazendo da luta contra o deserto uma luta anti-imperialista[11] ao mesmo tempo que agia pela libertação das mulheres; o lugar central de alguns ecossistemas, como o manguezal para os escritores caribenhos;[12] ou a atenção de Said às dimensões culturais e geográficas do imperialismo.[13] Apesar de seus avanços, esses quatro primeiros polos não fizeram das questões ecológicas uma dimensão essencial de sua problematização política do mundo.

A ecologia decolonial desenha um quinto polo, que faz do questionamento do habitar colonial seu centro de ação. Para além da reapropriação anticolonial de uma responsabilidade coletiva pelos recursos, trata-se de subverter a ideologia econômica que faz dos meios de vida humana e não humana recursos a serviço de um enriquecimento capitalista desigual. O descentramento do pensamento pós-colonial traduz-se pelo questionamento das representações dos lugares de vida como terras fora-do-mundo, recursos a monopolizar ou terras paradisíacas. Da mesma forma, a crítica epistêmica do pensamento decolonial prolonga-se na crítica de uma economia capitalista que, independentemente das categorias de saber e de poder, governa e destrói os ecossistemas da Terra. Separados entre esse polo e o do pensamento decolonial, os trabalhos de Arturo Escobar inscrevem-se nessa abordagem por meio de uma ecologia política da América do Sul.[14] Um dos momentos de destaque dessa ecologia decolonial foi a declaração de princípios de justiça ambiental na Primeira Cúpula Nacional de Liderança Ambiental dos Povos Racializados, em 1991, em Washington:

> [Nós] construímos um movimento nacional e internacional de todas as pessoas racializadas para lutar contra a destruição e o roubo de nossas terras e de nossas comunidades, para restabelecer nossa interdependência espiritual com nossa Mãe Terra sagrada; para respeitar e celebrar nossas culturas, nossas línguas e nossas crenças do mundo natural e nosso papel na cura de nós mesmos; para exigir a justiça ambiental; para promover alternativas econômicas que contribuam para um modo de vida ecologicamente são; e para conquistar a libertação política, econômica e cultural que nos foi recusada durante mais de quinhentos anos de colonização e opressão, provocando o envenenamento de nossas comunidades e nossas terras, assim como o genocídio de nossos povos [...].[15]

Essa declaração associa intimamente o apelo pela reconexão com uma Mãe Terra – e por um desenvolvimento ecológico em busca de uma justiça ambiental – à exigência de uma "libertação política, econômica e cultural" perante quinhentos anos de colonização, ou seja, à *exigência decolonial*.

da fratura ambiental à fratura colonial

No outro sentido, a ecologia decolonial faz da fratura colonial a questão central da crise ecológica. Isso decorre da constatação de que a poluição, as perdas de biodiversidade e o aquecimento global são os vestígios materiais desse habitar colonial da Terra, compreendendo desigualdades sociais globais, discriminações de gênero e de raça. É a inversão proposta pelo sociólogo afro-americano Nathan Hare, quando ele escreve que a "verdadeira solução para a crise ambiental é a decolonização dos Pretos".[16] Hare lembra não apenas que as discriminações sofridas pelos Pretos no mundo estão intimamente ligadas à economia destruidora dos ecossistemas do planeta mas também que elas constituem, igualmente, colonizações ambientais dos corpos e das peles que, associando preconceitos negativos a uma cor e a um fenótipo, visam excluir do mundo. Mais do que uma ideologia, *o racismo é uma maneira de habitar a Terra* que compreende uma engenharia das paisagens ambientais, sociais e políticas. Ele se traduz por uma organização geográfica[17] e até por uma "ecologia *apartheid*"[18] que situa os não racializados, os sem cor, os Brancos, o ar saudável e a natureza virgem de um lado e os racializados, os Negros, o ar poluído, as crateras da extração mineradora e as fábricas de outro. Essa é a continuidade impressionante entre o *apartheid* sul-africano e os safáris de onde foram expulsos os nativos; entre as discriminações contemporâneas nas moradias dos racializados nos países do Norte e a exploração dos recursos dos países do Sul.[19] Os racializados confinados em guetos, periferias e favelas aprendem que as lutas ecológicas mostradas na televisão não dizem respeito a seus lugares de vida. Descobrem-se, então, uma ecologia dos Pretos, uma ecologia dos pobres e uma ecologia da favela excluídas da grande narrativa global da "verdadeira" crise ecológica.[20] Daí a invenção pérfida de que a ausência deles das arenas de decisão e reflexão ambientais seria apenas fruto de sua indiferença por essas questões.

Ao reconhecer que colonizações, racismos e discriminações de gênero são também maneiras de habitar a Terra, são relações paisagísticas, são forças geológicas no coração da crise ecológica, o questionamento da fratura colonial torna-se a questão fundamental da luta ecologista. Cuidando dessa dupla fratura, a ecologia decolonial faz das degradações da vida social, do extrativismo das peles Negras e do racismo ambiental[21] o alvo principal da ação ecológica. *Sim, o antirracismo e a crítica decolonial são as chaves da luta ecologista.*

desenfurnar o Antropoceno: a hipótese Ayiti

O ambientalismo da arca de Noé traz uma miríade de conceitos e palavras – tais como "natureza", "homem" ou "Antropoceno" – que dão continuidade à dupla fratura colonial e ambiental e apagam as desigualdades, bem como as buscas por justiça. O duplo curativo da ecologia decolonial torna visíveis outra gramática da crise ecológica, outra genealogia, outros conceitos, outras palavras que se apoiam em lutas sociais e políticas dos humanos e não humanos na Terra. Com sua linguagem, a ecologia decolonial exorta a *desenfurnar** o Antropoceno. No primeiro sentido do verbo "desenfurnar", a ecologia decolonial *move* o olhar abstrato adotado pelo Antropoceno, reconhecendo que o "nós" diante da crise ecológica não é dado de antemão e tampouco é uma evidência. Ela torna visíveis a pluralidade encoberta apressadamente por esse "nós", suas linhas de fratura, suas violências, suas dominações e seus tempos. À genealogia clássica, apolítica, associal e a-histórica do ambientalismo moderno, as experiências e os imaginários do Caribe opõem uma genealogia política. Esta pode se desdobrar em uma série de oposições de termos e conceitos ilustrados no quadro "Genealogia caribenha da ecologia decolonial".

A tempestade não é mais observada a partir de um ponto onisciente e seguro por um observador de fora do navio, e sim a partir do interior do mundo, a partir da pluralidade dos lugares, das histórias, dos lares e dos tempos pelos que são abandonados, excluídos ou jogados ao mar por esse mesmo "nós". Longe da utopia colonial de um mundo harmonioso pré-catástrofe, as violências e dominações que engendram as tempestades, assim como as violências e dominações que decorrem das tempestades, estão no coração da compreensão política da crise

---

* Nesta seção, o autor faz um jogo com a polissemia do termo francês *"décaler"*, que pode significar tanto "deslocar" como "tirar do porão" (prefixo negativo *"dé"* e *"cale"*, porão). Optou-se por "desenfurnar", que significa "mover do lugar", de acordo com o léxico náutico, e "tirar do isolamento, de local escuro" em sentido mais amplo. [N. T.]

ecológica. Desenfurnar o Antropoceno permite articular as múltiplas catástrofes sobre cujas cinzas o fim do mundo é temido, permitindo conservar a pluralidade de experiências da crise ecológica.

GENEALOGIA DO AMBIENTALISMO	GENEALOGIA CARIBENHA DA ECOLOGIA DECOLONIAL
Antropoceno paisagens campestres, técnicas de produção, habitantes-astronautas, senhores-cidadãos, homens, patriarca, pestes, contaminações, poluições	**Plantationoceno, Negroceno** *plantations* e senzalas, tráfico negreiro e escravidões, náufragos, terráqueos, escravizados, Negros, Negras, amas de leite, cozinheiras, alianças interespécies, racismo ambiental
Arca de Noé o convés, embarque, o salvamento seletivo, a *wilderness*, o paraíso daqui, a natureza, tempestade, catástrofes naturais, senhores salvos, temor de refugiados climáticos	**Navio negreiro** o porão e o convés inferior, desembarque, o abandono discriminatório, o genocídio dos indígenas, o inferno do laboratório, a exclusão, ciclone colonial, Negros perdidos, busca de dignidade de migrantes pós-coloniais
O caminhante solitário gaia, jardins botânicos, florestas virgens/manguezais hostis, naturalismo, walden, montanhas, aculturação, desenraizamento	**Os quilombolas e as quilombolas** Ayiti, jardins crioulos, refúgios humanos/não humanos, aquilombamento, aquilombamento civil, morros de liberdade, metamorfose crioula, matrigênese

Genealogia caribenha da ecologia decolonial

Essa outra genealogia manifesta-se também nas atribuições de nomes a si e aos meios de vida. Talvez Malcolm X seja um dos que melhor apreendeu a importância para os seres humanos no porão do mundo de poder dizer "eu", de poder estabelecer uma relação com o próprio corpo destituída da perspectiva mercantil de um senhor sobre seus ancestrais. O que pode se assemelhar a querelas familiares torna-se politicamente significativo a partir do momento que se trata de vias públicas, bairros, cidades, regiões e até países. A colonização das Américas é perceptível ainda hoje por um conjunto de nomes que evocam as vitórias dos conquistadores europeus, de São Domingos à avenida Juan Ponce de León em San Juan, a capital de Porto Rico. Em resposta a essas atribuições de nomes que celebram a conquista colonial, ruas, cidades e países adotaram nomes diferentes. Na Martinica, ruas foram renomeadas em homenagem às resistências à escravidão e à colonização, tais como a "rue du Marronnage" [rua do Aquilombamento] em Rivière-Pilote. Diferentemente da nomeação colonial das terras, atribuindo nomes de colonizadores como Cristóvão Colombo a qualquer lugar, a atribuição de nomes evocando as resistências quilombolas e as lutas emancipatórias está intimamente ligada a paisagens e a terras específicas. O bairro "Fond Gens Libres" [Fundo Pessoas Livres] na Martinica, o rio Bayano no Panamá e o morro "Piton Flore" [Pico Flora] em Santa Lúcia[22] não celebram apenas um homem ou uma mulher. Esses nomes tornam visíveis alianças históricas humanas e não humanas que desafiaram a ordem colonial e escravagista.

Esse significado é ainda mais profundo no caso do Haiti. Na ocasião de sua declaração de independência, ao fim da revolução que expulsou os franceses, os espanhóis e os ingleses, essa ex-colônia (São Domingos/Hispaniola) foi renomeada como "Haiti" pelos revolucionários, nome pelo qual os Taíno* designavam a ilha antes da chegada de Cristóvão Colombo. O nome traz a memória dos que foram dizimados pelos colonizadores. Longe de uma mera nova denominação pelos vencedores de uma guerra anticolonial, essa atribuição atesta a *decolonização pelo nome*, a mesma que Val Plumwood apontava no contexto dos aborígenes na Austrália.[23] Não se trata apenas de dar outro nome, e sim de encontrar formas de fazer emergir os traços da Terra, das paisagens e dos não humanos, como se estes últimos também participassem da atribuição do nome. Foi precisamente essa relação que surgiu em alguns nomes utilizados pelos povos indígenas do Caribe para designar as diferentes ilhas. "Madinina", para a Martinica, significa "a ilha das flores". "Karukera", para Guadalupe, significa "a ilha das belas águas". "Ayiti", para o Haiti, significa "terra de altas montanhas",** as mesmas montanhas das quais se lançaram os insurgentes antiescravistas para atacar

---

*   Indígenas pré-colombianos habitantes das Bahamas, Grandes Antilhas e Pequenas Antilhas do Norte, no Caribe. [N. T.]

**   Segundo o historiador David Geggus, o termo "Quisqueya", comumente apresentado como o outro nome taíno de Ayiti, seria uma invenção infundada de Peter Martyr [D'Anghiera] em 1516. Hoje, o uso mais corrente do termo pelos habitantes da República Dominicana para designar especificamente essa parte da ilha seria uma reativação política desse erro em consequência da invasão que sofreram do Haiti em 1822. David Geggus, "The Naming of Haiti". *New West Indian Guide*, v. 71, n. 1–2, 1997, pp. 43–68.

o Plantationoceno. Com o nome Ayiti, os revolucionários confirmam a memória dos povos perdidos e fazem aparecer a relação matricial que unia estes últimos àquela terra. Em meio às destruições coloniais, essa atribuição foi um dos caminhos possíveis em direção a uma matrigênese.

Os nomes para pensar a Terra são carregados de sentidos e de referências cosmológicas específicas, assim como a ação de dar um nome – ainda mais se tratando de um nome para a Terra inteira – não é neutra politicamente. No Caribe, a atribuição do nome foi uma parte essencial do ato colonial, visando usurpar a terra dos povos que dela dependiam. Assim, Cristóvão Colombo, a bordo de seu navio, divertiu-se recobrindo as ilhas com o véu dos nomes que se referiam à cosmologia católica apostólica romana. Ayiti tornou-se *Isla española* [Ilha espanhola], ou ainda *Hispaniola*. Em 1970, James Lovelock, com base na perspectiva da nave espacial, propôs o nome "Gaia" para designar a Terra no âmbito de uma hipótese científica e ambientalista, assimilando-a (particularmente a biosfera) a um organismo vivo que se autorregula.[24] Essa referência à deusa grega foi retomada tanto nos trabalhos de biologia e geografia como nos escritos dos filósofos Bruno Latour e Isabelle Stengers para designar a presença dos conjuntos não humanos que escapam do domínio dos humanos e que, em contrapartida, deveriam impor respeito. Reconhecendo a intrusão de Gaia (Stengers), seria necessário enfrentá-la (Latour).[25]

Em resposta à hipótese científica Gaia, proponho a hipótese cosmopolítica Ayiti. Por mais bela que seja, a referência à Grécia antiga conserva secretamente a fantasia de uma pré-globalização que nega o nó colonial de 1492, o próprio ato que tornou concreta a totalização da Terra em um globo, fotografado quinhentos anos mais tarde a partir do espaço. Ademais, a hipótese Gaia, de Lovelock, continua presa em um ambientalismo que apaga, como um astronauta, as continuidades socioeconômicas, políticas e imaginárias entre humanos e não humanos constitutivas da Terra, assim como se recusa a reconhecer a fratura colonial da modernidade. Em contrapartida, a hipótese Ayiti é, inicialmente, a proposição de que a Terra seja a base de um mundo cujos sistemas físico-químicos, estratos geológicos, oceanos, ecossistemas e atmosfera estejam em arranjos intrínsecos com as dominações coloniais, raciais e misóginas dos humanos e não humanos, bem como com as lutas contra tais dominações. Reconhecer a intrusão de Ayiti é reconhecer a imbricação ecológico-política da constituição colonial da modernidade nas maneiras de habitar a Terra, colocadas em causa na crise ecológica hoje. O gesto dos revolucionários de São Domingos indica, literal e literariamente, que é por meio do confronto com a fratura colonial da modernidade e com as suas escravidões que é possível abrir caminhos em direção a uma Mãe Terra. Representando as lutas anticoloniais e antiescravistas dos povos indígenas, as buscas por igualdade dos escravizados *e* as lutas para preservar uma relação matricial com a Terra, *Ayiti é o nome da Mãe Terra do mundo moderno*. Nesse sentido, nós somos todos filhos de Ayiti. A intrusão de Ayiti é ao mesmo tempo um testemunho dessas expansões coloniais do globo e um apelo. Ela não é uma entidade que se sustenta por si só: ela deve ser redescoberta por meio dessas lutas, por meio do "agir-junto", por meio dos mutirões [*coumbites*], ela é o apelo conjunto de uma matrigênese (reconhecimento da Mãe Terra) e de uma metamorfose crioula (reconhecimento dos filhos dessa Mãe Terra). Encarar Ayiti é, portanto, confrontar as mudanças ambientais do mundo, bem como as desigualdades legadas pela constituição colonial da modernidade entre Norte e Sul, que o Haiti nos lembra fervorosamente.

lutas de ecologia decolonial: sair do porão moderno

No segundo sentido do verbo, "desenfurnar" o Antropoceno convida literalmente a *esvaziar o porão do Antropoceno*. Tendo em vista um ideal de igualdade, trata-se de abolir essa política que coloca uma parte dos humanos e não humanos no porão do navio, de libertar os escravizados da crise ecológica. Essa saída do porão efetuada pela ecologia decolonial traduz-se por uma série de lutas sociais e políticas nas quais a preservação dos equilíbrios ecossistêmicos e a busca de emancipação de uma situação colonial formam um único e mesmo problema. Militantes insurgem-se contra as violências de um habitar colonial e de uma economia capitalista devoradores de mundo que, com um só golpe, oprimem humanos e não humanos tanto no Caribe como em outros lugares do planeta.[26] Quatro tipos de luta de ecologia decolonial são identificáveis atualmente.

O primeiro encontra-se nas ações de povos pré-colombianos e autóctones que lutam, a um só tempo, para preservar seus meios de vida e seu lugar no mundo diante das predações das multinacionais e dos Estados liberais. Essas lutas manifestam-se hoje nas ações dos povos amazônicos e de seus aliados para preservar suas florestas e lugares de vida; nas resistências dos autóctones da Guiana Francesa contra o projeto da "Montagne d'Or" [Montanha de Ouro]; nas resistências dos *Native Americans* contra os projetos de gasodutos, como o caso da reserva Standing Rock, nos Estados Unidos; e nas resistências dos Inuíte contra a exploração das areias betuminosas pela indústria petroleira.[27] O movimento ecologista porto-riquenho centrado na associação Casa Pueblo também age contra a destruição de lugares de vida defendendo a casa dos boricuas, em referência aos povos Taíno.[28] O primeiro tipo de luta encontra-se igualmente nos combates dos Warlpiri, dos Yawuru, dos Ngarinyin e de outros aborígenes australianos para preservar suas terras.[29] Além de seu fervor político, esses povos indígenas dispõem de uma base mitológica e cosmológica pré-moderna como a Pachamama, que podem contrapor à globalização destruidora de mundo. Essas lutas de ecologia decolonial próprias dos povos indígenas lembram que as violências que lhes são infligidas em escala global são o reverso de uma violência e de um desprezo pelos ecossistemas, pelas paisagens e pelas naturezas da Terra.[30]

O segundo tipo diz respeito às resistências de ecologia política dos que foram trazidos fisicamente para as Américas nos porões dos navios negreiros e não podem reivindicar uma autoctonia antiga. Essas lutas apoiam-se historicamente nas resistências de ex-escravizados Negros, tais como as lutas de quilombolas nas Américas, indo dos quilombos do Brasil ao Great Dismal Swamp [Grande Pântano Sombrio] da Virgínia, passando pelo povo Saramaka do Surimane, pelas comunidades quilombolas da Jamaica e pelo Palenque de São Basílio na Colômbia. Essas lutas revelam-se hoje no Caribe pela ação das associações ecologistas, como a Assaupamar na Martinica, que aliam a defesa dos ecossistemas e a preservação de um patrimônio cultural e de uma memória de ex-escravizados Negros à luta por uma igualdade política pós-colonial. Aqui, a ecologia decolonial encontra-se também nas lutas de ecologia urbana a partir dos bairros populares, dos guetos e das favelas, onde estão confinadas minorias étnicas, onde a melhoria do meio de vida anda de mãos dadas com a busca de justiça social. Ela desvela-se por meio das lutas pela emancipação dos Pretos dos Estados Unidos, desses "agricultores da liberdade" que, dos jardins Negros aos jardins urbanos de Detroit, passando pelas comunidades quilombolas, fizeram de suas alianças com a terra o coração de uma resistência política antirracista.[31] É a partir do reconhecimento do vínculo entre desigualdades sociais, discriminações raciais, dominação política e poluição do meio ambiente que nasceu o movimento da justiça ambiental nos Estados Unidos no início dos anos 1980.[32] Essas lutas mostram que o racismo é o avesso de um desprezo pelos ecossistemas da Terra.

O terceiro tipo sobrepõe-se aos dois primeiros na medida em que constitui um prolongamento sensivelmente diferente que diz respeito às lutas de ecologia política conduzidas por mulheres, visando ao mesmo tempo à preservação do meio de vida, à preservação dos ecossistemas da Terra e à igualdade social e política das mulheres. Embora seja representado, notadamente, pelos trabalhos de Rachel Carson e pelos avanços de um movimento ecofeminista Branco nos países do Norte, concerne particularmente às experiências de mulheres racializadas em situação (pós-)colonial, ao constatar que os danos ecológicos as afetam de maneira desproporcional.[33] Ele apoia-se historicamente nas lutas das mulheres racializadas, tais como o movimento Chipko na Índia no século XVIII pela defesa de suas florestas enquanto lugares de vida, como mostra Vandana Shiva.[34] Ele também é encontrado no Movimento Cinturão Verde, criado por Wangari Maathai, que associou o esforço de reflorestamento para lutar contra a desertificação com a melhoria das condições sociais das mulheres quenianas. A corrente *ecowomanist* [ecomulherista], inspirada nas escritoras afro-americanas Alice Walker e bell hooks, dedicou-se a uma luta semelhante, lembrando a importância material e espiritual da relação com os não humanos e com o meio na reconquista da dignidade das mulheres Pretas diante do patriarcado e do racismo colonial.[35] A corajosa luta de Francia Márquez, laureada com o Prêmio Ambiental Goldman em 2018, e a das mulheres afro-colombianas de La Toma contra as minas de ouro e suas consequências ecológicas desastrosas fazem parte dessa ecologia decolonial. Foi também essa forma de ecologia decolonial que Marielle Franco colocou em prática ao agir em favor de justiça social para as minorias LGBTQIA+ e de melhoria das condições de vida nas favelas. Esse terceiro tipo de ecologia decolonial expõe as continuidades pérfidas entre colonialismo, racismo, dominação das mulheres e degradação do planeta.

O quarto tipo de luta de ecologia decolonial não provém de um grupo particular (autóctones, racializados ou mulheres), mas recupera as mesmas formas. Se algumas dominações ecológico-políticas são específicas de grupos, como os povos indígenas, os escravizados Negros, seus descendentes e as mulheres, as situações de dominação expostas podem ser encontradas em outros lugares e envolver outros grupos. Assim como o Negro não pode ser reduzido ao Preto, qualquer um pode se encontrar no porão do mundo moderno. Esse quarto tipo de luta da ecologia decolonial denuncia as *situações coloniais contemporâneas* tanto nos países do Norte como nos países do Sul. É assim que Mathieu Gervais observa o caráter decolonial das lutas dos camponeses na França continental para defender sua relação com a Terra,[36] que Jean-Baptiste Vidalou lembra que as lutas por Notre-Dame-des-Landes, pelas florestas de Sivens, de Chambarans, de Bures e das Cevenas na França, pela floresta de Hambach na Alemanha ou a de Skouries na Grécia opõem-se também a uma "colonização que deseja que essas montanhas e planaltos sejam liberados e entrem na ordem de marcha da economia".[37] Essas lutas europeias assemelham-se aos gestos e metamorfoses dos quilombolas, evidenciando maneiras *de ser florestas* que escapam do planejamento altericida da cibernética e do arranjo capitalista dos territórios que reduzem ecossistemas, humanos e não humanos a uma quantidade mensurável, mercantil e rentável. As manifestações contra o aquecimento global nas ruas das capitais do mundo dão continuidade às manifestações por justiça ambiental iniciadas pelas mulheres e pelas pessoas racializadas nos Estados Unidos. As desobediências climáticas retomam os gestos antiescravistas de Thoreau e de Elizabeth Heyrick na medida em que se articulam com as lutas dos colonizados, dos indígenas e dos náufragos do mundo.

Por meio dessas quatro formas de luta, a ecologia decolonial denuncia as situações de *colonialismo ambiental* em que o Estado ou um grupo consegue *impor* um uso da Terra que, por um lado, usurpa bens comuns com fins de lucros privados e, por outro, traduz-se pela degradação do meio de vida dos habitantes locais. Ela também questiona o *legado heterotópico* da colonização, o imaginário coletivo segundo o qual alguns espaços são pensados como espaços outros, espaços à margem, onde se admite fazer o que não seria admitido no centro. Esse legado heterotópico é uma das características centrais do Plantationoceno, a linha que distingue as considerações morais, as normas e as práticas em curso dentro das *plantations* e fora delas. Assim, a violência das *plantations* é tacitamente aceita pelos consumidores e pelos Estados, quer se trate de plantações de algodão, de banana e de café colhidos pelas mãos Negras, quer se trate de plantações de palmeira para produção de óleo e de plantações de soja, que destroem florestas e comunidades humanas e não humanas, quer se trate de fazendas industriais de animais em gaiolas, de fábricas de produtos químicos tóxicos, de terrenos de exercício militar onde germinam armas de guerra, de campos de poços de petróleo a uma mera faísca do incêndio e a uma mera ruptura da maré negra. É essa relação heterotópica que se desvela na prática de testes nucleares perpetrados pelos Estados Unidos nas terras dos *Native Americans*, assim como pela França na Argélia e na Polinésia, e no uso compulsivo de pesticidas nas Antilhas francesas, bem como na extração tóxica de urânio nos países africanos.[38] Da mesma maneira, a externalização desses "impactos" ambientais segue o legado heterotópico tanto por meio das políticas do NIMBY (*Not In My Back Yard* – não no meu quintal) como por meio do *colonialismo tóxico*, as práticas de descarte de resíduos tóxicos do Norte nas imediações das comunidades indígenas, racializadas e dos países mais pobres, como o Haiti, a Somália e a Costa do Marfim.[39] Enfim, a ecologia decolonial questiona as violências infligidas a humanos e não humanos pelo *habitar colonial*. Ela se opõe a uma maneira de habitar as ilhas do Caribe e outros lugares do mundo, uma maneira que faz dos ecossistemas da Terra recursos visando ao enriquecimento de alguns ao mesmo tempo que mantém populações inteiras em insegurança alimentar. Escondidas pela arca de Noé, essas violências adoecem humanos e não humanos com os meios de vida poluídos, recrudescem as desigualdades sociais e, a cada ano, *assassinam os militantes ecologistas*![40] Sair do porão é um confronto necessário com essa violência devoradora de mundo.

"Desenfurnar" [*décaler*] o Antropoceno abrange um terceiro sentido a partir da palavra crioula *"dékalé"*, que significa "destruição". Portanto, mais do que o esvaziamento do porão, mais do que a libertação dos escravizados, deslocar o Antropoceno designa a desconstrução dos agenciamentos políticos de vigas e de pranchas que formam um *porão* sob o convés, onde são regularmente despejados novos Negros. *Dékalé* o Antropoceno abre a possibilidade de outro mundo, de outra construção do viver-junto, de um navio sem porão. Desenfurnar o Antropoceno anuncia, portanto, a busca de novos arranjos marítimos e terrestres pelos quais, diante da tempestade, é possível habitar *junto* o convés e construir um navio-mundo.

parte IV

um navio-mundo: fazer-mundo para além da dupla fratura

14
um navio-mundo: a política do encontro

Rencontre [1765]

Em 31 de janeiro de 1765, partindo de Nantes, o navio *Rencontre* [Encontro] lança-se em direção ao outro através da água salgada. Armados de cordames e correntes, de um equipamento e uma organização desumanizantes, o capitão Ray de Labaussère e sua tripulação acham por bem mexer com os fantasmas Pretos. Em um porto negreiro da África Ocidental, 50 homens, 23 mulheres, 22 meninos e 25 meninas são atirados no porão do navio. Em 22 de setembro de 1765, 120 encontros [*rencontres*] perdidos são desembarcados ná Martinica. Fracassando em seu próprio nome, o *Rencontre* é desarmado no local, abrindo a porta a outro fantasma: um aparelho que segura as velas de um mundo.

> *Superioridade? Inferioridade?*
> *Por que não tentar simplesmente tocar o outro,*
> *sentir o outro, revelar-me o outro?*
> *Minha liberdade não me foi dada afinal para*
> *construir o mundo do Você?*
> — FRANTZ FANON, *Pele negra, máscaras brancas*, 1952

a arca de Noé e o navio negreiro: as duas errâncias de uma mesma modernidade

As referências imaginárias da arca de Noé ou do navio negreiro possibilitam pontos de vista diferentes sobre as questões ecológicas do mundo diante da tempestade. Essas divergências já aparecem na própria semântica. Embora a arca de Noé seja o navio que contém um casal de cada animal, seu nome não é atribuído em relação ao que ele contém ou ao que nele se desenrola. A vida a bordo importa pouco. A arca de Noé é nomeada em relação ao seu exterior, ao *para fora do mundo*, em relação à sua capacidade de resistir ao avanço das águas, à assim chamada catástrofe. A arca de Noé tentaria apontar algo *para além da política*. As questões ecológicas seriam tão importantes que não se faria necessário subordiná-las aos jogos usuais das campanhas eleitorais, das guerras e dos conflitos humanos. É um desejo bem-intencionado, mas um tanto ingênuo, imaginar que, a partir dessa pluralidade da existência na Terra, a arca permaneceria bem silenciosa, sem conflito, sem luta, sem medo, sem grito, apenas sob o jugo de um Leviatã rebatizado "Natureza".[1] O caso histórico do navio negreiro *Noé** mostra que uma arca assim, mantendo desigualdades e opressões insustentáveis, pode literalmente explodir. A verdadeira catástrofe encontra-se a bordo. Esse para além da política nada mais é do que o fim de uma preocupação com o viver-junto, o fim de uma preocupação com o mundo. Afinal, a preocupação com o mundo, a preservação de condições habitáveis a bordo, de condições de igualdade e justiça, é a melhor proteção contra o Dilúvio.

O navio negreiro oferece outro acesso semântico ao mundo ao iluminar o que se passa no interior do navio. Da costa, não se pode saber com certeza se o navio é negreiro ou não. Apenas penetrando nele, apenas quando se está a bordo e ao abrir o porão é que se pode qualificá-lo. Evidentemente, o navio negreiro é nomeado uma segunda vez em relação ao que ele contém: Negros. Desse caminho semântico do navio negreiro resultaram atrocidades recorrentes após a proibição internacional do tráfico transatlântico liderada pela Inglaterra a partir de 1810. Quando os navios que praticavam ilegalmente o tráfico eram perseguidos pela Marinha inglesa, bastava que se livrassem de "sua carga" lançando-a ao mar

---

* Ver Capítulo 5, p. 98.

– os homens e mulheres ainda acorrentados ou presos em barris, como fez o navio francês *La Jeune Estelle* [A Jovem Estrela] em 1820 – para não serem mais um navio negreiro propriamente dito.[2] Apesar de sua pintura vívida da cena do negreiro *Zong*, William Turner conserva o ponto de vista externo ao navio, suspenso acima da água, ao contrário das representações dos poetas caribenhos David Dabydeen e M. NourbeSe Philip, que narram a cena a partir do porão, as histórias de vida e os nomes desses seres humanos.[3] A ecologia pensada a partir da figura do navio negreiro ressalta *o caráter imediato e inevitável da experiência social e política do mundo*. O navio negreiro aborda a crise ecológica do lado de *dentro* do mundo.

A despeito de suas divergências, esses dois navios conduzem, por caminhos contrários, a uma mesma aculturação, uma mesma posição fora-do-solo e fora-do-mundo. Sim, é possível que um navio seja, ao mesmo tempo, negreiro e arca de Noé. A arca de Noé como cena imaginária é a prova da recusa do mundo. A arca de Noé tem como consequência o abandono dos pertencimentos, dos nomes e das identidades (corpos-em-perda), a alienação da relação com a Terra (astronautas) e dos seres presos fora de suas relações sociais e políticas (Noés). A política do embarque não conduz a um viver-junto, nem mesmo a um habitar-a-Terra. Ela torna-se sinônimo do fim de um espaço público, do fim de um mundo como a chave da sobrevivência à catástrofe. A errância coerente com a política do embarque da arca de Noé revela uma *ação decidida*, o movimento de um lar rumo à Terra globalizada. É uma errância em nome da sobrevivência diante das consequências das desregulações ecológicas do planeta, *uma errância de sobrevivência diante da natureza e da Terra*.

O navio negreiro como cena imaginária revela duras experiências de uma ausência de mundo. A desumanização dos cativos e o encadeamento destes na obscuridade do porão e do convés inferior não permitem instituir um mundo nesse navio. A política do desembarque impulsionada pelo navio negreiro oferece uma representação do mundo e de seus habitantes, os quais têm como condição serem corpos perdidos, náufragos mantidos numa relação fora-do-solo e Negros mantidos fora do mundo. Disso resulta uma alienação de si, da relação com a Terra e com o mundo. A fuga, por mais necessária que fosse de um ponto de vista pragmático, oficializava essa impossibilidade de fazer-mundo e de habitar a Terra junto. Assim, o navio negreiro retrata o terrível quadro de um mundo de desolação e de humanos desenraizados. A errância decorrente do navio negreiro foi *imposta*. Impôs-se a um conjunto de pessoas vagar, ficar sem lar e navegar através do lar dos outros. Foi assim que o reverendo padre Du Tertre escreveu em 1667: "É também deles [dos Negros] que se pode dizer que toda terra é sua pátria, pois, desde que encontrem o que beber e comer, todos os Países lhes são indiferentes, e muito distantes dos sentimentos dos filhos de Israel [...]".[4]

Essa apatridia é formulada como um cinismo que identificaria nos "Negros" um tipo antropológico de ser humano cuja ausência de preocupação com as pátrias dos humanos constituiria a chave de uma feliz indiferença. Ao contrário da afirmação do padre Du Tertre, essa errância não é o resultado de um tipo antropológico específico de homens e mulheres, e esse pertencimento indiferente não é uma escolha filosófica de vida tal como a defendida por Diógenes de Sinope. Esses "Negros" foram coagidos a uma experiência de vida cínica, coagidos a uma existência sem pátria. Os Negros-escravizados não foram aqueles para os quais toda a Terra é pátria, mas os que tiveram *apenas a Terra como pátria*. A errância decorrente do negreiro e a alienação da relação com a Terra são as consequências de uma expulsão do mundo desses cativos. Trata-se uma errância de sobrevivência diante dos abusos contra os humanos, *uma errância de sobrevivência diante do mundo*.

Ainda que o navio negreiro e a arca de Noé representem duas cenas diferentes e duas políticas diferentes (desembarque/embarque), as errâncias engendradas correspondem-se como as duas faces de uma mesma moeda. Por dois caminhos opostos, o navio negreiro e a arca de Noé colocam em cena uma aculturação, uma alienação da relação com a Terra e uma perda do mundo.

A arca de Noé e a política do embarque	Formas de alienação	O navio negreiro e a política do desembarque
corpos-em-perda	aculturação: alienação dos pertencimentos culturais	corpos perdidos
astronautas	desenraizamento: alienação da relação com a Terra	náufragos
Noés	acosmismo: alienação da relação com o mundo	Negros

As errâncias do navio negreiro e da arca de Noé.

PARTE IV **Um navio-mundo**

Como conservar um solo, um lar, um "eu" e, ao mesmo tempo, inscrever-se num conjunto onde esse "eu" se confunde com um "nós" abstrato? Como fazer da Terra não mais o navio errante dos humanos ou o astro estrangeiro de uma humanidade-astronauta, mas sim um *navio-mundo*?

o retorno ambientalista: prolongamento da recusa colonial do mundo

A essas duas errâncias da modernidade opôs-se o movimento do *retorno*. Retorno à Terra e à natureza, no caso do ambientalismo da arca de Noé, e retorno à Mãe Terra africana, no caso do navio negreiro. Esses dois retornos diferem em suas exemplificações históricas, em suas dimensões sociopolíticas e em seus alcances teóricos. Entretanto, longe de uma oposição à errância, ambos comprovam uma perda do mundo, seja prolongando a recusa (arca de Noé), seja prolongando a fuga (o navio negreiro).

O "retorno" como movimento teórico de apreensão dos problemas ambientais ocupou um lugar importante. Ele é encontrado nos movimentos neorrurais[5] dos urbanos que decidiram "retornar" ao campo a fim de restabelecer uma relação de proximidade com a terra e nos inúmeros apelos de retorno à natureza,[6] produtos consumidos nas tão sonhadas férias. Esse retorno é onipresente na ficção científica ecologista. É o caso do livro *The Climbing Wave* [A onda crescente], de Marion Zimmer Bradley.[7] É também o caso da série de livros *The 100*, de Morgan Kass, adaptada para a TV por Jason Rothenberg, na qual um acidente nuclear obriga os humanos a se exilar no espaço durante décadas em uma nave chamada *Ark* [Arca].[8] A trama se baseia no retorno à Terra, algo ainda mais difícil a partir do momento em que os que empreendem esse retorno se dão conta de que nem todo mundo partiu. Essa humanidade-astronauta que retorna à Terra descobre, então, os *grounders*, ou Terrestres. A canção de Gil Scott-Heron "Whitey on the Moon" [O homem Branco na Lua], denunciando a pobreza dos Pretos concomitantemente aos passos dos astronautas Brancos sobre a Lua,[9] assim como a proposta de Thomas Sankara de dedicar 1% do orçamento da conquista espacial para a preservação das árvores e da vida,[10] lembram a existência dos que foram abandonados por essa arca/nave espacial.

O retorno encontra-se também nas teorias ecologistas, tais como a teoria Gaia, de Lovelock, em que os astronautas *retornam* um olhar à Terra para designá-la como lar, ou *O contrato natural*, em que Serres propõe um retorno à natureza.[11] Embora William Cronon de fato critique em seu artigo "Getting Back To The Wrong Nature"[12] [Retornar à natureza errada] a ideia enganosa de uma *wilderness* americana, que seria uma natureza original, ocultando os processos históricos de construção colonial das paisagens dos Estados Unidos, a ação do retorno (*getting back*) continua válida. O mesmo se aplica a Virginie Maris, que defende a necessidade de um retorno à natureza, às naturezas ou aos processos naturais.[13] O problema se situaria no modo de conceber essa natureza, mas não no processo do retorno mesmo.

Esse retorno aparece também sob a pena de Bruno Latour em seu livro *Onde aterrar?*, no qual os "terrestres" seriam os modernos que, tendo decolado, se encontram fora-do-solo e são obrigados a redescobrir sua condição de habitantes da Terra. A analogia feita por Latour entre modernos que temem ser privados de terras e povos colonizados que perderam de fato suas terras permanece, apesar de tudo, uma simpatia-sem-vínculo, sem consequência. O reconhecimento contrito de crimes coloniais – omitindo a escravidão, o tráfico negreiro, seu racismo e sua misoginia – e da exploração de terras coloniais, preservando as terras europeias de pilhagens maiores, não é acompanhado de nenhuma proposta jurídica ou política *em relação* aos descendentes de escravizados, aos antigos colonizados ou a suas terras perdidas. Persiste assim a inconsequência de promover a recepção dos migrantes contemporâneos, sem abordar o racismo de Estado, que recusa *hospitalidade* àqueles que provêm de imigrações coloniais e pós-coloniais históricas. A universalidade negativa pela qual, hoje em dia, modernos e colonizados estariam fora-do-solo diante das elites capitalistas mundiais e dos Estados Unidos é apresentada como suficiente para apagar o giz colonial do quadro negro do Ocidente. Essa inconsequência engendra subterfúgios insustentáveis que visam conservar a ilusão paradoxal de uma gramática colonial não colonial, de uma representação "etnocêntrica" do mundo sem racismo nem etnocídio e de um novo movimento do "Nós, os modernos" em direção a "um Novo Mundo" por meio de "grandes descobertas" que se realizariam, desta vez, sem crime.[14] Esse retorno mantém a fantasia de um único sujeito que fala, age e descobre, tal qual um Robinson europeu que, apesar de seus séculos de "contatos" coloniais com outros, sairia de sua aflição por meio de um diálogo consigo mesmo. Isso seria esquecer que Robinson Crusoe era um produtor escravagista no comando de uma expedição negreira no momento do naufrágio, bem como esquecer que os Negros e os Sextas-feiras da Terra clamam por justiça.[15]

Na prática, a perspectiva ambientalista do retorno à natureza traduziu-se frequentemente por uma *gramática colonial*, visando se apropriar violentamente de um espaço e nele projetar com força as fantasias e os modos de ocupação de um grupo sobre o outro. Esse é o caso da ideologia da *wilderness*, na qual a criação de parques foi sinônimo da expulsão não apenas dos ameríndios nos Estados Unidos mas também de comunidades locais na Índia, na Tanzânia e na África do Sul.[16] A imposição colonial da visão de uma natureza virgem, o zelo missionário de conservadores em busca do paraíso perdido ou, ainda, o entusiasmo turístico por uma África à imagem e semelhança do filme *O rei leão* produziram reservas e parques naturais que são pensados *contra* os povos historicamente presentes.[17] Pode-se, portanto, tranquilamente, subir o Quilimanjaro ou fazer um safári no Serengeti sem se preocupar com o uso de pesticidas que violentam esses outros humanos e não humanos nas imediações, esses outros considerados fora-da-natureza. A cumplicidade entre o retorno à natureza e a ideologia colonial é encontrada em inúmeros exemplos. Um antigo membro do Comissariado de Energia Atômica (CEA) locado em Moruroa, um dos atóis onde a França efetuou seus testes nucleares até 1996, publicou em 2005 um livro de fotos terrestres e submarinas intitulado *Mururoa: Retour à la nature* [Moruroa: Retorno à natureza]. A intenção do autor com essas imagens era convencer de que "[a] França não deve se envergonhar pela maneira como se comportou em Moruroa".[18] Um retorno a essa "bela" natureza depois que a potência colonial plantou nela suas bombas radioativas.

A quem se dirige esse retorno, afinal? Esse retorno diz respeito àqueles que embarcaram previamente na arca de Noé, àqueles que puderam partir, àqueles que foram selecionados para partir. A arrogância do retorno à natureza é precisamente apagar quem não partiu. Seria necessário imaginar uma arca de Noé que, após algumas milhas náuticas, decidisse voltar ao ponto de partida. Os marinheiros se surpreenderiam ao ver que já há pessoas lá e que estas vivem a duras penas em meio às destruições causadas pela construção da arca. Deve-se esperar que os embarcados modifiquem voluntariamente as relações de poder e que as violências anteriores sejam sucedidas por relações cordiais com quem não embarcou? Esse retorno se situaria sob o signo de reencontros apaixonados? Ou os retornados conservariam a arrogância colonial de uma Terra ou de uma natureza declarada "descoberta"? Historicamente, quer se trate de indígenas ou camponeses rurais dos parques nacionais dos Estados Unidos à África do Sul, passando pela Índia, quer se trate dos Terrestres da série *The 100*, aqueles que são os mais naturais à natureza do retorno à natureza, os mais terrestres à Terra do retorno à Terra, foram apresentados como incômodos a serem excluídos, em suma, como os "selvagens" Caraíba que acolheram Colombo no litoral.

Esse retorno não é, portanto, a ação de voltar para trás nem a ação de uma desconstrução da arca na qual um "nós" exclusivo seria embarcado. Esse retorno é, se não uma etapa, uma parada a mais na epopeia do *ánthrōpos* ou de Noé. A Terra é, então, percebida verdadeiramente como um astro igual aos outros, assim como mostra Frédéric Neyrat em sua crítica do geoconstrutivismo.[19] Um planeta descoberto rumo ao qual os "humanos" teriam navegado. Acontece que tal planeta carrega o nome "Terra". Os humanos acercam-se da Terra sempre a bordo da mesma arca. O retorno à Terra ou à natureza reproduz, assim, a ecologia da arca de Noé na medida em que nem todo o mundo – no duplo sentido do termo – pode fazer parte dela. Esse retorno torna-se literalmente uma recusa do mundo e mantém a propensão à exclusão da ecologia colonial. Esse retorno não sabe o que fazer quando – surpresa! – "descobrem-se" os que já estão lá, naquela Terra ou naquela natureza-alvo do retorno. Esse retorno altericida recusa o encontro, *recusa o mundo tanto na partida quanto na chegada*.

os retornos quilombolas: prolongamento da infinita fuga do mundo

Ao lado dessa literatura ecologista, ignoraram-se outros humanos que por muito tempo foram movidos pelo tema do retorno. Refiro-me ao terceiro elemento: os Negros escravizados coloniais e seus descendentes. A busca de um eu, de uma terra e de um mundo pelos Pretos escravizados e por seus descendentes também adquiriu a forma de um retorno aguardado, simbolizado pela figura do quilombola. Das primeiras revoltas nos navios negreiros aos atuais movimentos rastafáris de retorno à Etiópia,[20] passando pelas comunidades quilombolas e pelo movimento *Back to Africa*, de Marcus Garvey, um grupo de Pretos reduzidos à escravidão e seus descendentes foram movidos pelo desejo de um retorno. Retorno a um mundo pré-colonial, retorno a uma Mãe Terra, à Guiné, a São Tomé ou à África. Algumas tentativas fracassaram no mar, nas crateras de um caminho noturno, algumas encontraram refúgio nas montanhas da Jamaica, nas florestas do Suriname e da Guiana, outras de fato alcançaram a África. Essas tentativas deram origem a dois países africanos: Serra Leoa e Libéria.[21]

Em suas fugas, os quilombolas não podem encontrar outros além de si mesmos. O temor de uma denúncia por parte de outro escravizado ou de um colonizador Branco condiciona a ação escondida dos quilombolas. Estes são obrigados a permanecer fora do mundo justamente para sobreviver. Em seguida, à semelhança da condescendência de Marcus Garvey, que sem ter consultado os africanos já presentes estava prestes a fazer-se líder deles,[22] alguns retornados Pretos americanos comportaram-se como verdadeiros colonizadores, usurpando terras dos habitantes locais e provocando terríveis conflitos. Paradoxalmente, a busca de um mundo por meio do retorno a uma África fantasiosa reproduziu, em relação aos habitantes da costa africana, as mesmas recusas do mundo que impeliram os Pretos americanos a ir até lá, a mesma recusa do encontro, a mesma impossibilidade de um encontro com o outro.

Os astronautas, assim como os quilombolas, propõem retornos. Mas nem todos os retornos são iguais. Há um retorno que é uma recusa do mundo e um retorno que é uma fuga do mundo. Assim, de maneiras opostas, o retorno quilombola e o retorno astronauta prolongam o acosmismo do mundo colonial. Há um retorno do quilombola que não representa o fim do aquilombamento, e sim sua prolongação. A oportunidade de recuperar alguns recursos para partir de novo. Do mesmo modo, há um retorno do astronauta que não é o fim de uma odisseia espacial, mas a sua continuação. O quilombola volta à *plantation*, então, *como quilombola*, da mesma maneira que o astronauta volta à Terra *como astronauta*. Entretanto, não basta voltar à Terra, à África ou à sociedade colonial para pisar na Terra e habitar o mundo. O retorno também é prejudicial se recoloca em prática a recusa-fuga do encontro e legitima a ausência de um mundo.

a política do encontro e o navio-mundo

Em vez do movimento do *retorno*, proponho um movimento outro, um movimento em direção ao outro, o movimento do *encontro*. Esse movimento não é mais determinado pelo caminho em direção a um objeto fantasiado a ser atingido ou apreendido, "Natureza", "Terra" ou mesmo "Mãe Terra", e sim por um horizonte. O horizonte de uma alteridade rumo à qual se estende sem jamais conseguir alcançá-la, um ir em direção ao outro, um ir em direção ao mundo. Passar da fuga quilombola e da recusa astronauta para o encontro pressupõe não uma volta, mas uma *reviravolta*. Trata-se da reviravolta pela qual o astronauta despe-se de seu traje espacial e aceita compartilhar com os outros essas terras e esses mares. A reviravolta em que Noé arranca as pranchas de sua arca e desfaz as bordas pontiagudas do convés do castelo* que os separam, ele e os seus, dos outros humanos e não humanos. A reviravolta pela qual o quilombola cessa sua fuga veloz ou imóvel e confronta o mundo. Assim que encontra o outro, o quilombola não é mais quilombola, o astronauta não é mais astronauta.

Esse movimento pressupõe um estabelecimento de relações com os outros, uma *política do encontro*. O estabelecimento de relações é o que está oculto no tema do retorno. Acostar, aproximar-se, atracar no lema "retorno a" pode parecer evidente. Entretanto, as relações jamais são alcançadas nem dadas: elas se instauram pelo movimento que visa reunir alteridades e reconhecer um no outro algo em comum, que não pertence a ninguém. É nesses encontros que se realiza o tal retorno. Assim, o que importa não é mais o caminho percorrido para voltar à Terra, e sim a resposta à seguinte questão: *como quem partiu e está voltando se abre para uma relação com quem permaneceu e com quem já está lá?* Essa é a questão levantada por muitas ficções científicas ecologistas. Inversamente, *como os que tiveram o mundo recusado, os*

---

* Termo náutico que designa a estrutura acima do convés principal à frente do navio. [N. T.]

PARTE IV **Um navio-mundo**

que foram expulsos da arca de Noé, os que foram confinados no porão do navio negreiro fundam um "eu" capaz de abrir o encontro e manter uma relação com os que, outrora, os abandonaram e violentaram? Essa é a questão levantada por Aimé Césaire em seu *Diário de um retorno ao país natal*, por Frantz Fanon em *Pele negra, máscaras brancas* e por Édouard Glissant em *Poética da relação*. As respostas a essas duas questões constituem a política do encontro representada pela figura do *companheiro de bordo*.

O navio negreiro e a arca de Noé, com suas respectivas figuras políticas, encarnam duas fugas do encontro. A arca de Noé desvela cinco figuras políticas (o indiferente, o xenoguerreiro, o sacrificador, o senhor-patriarca e o devorador de mundo) e suas formas de recusa do encontro (o abandono do outro, a eliminação do outro, o sacrifício do outro, a subjugação do outro, "meu mundo às custas do mundo dos outros"). O navio negreiro contém cinco figuras políticas (o Negro destroço, o suicida, o quilombola, o vingador e o *kamikaze*) e suas formas de fuga do encontro (o abandono de si, a eliminação de si, partir por si, fazer o outro partir e fazer o mundo partir). A essas dez figuras da fuga do encontro opõe-se uma figura que faz do encontro seu objetivo: a do *companheiro de bordo*. Essa figura política carrega em si a realização e o horizonte de um mundo comum.

Por um lado, o companheiro de bordo recusa a alternativa apresentada pela arca de Noé e por sua política do embarque, que impõe ou o perigo do Dilúvio (a referida catástrofe), ou o fim de um mundo entre os humanos a bordo do navio. A figura do companheiro de bordo assume a forma hospitaleira de um *convite*. A abertura da arca de Noé não é o aumento de seu volume, o que, ao manter seus muros, seria apenas uma política do embarque numa escala maior. O companheiro de bordo desfaz os muros e as bordas da arca, tornando-a uma base tão extensa quanto o mundo: um *navio-mundo*. Muito mais do que corpos a salvar de uma miséria imposta ou de um afogamento certeiro no Mediterrâneo, o que se deseja é o outro como companheiro que fala e coabita a Terra. O companheiro de bordo faz dos gestos daqueles que recuperaram no mar os corpos vítimas das ondas e dos que demandam às instituições locais um tratamento político digno dos recém-chegados na sociedade uma única e mesma ação: *a realização de um convés da justiça*. Ele conserva a certeza de que é por meio dessa justiça hospitaleira que um mundo pode ser preservado diante da tempestade.

Por outro lado, o companheiro de bordo recusa a alternativa apresentada pelo navio negreiro e por sua política do desembarque, que impõe ou o porão do mundo dos escravizados, ou a fuga fora-do--mundo dos quilombolas, ou o inferno das correntes e dos ferros, ou o desembarque fora-do-mundo dos escravizados Negros. A figura do companheiro de bordo assume a forma de uma *reivindicação de igualdade* no seio do próprio encontro forçado. É o *grito de justiça* que provoca a insurreição desses seres humanos que passam do porão ao convés. É o deslocamento de Rosa Parks do porão-atrás ao convés-frente do ônibus. É a luta pela igualdade cidadã defendida por Toussaint Louverture, Aimé Césaire, Martin Luther King e Malcolm X. É a sublevação dessa "negrada" de que fala Césaire, passando da posição sentada no porão à posição de pé ao ar livre do convés:

> Inesperadamente de pé
> de pé no porão
> de pé nas cabines
> de pé no convés
> de pé ao vento
> de pé sob o sol
> de pé no sangue
> [...]
> de pé nos cordames
> de pé junto ao leme
> de pé junto à bússola
> de pé diante do mapa
> de pé sob as estrelas.[23]

Césaire não desembarcou, mas ele não permaneceu no navio negreiro como alguns dão a entender.[24] Mais radicais, a ação política e a poesia de Césaire visaram transformar o navio negreiro. Com seu *verbo*, quebrando as correntes desumanizantes do porão e estilhaçando a escotilha do convés inferior, ele erige um *sujeito* que fala, de pé no convés. Mas esse surgimento lustral do porão não se prolonga em um gesto do desembarque fora-do-mundo por meio da fuga, do suicídio, do grito vingador e da lâmina mortífera ou da explosão *kamikaze*. Derrubando a organização imperial que fez do navio negreiro a única forma pela qual uma pluralidade podia ser implementada, Césaire ousou imaginar que esse navio podia ser outra coisa além de um navio negreiro; ele imagina um mundo *lá mesmo*: *um navio-mundo* capaz de enfrentar a tempestade. A partir do porão, esse gesto mostra-se inédito pela política do sentimento que pressupõe. O companheiro de bordo é aquele cujos tornozelos e punhos ainda carregam as marcas das lacerações das correntes do outro e que, apesar de tudo, estende uma mão ensanguentada a este outro, pronunciando com convicção as seguintes palavras: "Nós viveremos juntos". Aí está também a pujante humanidade do esforço de fazer-mundo com esse outro que lembra, entretanto, a opressão dos ancestrais. Esse gesto não é o abandono de uma justiça, ao contrário, ele continua sendo sua condição. A reivindicação de justiça, inclusive sob suas formas contemporâneas de um movimento de reparação da escravidão, já comporta, nela mesma, *uma intenção de mundo*.

Política do desembarque ←——————→ fuga do mundo		Política do encontro o mundo como horizonte	Política do embarque ←——————→ recusa do mundo	
o abandono de si	**o Negro destroço**		**o indiferente**	o abandono do outro
a eliminação de si	**o suicida**		**o xenoguerreiro**	a eliminação do outro
partir por si	**o quilombola**	**o companheiro de bordo**	**o sacrificador**	o sacrifício do outro
fazer o outro partir	**o vingador**		**o senhor-patriarca**	a subjugação do outro
fazer o mundo partir	**o *kamikaze***		**o devorador de mundo**	"meu mundo às custas do mundo dos outros"
Uma ecologia decolonial ——————→ busca de um mundo		Uma ecologia do mundo	Uma ecologia decolonial ←—————— busca de um mundo	

Recapitulação das figuras

O indiferente desperta seus sentidos. Mais do que ver e ouvir, ele observa e escuta. O xenoguerreiro solta sua lança e seu escudo. Depõe as armas e estende a mão. O senhor-patriarca desprende as correntes, descarta o chicote e desfaz suas *plantations*. O sacrificador despe sua veste preguiçosa que aceita lançar o outro ao mar e começa o trabalho hospitaleiro de um convés comum. O devorador de mundo reduz seu apetite à medida de um planeta de recursos limitados. O Negro destroço e o suicida redescobrem o próprio corpo como lar de um eu digno de amor. O quilombola interrompe sua fuga e confronta a sociedade colonial, restabelecendo as solidariedades com aqueles que permaneceram. O vingador transforma a sua lâmina em instrumento de escrita, abrindo para as palavras espaço indispensável à justiça. O *kamikaze* vislumbra uma saída feliz para além do desespero das barreiras escravagistas e dos rancores mortíferos. E todos, ao encontrar o outro, descobrem-se um novo corpo, uma Mãe Terra povoada de alianças humanas e não humanas, verdadeiros companheiros de bordo de um mesmo navio-mundo, de pé sobre um convés da justiça.

15
tomar corpo no mundo: reconectar-se com uma Mãe Terra

Corpo Santo e Almas [1725]

A modernidade prometeu um corpo são, feito de descobertas e de riquezas. Conduzido por essa promessa, o navio *Corpo Santo e Almas* deixa o porto da Bahia em 1725 a caminho da Angola portuguesa. Uma parte do *Corpo* respira o ar fresco do progresso no convés luminoso e, de barriga cheia, canta o amor de uma divindade à sua imagem. Outra é lançada à escuridão do porão como 260 sombras de Luanda. Ela carrega as dores físicas das *plantations*, respira o ar tóxico das fábricas e, de barriga vazia, recebe o desamor pelo gênero errado e o opróbrio pela cor aviltada. Então, o *Corpo Santo* prossegue sua viagem, fraturada em duas, semeando 30 destroços no Atlântico e rejeitando 230 almas perdidas na costa brasileira. Paralelamente, nas práticas terapêuticas dos quilombos, os planos de um navio-mundo são concebidos: um navio onde se resgatam os corpos perdidos, onde a humildade alcança os corpos eleitos, onde se cuidam das fraturas coloniais, onde se pode tomar corpo no mundo e reencontrar uma Mãe Terra.

a fratura dos dois corpos

A primeira tarefa do navio-mundo consiste em reencontrar os corpos-em-perda da arca de Noé e os corpos perdidos do navio negreiro. Muito frequentemente, o derretimento das geleiras, os derramamentos de petróleo, os desmatamentos, assim como as guerras e as discriminações de raça e de gênero, são lamentados sem que se questionem os lugares, as práticas e os usos de nossos corpos, que estão, no entanto, ancorados nessas destruições. Prolongando a encantação de Fanon, que visa fazer do corpo o ponto de partida de um questionamento sobre o mundo,[1] e a proposta de Giovanna Di Chiro de "trazer a ecologia de volta para casa",[2] a ecologia do navio-mundo incita a *tomar corpo no mundo*. Tomar corpo no mundo consiste em enfrentar as relações materiais e imaginárias pelas quais nossos corpos são os *porta-marcas* e os *marcadores* do mundo para além da dupla fratura moderna, assim como em fazer do corpo o ponto de partida de um compromisso para com o mundo.

Por um lado, há aquelas e aqueles que descobrem desde o nascimento que seu fenótipo, sua pele, seu sexo e suas aptidões físicas condicionam seu acesso ao mundo. Aos escravizados Negros de ontem, aos racializados de hoje, às pessoas com deficiência e às mulheres o corpo é constantemente apontado como a causa de suas posições subalternas. Os movimentos antirracistas e os estudos acadêmicos mostraram que os corpos racializados são submetidos a representações discriminatórias que condicionam seus lugares e suas possibilidades de se sentar à mesa do mundo.[3] Os movimentos feministas lembraram com força o sexismo que exclui as mulheres do mundo e as relega a condições sociais desiguais precisamente porque são "mulheres". O feminismo negro lembra que raça, classe, sexo e colonialidade se conjugam para exacerbar a exclusão do mundo em função do corpo.[4] Do mesmo modo, as pessoas com deficiência vivenciam a recusa de uma participação digna na cidade e a negação de seus desejos por causa de seus corpos.[5]

Por outro lado, o movimento ecologista desvela os vínculos biológicos que ligam os humanos ao conjunto do planeta. Em particular, o uso de produtos químicos tóxicos e também o aquecimento global afetam o conjunto dos ecossistemas, incluindo humanos e não humanos.[6] Descobrem-se, então, "corpos ecológicos" e até "uma cidadania biológica"[7] ou, ainda, corpos "famintos", objetos das políticas humanitárias. O desenvolvimento da saúde ambiental, das lutas antinucleares e das práticas alimentares alternativas lembra que as destruições ambientais repercutem na integridade fisiológica dos corpos. Daí as propostas de filosofias e de políticas ecologistas a partir do prato, a partir do corpo que come, a partir do "viver-de".[8]

Esses dois conjuntos de relações que ligam os corpos ao mundo continuam a ser percebidos como completamente distintos, como se nosso corpo fosse cortado em dois, como se tivéssemos dois corpos: um corpo social, racializado, generificado e sexualizado; e um corpo ecológico, biologizado e sanitarizado. Os ambientalistas homens Brancos, de classe média e com formação superior, teriam o luxo de ocultar seus corpos racializados e sexualizados, de silenciar sua branquitude, ao mesmo tempo que revelam seus corpos biológicos.[9] Já os movimentos antirracistas, feministas e pela justiça social, respondendo ao imediatismo cotidiano das desigualdades sociais, dos racismos e das discriminações de gênero, relegariam a segundo plano as violências lentas infligidas a seu corpo ecológico. *Fratura*.

Entretanto, é a partir de um mesmo corpo que se experienciam a degradação dos ecossistemas do planeta *e* as desigualdades sociais globais e discriminações políticas. Longe de se opor, essas violências acumulam-se. Aquelas e aqueles expostos a substâncias tóxicas, cujos pulmões são queimados pelo progresso, encontram-se quase sempre entre aquelas e aqueles que sofrem com as dores físicas da miséria social, cujos ossos perfuram a pele e cujas vozes são submetidas às tarefas do lar ou caladas pela recusa de documentos. Se as violências se acumulam, por que não reunir as resistências? Por que não encontrar nossos corpos? Tomar corpo no mundo responde à dupla tarefa de identificar as maneiras pelas quais os corpos, simultaneamente, estão ancorados em relações materiais, biológicas e ambientais com as economias destruidoras dos ecossistemas da Terra e são parte integrante de relações socioeconômicas e políticas que engendram desigualdades sociais, discriminações de gênero e de raça. Trata-se de recompor nossos corpos fraturados, restaurando-os em suas relações com o mundo.

os ventres do mundo e as matrizes da Terra

Por seus corpos, os humanos são os porta-marcas e os marcadores do mundo. Isso diz respeito, em primeiro lugar, aos ventres do mundo nos tipos de alimentação, de produção e de consumo. O consumo de produtos de circuito longo provenientes da agricultura industrial e de plantações situadas em países com regimes ditatoriais é um apoio tácito à violenta transformação do mundo em *plantation*. A ecologia começa em seu prato, com a escolha de suas roupas, com seus meios de transporte e suas maneiras de habitar. Esse agir não se reduz, entretanto, apenas à ética cotidiana e privada do lar em suas escolhas alimentares, na reciclagem, na escolha de sua lâmpada, de seu carro ou de seu fornecimento de eletricidade. Tomar corpo no mundo pressupõe agir com as interdependências de nossas vulnerabilidades e transformar as instituições e economias globais que impõem *coletivamente* uma maneira de não viver junto e de consumir a Terra. Das cantinas escolares aos supermercados, das políticas energéticas públicas aos transportes coletivos, dos acordos internacionais de importação e exportação de produtos agrícolas aos contratos nacionais de venda de armas, passando pelas políticas de importação de urânio e de outros minérios, *o agir no mundo é o caminho que permite reencontrar nossos corpos*. Esse agir coletivo permite politicamente *tomar corpo*, recuperar nossos corpos nas malhas misóginas e racistas do mundo e protegê-los das feridas ambientais de uma economia de *plantation* guiada por um mercado capitalista globalizado.

Esse agir diz respeito também às matrizes do mundo. Meu primeiro contato com a Terra foi o interior do ventre da minha mãe. Seu ventre foi meu primeiro passo sobre a Mãe Terra. Eu nasci na Martinica em 1985. Já fazia treze anos que aspergiam clordecona e outras moléculas tóxicas nos bananais da ilha, que, sem dúvida, já haviam aberto caminho em nosso cordão umbilical, na relação matricial com a Terra. As ecofeministas Carolyn Merchant e Françoise d'Eaubonne lembraram que a crise ecológica é também uma questão de reprodução, o resultado de violências coletivas cometidas por um mundo masculino contra a Terra e contra o ventre das mulheres.[10] No entanto, é importante evitar a armadilha da dupla fratura moderna que corta os corpos em dois. A preocupação sanitária que os progenitores expressam em relação ao desenvolvimento dos fetos, prendendo a respiração durante as ultrassonografias, deve ser relacionada com o habitar colonial, que faz da Terra um conjunto de *plantations* racistas e misóginas, que causa violências específicas – como os pesticidas – em relação às matrizes do mundo. A banana dada a seu filho em Paris é a mesma que gerou a contaminação do cordão umbilical das mães racializadas da Martinica e de Guadalupe, da Costa Rica ou da Costa do Marfim. Não se trata de seguir os argumentos racistas e mortíferos dos malthusianos que colocam o peso da crise ecológica sobre os ventres preenchidos pelo vazio, pois estes seriam numerosos demais, ou sobre os ventres das "mulheres africanas", porque elas teriam filhos demais. Ao contrário, trata-se da tomada de consciência de que as lutas antirracistas, as lutas políticas pela igualdade pós-colonial e pela igualdade das mulheres, as lutas contra o Plantationoceno são os caminhos para reencontrar nossos corpos-em-perda e as matrizes da Terra.

O controle das mulheres e das matrizes da Terra foi parte integrante do habitar colonial, como demonstram as experiências coloniais das Américas, da Oceania e da África.[11] O corpo das mulheres escravizadas foi objeto das discussões de outros, fossem eles abolicionistas ou pró-escravidão, que as despojaram da responsabilidade pelo próprio corpo.[12] Sob o regime da escravidão nas Américas, a criança em gestação no ventre de uma mulher em condição de escravidão tornava-se propriedade do senhor da *plantation*. A matriz das mulheres, assim como as terras férteis, permanecia escravizada do habitar colonial. Do mesmo modo, autoridades coloniais tentaram moldar deliberadamente as matrizes, ora por meio de políticas de infertilidade, como na ilha da Reunião,[13] ora com políticas coloniais de branqueamento na Austrália, onde crianças aborígenes foram raptadas e impelidas a se reproduzir com Brancos por várias gerações.[14] Controlar e explorar o ventre das mães racializadas e explorar o ventre da Terra fazem parte de uma mesma destruição.

Diante desses controles coloniais das matrizes, algumas mulheres resistiram. Durante a escravidão, as práticas de aborto constituíram não apenas uma maneira de as mulheres se reapropriarem de seus corpos, mas também uma oposição à manutenção do Plantationoceno. Na América Latina, a abolição da escravidão traduziu-se primeiro nas leis de liberdade dos ventres (*libertad de vientres*), oficializando a liberdade do recém-nascido, reconhecendo assim que a emancipação da escravidão passa pela emancipação do ventre das mulheres.[15] Reconhecer que o habitar colonial é uma violação das matrizes da Terra é reconhecer a necessidade de uma emancipação das mulheres para enfrentar a tempestade. Essa luta engaja também os homens, particularmente os racializados. Tal é a questão oculta dos romances, discursos e documentários ambientalistas que continuam a adotar a perspectiva fora-do-solo e fora-do-corpo do caminhante solitário ou do astronauta. Maryse Condé subverte essa perspectiva em seu romance *En attendant la montée des eaux* [Esperando a subida das águas].[16] O personagem central, Babakar, é um médico obstetra que passa seu tempo entre os golpes de Estado, as discriminações e as guerras civis em ambos os lados do Atlântico, assistindo, da melhor forma possível, as mulheres na renovação do mundo. Ao contrário da figura do ambientalista aventureiro solitário que, em um exotismo colonial do longínquo, se arvora defensor do "planeta", encontram-se aqueles que, a exemplo do doutor Denis Mukwege, Prêmio Nobel da Paz em 2018, *cuidam* das mulheres vítimas de violências de guerra e empenham-se em dar a elas os meios para se reapropriarem de seus corpos, de sua matriz, de sua sexualidade. Encontram-se, sobretudo, aqueles que se defendem das predações masculinas tanto no Norte como no Sul, no espaço público e em casa. Essa preservação e essa defesa do corpo das mulheres, independentemente de suas possibilidades de reprodução, são os caminhos para se reconectar com uma *Mãe Terra*. Tomar corpo no mundo é reconhecer as maneiras pelas quais nossos modos de consumo e de produção afetam a Terra, reconhecer a necessidade de uma justiça alimentar mundial, assim como de uma "gin-ecologia"[17] que emancipe as mulheres das predações que destroem o mundo.

cuidar de corpos Negros e de corpos ecológicos

A recomposição de nossos corpos quebrados por essa dupla fratura moderna toma dois caminhos distintos: corpos sociais em direção a corpos biológicos, e vice-versa. Diante da espoliação estrutural da escravidão das Américas, as lutas dos Negros escravizados desse continente tinham por objetivo, entre outros, recuperar seus próprios corpos. Esse regime global identificava uma maioria de pessoas Pretas, especificamente mulheres Pretas e racializadas, a corpos possuídos por outrem, recursos do habitar colonial que resultaram em corpos quebrados no nível físico e biológico, no nível social e político e no nível metafísico. As lutas antiescravistas, antirracistas e feministas têm o duplo objetivo de recuperar esses corpos e cuidar deles. Trata-

-se de defendê-los, como lembra Elsa Dorlin em sua genealogia de uma defesa pela violência dos corpos sexualizados, e de cuidar deles, como explicita Achille Mbembe, ressaltando a "relação de cuidado" de Frantz Fanon para com os afetados pela colonização.[18] Essas lutas desenvolvem-se em, pelo menos, três planos.

Inicialmente, as resistências e as lutas de libertação da escravidão compreendiam uma redescoberta dos movimentos do corpo que escapam à mecânica escravizadora da *plantation* patriarcal. As danças praticadas pelos escravizados nos dias de folga permitiam manter as relações com uma cultura ancestral e com a África, mas também permitiam lembrar que os corpos podem, literalmente, fazer outros movimentos além dos exigidos pelas monoculturas de *plantation* ou pelo trabalho no engenho. Essas danças de resistência mostram que a transpiração não era o apanágio das *plantations* de cana-de-açúcar e algodão, podendo também irrigar as artes e os ritmos, os encantamentos e os amores.

A recuperação dos movimentos do corpo prolonga-se também mediante a liberdade redescoberta de uma circulação da Terra. Além disso, esses curativos do corpo ocuparam um lugar por meio das economias informais dos jardins crioulos, dos quilombos e das agriculturas camponesas pós-escravagistas. Como um mesmo desprezo é infligido simultaneamente aos corpos Negros escravizados e à Terra, as práticas culturais dos jardins e o cuidado dedicado às plantas, raízes e árvores frutíferas tornam-se também práticas de cuidado com o próprio corpo. Ao assegurar uma responsabilidade política pela própria alimentação, escravizados e ex-escravizados reencontram seu corpo.

Por fim, essa recuperação do corpo dos ex-escravizados desenvolve-se no nível metafísico. Oriunda de um mundo que durante quatro séculos reproduziu um discurso depreciativo a respeito de Pretos e outros não Brancos, onde "toneladas de grilhões", escreve Fanon, "tempestades de golpes, rios de cusparadas escorrem pelas minhas costas",[19] essa terceira recuperação do corpo consiste em poder restabelecer uma relação de amor e dignidade com seu corpo e sua aparência. Essa dificuldade, ao sair da escravidão, de perceber dignamente o próprio corpo é mostrada com nitidez em *Pele negra, máscaras brancas*, de Frantz Fanon. O corpo e a pele Pretos tornam-se a prisão de uma desvalorização social e de uma exclusão política, corpo e pele que, portanto, seria preciso esconder, afastar, arrancar e até transformar. Essa herança colorista da modernidade deu origem a estratégias sociorraciais e a técnicas do corpo, como a descoloração da pele e o alisamento dos cabelos crespos, que tinham a função de afastar o máximo possível um pretenso fenótipo Preto e a suposta posição sociopolítica a ele associada.[20] No Caribe francófono, as línguas e artes crioulas foram desvalorizadas, excluindo das arenas do mundo e dos escritos oficiais a própria língua pela qual uma maioria dava significado a seu cotidiano, exprimia sua relação com o mundo e habitava essas terras. Nas Antilhas francesas, a língua materna da Terra foi julgada indigna de pertencer à República após a departamentalização de 1946, uma forma de dizer: "sua Mãe Terra linguística não pode fazer parte do mundo".

O primeiro impulso dos múltiplos movimentos que pretendiam revalorizar corpos, peles, cabelos e belezas Pretas surge em resposta a essa história multissecular de escravidão e de antropologia biológica que cobre de vergonha os corpos Pretos de homens e mulheres. Nas Antilhas, ele passa pela revalorização das línguas e das artes crioulas. Passa também pelo amor que as mães, ainda escravizadas Negras, conseguiram dedicar a seus recém-nascidos, fazendo-os compreender que mereciam ser tratados com dignidade. Diante de representações culturais, midiáticas e políticas que depreciam e marginalizam Pretos, correntes literárias, artísticas e cinematográficas visam justamente cuidar desses corpos Pretos. Da negritude ao cinema de diretores Pretos, passando por obras de artistas plásticos, dançarinos, dramaturgos e poetas, o desafio propriamente moderno é recuperar uma dignidade para os que foram confinados ao porão do mundo. Além da denúncia de violência policial discriminatória, essa é uma das direções do movimento *Black Lives Matter* nos Estados Unidos.

Essas lutas para defender e cuidar dos corpos prolongam-se *também* por meio de uma preocupação com os corpos ecológicos. A panóplia do movimento ecologista, que visa, entre outras coisas, preservar os corpos biológicos, é um prolongamento dos antirracismos, das lutas por justiça social e das lutas feministas. As exclusões sociais e políticas dos ex-escravizados, dos pobres, dos racializados e das mulheres manifestam-se também por meio da contaminação de seus corpos biológicos pelos produtos tóxicos das plantações e das fábricas, pelas desigualdades de exposição, de tratamento e de pesquisas médicas sobre as consequências dessas exposições. O movimento de justiça ambiental nos Estados Unidos, composto em grande parte de mulheres racializadas, coloca em prática essa recuperação dos corpos por meio dos desafios de preservação do meio ambiente.[21] As lutas dos antilhanos contra a contaminação de seus corpos pelos numerosos pesticidas utilizados nas *plantations* de cana-de-açúcar e nos bananais constituem também um prolongamento de suas buscas antiescravistas por uma dignidade para com seu próprio corpo.

No sentido inverso, as lutas ecologistas contra as poluições químicas ou radioativas da Terra empreendem esforços para defender e cuidar dos corpos biológicos de humanos e não humanos. No entanto, não seria preciso ocultar os corpos sociais dos militantes que, no seio de países multiculturais, exibem uma presença menor de minorias, tampouco as dominações coloniais, raciais e generificadas inerentes às *plantations* e às indústrias poluentes. As lutas contra as centrais nucleares e os aterros de resíduos radioativos estão ligadas às lutas contra as extrações escravizantes de urânio nos países do Sul e, historicamente, às relações coloniais em ação nos testes nucleares nas antigas colônias europeias. O consumo coletivo de comida e energia não é apenas uma luta pelo meio ambiente; ele traduz também a luta contra as desigualdades sociais, contra as violências racistas, pelo acesso das pessoas com deficiência, das mulheres e das minorias étnicas ao mundo. O filósofo norueguês Arne Næss, na origem do movimento da ecologia profunda, almejava associar seu "eu" individual a um grande "Eu", reconhecendo suas relações com os ecossistemas e com os diversos elementos dos meios de vida.[22] Tomar corpo no mundo exige completar o apelo de Næss com um engajamento simétrico no reconhecimento dos vínculos com as relações econômicas, sociais e políticas (pós-)coloniais do mundo. Ir além da dupla fratura moderna permite socorrer, como Césaire nos convida a fazer, "os brancos destroços" de "nossos corpos perdidos".[23]

soprar na concha-rainha e tocar o tambor

Tomar corpo no mundo é a chave para se reconectar com uma Mãe Terra. Inversamente, é a partir de uma relação matricial com a Terra que se faz possível reencontrar seu corpo. Essa maneira de pensar o/cuidar do corpo leva à concepção de existências humanas na Terra que ultrapassam as barreiras da pele, estendendo-se tanto aos ecossistemas como ao mundo dos assuntos humanos. Extrapolando o dualismo moderno que separa corpo e meio ambiente, não se pode recuperar uma relação de amor e dignidade com nossos corpos sem fazer o mesmo com os ecossistemas de nossos meios de vida e da Terra, sem tratar com consideração as relações sociais e políticas das quais eles participam.

Dois exemplos notáveis dessa matrigênese após 1492 encontram-se na relação dos ex-escravizados e quilombolas com o tambor e com a concha-rainha. O tambor é o instrumento que acompanha as danças e as músicas de recuperação dos corpos no Caribe: o gwoka em Guadalupe, a bomba em Porto Rico e o bèlè na Martinica. As vibrações provocadas pelas mãos sobre a pele animal esticada despertam energias corporais capazes de multiplicar as forças, devolvendo aos quilombolas e aos escravizados o poder de saltar, rir e *sentir*. Esse som acompanhou revoltas, quebrando as correntes da escravidão humana e abrindo as pontes transcendentais para além do oceano. Ele acompanha ainda hoje as Américas Negras. Essas vibrações lembram as potências sensíveis do corpo e a terrestrialidade da existência no mundo.

Do mesmo modo, em suas fugas, os quilombolas reencontram seus corpos por meio de uma relação matricial com a Terra, iniciada pelos povos ameríndios que já estavam presentes. Os ex-escravizados, fora-do-solo e fora-do-mundo, encontraram, assim, uma pequena enseada onde atracar, uma terra onde o corpo poderia ser acolhido, nutrido e protegido. Aqui, a concha-rainha (*Lobatus gigas*) tornou-se uma aliada dos quilombolas. Ao soprá-la, eles se comunicavam entre si de morro em morro. Às vezes, o som da concha anunciava o ataque da *plantation*. Às vezes, a concha quebrada partia a cara dos senhores. Ainda hoje, os pescadores das pequenas enseadas de Guadalupe e da Martinica anunciam ao mundo, com essa concha, seu retorno a partir do para-fora marinho. Mais do que um instrumento musical, o canto de concha do quilombola é a melodia de um encontro. A de Negros confinados no porão do mundo que, finalmente, tocam em uma Mãe Terra. Ao soprar essa concha umbilical, os quilombolas fundam, por sua vez, um lar, um ecúmeno, uma Mãe Terra livre das explorações humanas e não humanas da escravidão: eles forjam Ayiti. Por meio desses gestos, conchas e pulmões vibram num mesmo canto da Mãe Terra.

A pesca intensiva no Caribe apresenta ameaças para as comunidades de conchas-rainha, símbolo de uma Mãe Terra reencontrada. Entretanto, apesar de esses moluscos serem consumidos há centenas de anos, a pesca excessiva nas últimas décadas devastou as populações de concha-rainha do Caribe.[24] Hoje é imperativo restabelecer essas alianças interespécies e defender o lugar das conchas-rainha no mundo, assim como os caprinos que tornaram possíveis esses sopros, esses sons e essas danças de liberdade.

16
alianças interespécies: causa animal e causa Negra

Baleine [1731-33]

Em 6 de dezembro de 1731, um gigantesco navio de 390 toneladas chamado *Baleine* [Baleia] começa sua migração negreira a partir do porto de Lorient. Por perfídia, os escravistas fizeram de uma maravilhosa beleza oceânica as missivas de um predador de plânctons-Negros. De 28 de dezembro de 1731 a 25 de maio de 1732, nas águas da ilha de Goreia, o *Baleine* rastreia e engole 523 corpos despojados, encerrando-os num ventre sem sol e sem horizonte. Em 27 de junho de 1732, as baleias caribenhas observam o aglomerado de madeira despejar 491 corpos na margem norte do Haiti, desmentindo através de seus respiradouros a mascarada sanguinária. O embuste explode. Baleias e Negros descobrem-se presas marinhas nos ventres dos mesmos navios, no meio de oceanos revestidos por uma mesma economia de caça. Alianças escondidas pelas velas modernas são criadas. Mãos são estendidas aos não humanos, e peles salgadas confortam os menos que humanos. Por um mesmo movimento, os punhos rompem os arpões, as nadadeiras rompem os porões e os conveses inferiores. Por uma mesma emancipação, companheiros fazem dessas águas internas [*eaux céans*]* um mundo sorridente.

---

*   O autor faz um belo jogo entre os termos homófonos "*océans*" [oceanos] e "*eaux céans*" [águas internas]. [N. T.]

O muro da dupla fratura moderna, que faz das causas ecológicas, das causas animais e das causas Negras e feministas questões fundamentalmente diferentes, revela-se bastante permeável em relação a certos navios do século XIX. De 1806 a 1807, o navio *Frederick* embarcou 546 cativos no golfo do Benim, dos quais 491 foram desembarcados na Guiana britânica e na Jamaica. Em seguida, de 1810 a 1817, ele fez três viagens pelos mares do Sul, trazendo de volta 450 barris de óleo de baleia. *De negreiro, o Frederick se tornou baleeiro*. De 1791 a 1802, o *Speedy* transportou 53 mulheres prisioneiras da Inglaterra rumo à Austrália, colônia do Império Britânico, e acumulou mais de 355 toneladas de óleo de cachalote e 6.703 peles de foca nos mares do Sul e do Pacífico.[1] Depois, de 1804 a 1806, embarcaram no *Speedy* 626 prisioneiros de Gana, dos quais 563 chegaram a Antígua e à Guiana.[2] *De baleeiro, o Speedy se tornou negreiro*. Um mesmo navio moderno embarcou mulheres prisioneiras, Negros e baleias, tendo em vista um habitar colonial da Terra. Para além da dupla fratura, é importante estabelecer alianças que contribuam para fazer da causa animal, das lutas antirracistas, anticoloniais e feministas um problema comum a todos.

a escravização dos animais não humanos

O habitar colonial da Terra apoia-se na escravidão e no consumo de um conjunto de animais não humanos. A carne é dissociada do animal, do ser "senciente", capaz de sentir desejo e de sofrer. Hoje, essa indústria produtora de carne é fonte de problemas de saúde, de crueldades humanas, de sofrimento animal não humano e de destruição massiva da Terra. Em 2006, ela ocupava 70% da superfície agricultável do planeta, provocando um grande desmatamento e uma poluição significativa dos aquíferos e das águas costeiras por causa das descargas de fertilizantes, antibióticos e pesticidas, como se vê na produção de carne suína da Bretanha e em suas algas verdes.[3] Em 2013, essa indústria era responsável por 14,5% das emissões de gás de efeito estufa no mundo.[4] Apesar das devastações ecológicas e da cultura patriarcal que as acompanha,[5] ainda é frequente abordar a crise ecológica sem se preocupar com o consumo de animais não humanos. A dupla fratura da modernidade surge aí com força, na aparente desconexão entre as causas animais e as causas decoloniais e feministas.

Essa desconexão é paradoxalmente mantida no recurso heurístico a uma gramática escravagista no pensamento ecológico e, particularmente, no seio da ética animal.[6] A escravidão dos Pretos é utilizada para denunciar os maus-tratos reservados aos animais na criação industrial, na pesquisa de produtos cosméticos e na pesquisa médica.[7] Marjorie Spiegel talvez seja quem mais explorou essa comparação em seu livro *The Dreaded Comparison: Human and Animal Slavery* [A terrível comparação: escravidão humana e animal], de 1988, prefaciado por Alice Walker.[8] O tráfico negreiro transatlântico, a marcação dos escravizados com ferro em brasa, as punições com o chicote e o bridão são colocados em paralelo com os animais criados em gaiolas, maltratados e marcados igualmente com ferro em brasa. Os animais são apresentados como escravizados Pretos contemporâneos. Assim, a causa animal é formulada em termos de "libertação animal" ou de "abolição"[9] da escravidão animal. Do mesmo modo, o "especismo", a ideologia da superioridade moral de uma espécie animal em relação a outra, tal como os humanos acima das vacas, os gatos acima dos porcos, os ursos-polares acima das galinhas, é construído em analogia direta com o racismo. O antiespecismo faz eco, portanto, ao antirracismo.

No entanto, essa analogia é comumente interpretada em um único sentido: o da *escravização dos animais*, em que o destino de escravizados Pretos permite formular o destino dos animais em termos de justiça. Poucos se interrogam sobre o outro sentido: o da *animalização* de homens e mulheres Pretos escravizados, de seus descendentes e de outras pessoas racializadas. Afinal, se discursivamente a escravidão dos Pretos e o racismo estão no cerne das formulações da ética animal, não poderiam estas fazer deles também um de seus objetos de atenção? Igualmente, militantes antiescravistas, antirracistas e feministas não poderiam *também* se interessar por esses seres tratados como escravizados? Eis algumas pistas para avançar nessa direção.

a animalização social e política dos Pretos e de outros racializados

A animalização dos Pretos não é um processo homogêneo. Não se trata de identificações animalescas como práticas simbólicas culturais. A animalização dos Pretos é o conjunto de operações que visam excluir seres de uma comunidade dotada de considerações morais. Quer se trate das representações da ex-ministra da Justiça francesa Christiane Taubira como um macaco (em 2015), da ex-ministra da Imigração italiana Cécile Kyenge como um orangotango (em 2013), das muitas bananas lançadas sobre os jogadores de futebol Pretos em vários países europeus (contra Paul Pogba, Bafétimbi Gomis e Samuel Eto'o) ou, ainda, das comparações de Venus e Serena Williams a gorilas, Pretos de todas as classes sociais foram frequentemente apresentados como próximos dos grandes primatas.[10] A presença de crianças e adultos Pretos nas produções e campanhas publicitárias das marcas H&M ("*The coolest monkey of the jungle*" [O macaco mais legal da selva]) e Manix ("*Osez vous rapprocher*" [Ouse se aproximar]) em 2018, mostrados como bestas selvagens, lembra a pregnância dessas representações animalescas dos Pretos. Vestígio de um racismo biológico do século XIX, tais representações simiescas tendem a reduzir Pretos a seres inferiores em inteligência, depravados e estúpidos. Por mais revoltante que esse racismo seja, ele é apenas uma fachada para formas mais consistentes de animalização social e política que estruturaram e ainda estruturam a organização do viver-junto e das maneiras de habitar a Terra.

A animalização dos Pretos encontra suas expressões mais fortes em sua representação e seu tratamento como animais a serem *fiscalizados*, seja porque são perigosos, seja porque são desejados como objetos a possuir. Por um lado, devido a seu físico, sua aparência ou sua pressuposta índole, Pretos causam medo. Encarnam, portanto, figuras malvadas, como o *Zwarte Piet* (Pedro Preto) nos Países Baixos, que assusta as crianças.[11] Por sua corporalidade fantasiada, os homens Pretos são apresentados como uma ameaça à masculinidade dos homens Brancos, na medida em que, como verdadeiros King Kongs, gorilas musculosos, potentes e superdimensionados, "roubariam" as mulheres Brancas "deles". Tal foi a acusação feita contra o boxeador americano Jack Johnson, primeiro Preto campeão do mundo na categoria peso-pesado, condenado em 1913 simplesmente por ter atravessado a fronteira de um estado com sua companheira e futura esposa. Em seu exílio internacional na Austrália, na França e na América Latina, ele foi vilipendiado por suas relações com mulheres Brancas.[12] Das leis Jim Crow e das medidas do regime de *apartheid* na África do Sul aos inúmeros linchamentos, um conjunto de medidas racistas foi motivado pelo medo de relações sexuais entre Pretos e Brancos, particularmente entre homens Pretos e mulheres Brancas.[13] Por outro lado, Pretos são o objeto de desejo e de fantasias. Essas madeiras de ébano foram desejadas por sua força de trabalho, para saciar múltiplas fantasias ou, ainda, para serem objetos de diversão. Medo ou desejo, essas representações dos Pretos acarretaram uma mesma política de fiscalização, de tomada dos corpos, que se traduz por três processos: a caçada, a transformação em troféu e o enjaulamento que, às vezes, resultam em abate.

A *caçada* designa o processo de animalização pelo qual os Pretos são construídos como objeto de caça pelas sociedades racistas. Essa caçada foi o próprio princípio do tráfico negreiro transatlântico. Ela era encontrada nas Américas na prática que visava rastrear os escravizados fugitivos chamados "quilombolas" ou "*Nègres marrons*", em francês. A denominação "*marron*", em francês, não é uma evocação da cor da pele [marrom], e sim uma referência explícita ao *animal domesticado* que volta ao estado selvagem.[14] Medidas de rastreio, de perseguição dos vestígios e, por fim, de captura dos Pretos foram estabelecidas durante todo o período escravagista, do século XV ao XIX. A polícia contemporânea, tanto nas Américas como na Europa, que recorre explicitamente a abordagens discriminatórias [*délits de faciès*], que, sob a fachada de uma política migratória, de uma luta contra o tráfico de entorpecentes ou, ainda, de um controle de bilhetes de transporte, mira explicitamente Pretos, árabes e outros racializados, prolongando essa caçada. A representação deles como elementos perigosos, como "superpredadores", segundo os termos de Hillary Clinton a respeito dos jovens Pretos americanos abandonados à pobreza em 1996,[15] ou como "lobos", no que concerne aos muçulmanos, como denuncia Ghassan Hage,[16] tenta legitimar essa caçada. Seu objetivo é a prisão, a captura, o estabelecimento de um controle dos corpos Pretos.

A *transformação em troféu* designa o processo de animalização pelo qual os corpos Pretos são apropriados e construídos como objetos de prestígio, sinais de orgulho de uma caçada produtiva e, até, símbolos de uma vitória nacional ou científica sobre esses corpos. Os corpos-troféus tornam-se, portanto, objetos de diversão, como os espetáculos "étnicos" privados e públicos na Europa do fim do século XIX, onde surgiu a célebre Saartjie Baartman, conhecida como "Vênus Negra".[17] Essa transformação em troféu estava em atividade quando a cabeça de

Dutty Boukman, um dos líderes da revolta antiescravista no norte do Haiti, foi exposta em praça pública em novembro de 1791. Foi também o caso de Atai, líder de uma insurreição kanak contra os colonizadores franceses em 1878, cuja cabeça foi conservada em vários museus em Paris de 1879 a 2014.[18] Longe de ser uma exceção, a cabeça de Atai revelava a prática de compilação de milhões de restos humanos provenientes das antigas colônias europeias, expostos nos museus da França e da Europa, dentre os quais os restos de Saartjie Baartman.[19] Os Pretos foram expostos como peças de museu, ao mesmo tempo troféus coloniais e troféus científicos – e alguns deles ainda o são.

Essa transformação em troféu também operou na dimensão fotográfica dos linchamentos nos Estados Unidos. O linchamento não consistia unicamente em torturar e assassinar pessoas reduzidas a corpos, visava também *mostrar "o animal"* destituído de sua potência, com frequência desmembrado, ao conjunto da população. Às vezes, os autores desses crimes posavam orgulhosos perante a câmera fotográfica ao lado dos corpos suspensos diante da objetiva, à maneira de um colonizador-caçador posando junto à presa abatida, ou de um pescador esportivo com o peixe capturado suspenso por um fio. As fotos dos linchamentos, bem como as dos leões mortos e dos peixes pescados, eram exibidas e distribuídas em cartões postais como *souvenirs*, como troféus.[20] O caso de um guerreiro Preto africano membro dos Coissã, denominado "Objeto 1004" e apelidado de propósito *"El Negro"*, simboliza a animalização do Preto pela transformação em troféu. O túmulo desse guerreiro foi saqueado pelo taxidermista francês Jules Verreaux em 1830. Como outros animais, ele foi empalhado e exibido gratuitamente, em 1831, no salão do barão Delessert, na rua Saint-Fiacre, número 3, em Paris, em seguida na Exposição Universal de Barcelona, em 1888, e no Museu de História Natural de Banyoles, na Catalunha (Museu Darder), de 1916 até 1997.[21] As críticas formuladas a partir de 1992 por Kofi Annan e Magic Johnson diante do anúncio da realização dos Jogos Olímpicos em Barcelona, assim como os esforços do doutor [Alphonse] Arcelin, um catalão de origem haitiana, foram letra morta. Somente após a oferta de reaquisição feita pelo governo espanhol é que a municipalidade de Banyoles aceitou repatriar *uma parte* do guerreiro ao seu país de origem, Botsuana, dando continuidade à mutilação do corpo.[22]

A canalização de Pretos como corpos atléticos recreativos e que alimentam o orgulho da nação é uma forma em movimento dessa transformação em troféu. Todas as semanas, os telespectadores deleitam-se com os corpos Pretos e racializados que colidem nos campos de futebol americano, nos campos europeus de futebol, nas quadras de basquete ou nos ringues de boxe, ao mesmo tempo que aceitam a discriminação racial estrutural de sua sociedade. Esse setor assume a forma de uma criação industrial de "bestas" superpotentes, que têm por vocação satisfazer o paladar dos consumidores, ou seja, seu gosto pelo espetáculo. Assim que esses atletas Pretos, à semelhança de Muhammad Ali, Craig Hodges,[23] LeBron James e Colin Kaepernick, renunciam a seu papel de animal de criação e denunciam a opressão dos Pretos, eles são rapidamente mandados de volta a seu papel de besta. *"Shut up and dribble"* [cala a boca e dribla], responde a sociedade, como se dissesse: "Os animais não falam, não saia do circo, divirta a economia capitalista".

O *enjaulamento* designa o processo de animalização pelo qual Pretos e outras minorias são literalmente enjaulados, isto é, armazenados em espaços fechados que visam, a um só tempo, excluí-los da sociedade e reduzir sua capacidade de movimento. Esse enjaulamento revela-se pela primeira vez no acondicionamento de africanos acorrentados nos porões e conveses inferiores dos navios negreiros. Ele é evidente também no fato de os ameríndios serem relegados às *reservas*, do Brasil ao Canadá, passando pela ilha caribenha da Dominica e pelos Estados Unidos. Do mesmo modo, o confinamento de Pretos e outras minorias em espaços negligenciados pelos serviços sociais, vítimas da pobreza extrema e da criminalidade mais elevada, das *townships* sul-africanas aos guetos americanos, das favelas nigerianas às periferias francesas, constitui um enjaulamento social que visa manter fora da sociedade determinados humanos, restringindo seus movimentos. Esse enjaulamento aconteceu literalmente nos séculos XIX e XX por meio das numerosas exibições e exposições universais, cujos nomes atestam a animalização: *os zoológicos humanos*.[24] Ele ainda se mantém, como mostraram Angela Davis e Bryan Stevenson nos Estados Unidos e Didier Fassin na França, por meio de disposições desiguais que destinam os corpos racializados a se mover no interior de prisões e de centros de detenção ou retenção.[25] Na Grã-Bretanha, em 2010, os afrocaribenhos e os mestiços [*Métis*] eram proporcionalmente 4,7 vezes mais numerosos na prisão do que na população livre. Em 2009, nos Estados Unidos, país que detém 25% da população carcerária mundial (embora contenha apenas 5%

da população mundial), os afro-americanos eram proporcionalmente 7,1 vezes mais numerosos do que na população livre.[26] Assim como os aquários, os zoológicos e as gaiolas de papagaios ou galinhas, esses dispositivos sociais, essas medidas políticas e esses sistemas judiciários traçam uma vida na jaula para Pretos.

Além da desconsideração moral que daí decorre, o resultado dessa animalização dos Pretos é a impossibilidade de neles reconhecer pessoas dotadas de fala e capazes de sofrer. No prazeroso inebriamento da fiscalização por meio da qual alguns policiais Brancos tentam capturar um homem Preto, as falas e os sofrimentos deste frequentemente não são recebidos como tais, mas sim como estratégias dissimuladas para escapar da captura. Quantos Pretos presos por policiais foram mortos ainda que tenham sinalizado que sofriam, que estavam com dor ou, como os famigerados casos de Eric Garner nos Estados Unidos e de Adama Traoré na França,[27] que não conseguiam respirar? Os policiais ouviram essas falas, mas não chegaram a entendê-las como significativas. Nesse momento, os Pretos não são considerados como dotados de *senciência*. Encontram-se as mesmas objeções feitas aos militantes da causa animal para continuar a criação intensiva de animais em gaiolas: os Pretos não falam, não sofrem, não sentem dor. Esses enjaulamentos, essas transformações em troféu e essas caçadas conjugam-se para dar lugar a formas rápidas ou lentas de *abate*.

ser a presa na selva de concreto

A filósofa e militante ecologista Val Plumwood conta um evento de sua vida no qual foi atacada por um crocodilo enquanto passeava sozinha no Parque Nacional Kakadu, no norte da Austrália.[28] O crocodilo tentou arrastá-la para o fundo da água e afogá-la por três vezes, mas, felizmente, Plumwood conseguiu escapar. Apesar dos ferimentos, ela conseguiu caminhar até o lugar onde foi encontrada por um colega. Plumwood tira as conclusões filosóficas de sua experiência "de ser a presa": o ser humano também é um animal na cadeia alimentar. Célebre no pensamento ambiental, a experiência de Plumwood permanece muito distante das experiências cotidianas de predação enfrentadas pelos racializados nas Américas e na Europa. A experiência de predação de Plumwood aconteceu muito longe das cidades, em um espaço fora das relações sociopolíticas entre humanos, em uma selva conhecida pela forte presença de crocodilos. Por outro lado, as múltiplas formas históricas e contemporâneas de animalização dos Pretos induzidas por medidas políticas e arranjos sociais põem em evidência outra forma de predação, que é, por sua vez, fundadora das experiências do mundo dos Pretos nas Américas e na Europa. As caçadas, as transformações em troféu e os enjaulamentos têm como consequência uma longa experiência animalesca dos Pretos de serem presas de sociedades coloniais, patriarcais e racistas. Os descendentes de escravizados e os oriundos da imigração colonial sabem que sua sociedade foi fundada com base na predação da carne Negra. *Essa animalização também faz dos Pretos e dos racializados seres-presas.* Isso significa que os Pretos crescem no mundo sabendo muito bem que é possível que se tornem presas de Estados, grupelhos ou policiais racistas.

Uma verdadeira *pedagogia da presa* que visa sobreviver como potencial presa é, então, desenvolvida pelos pais em relação a seus filhos, a fim de preservar a vida destes, indicando-lhes como não responder à violência racial e sexista com o vigor instintivo da defesa.[29] Vivi uma experiência semelhante num dia de junho de 2015, em Paris, com meu irmão caçula de 17 anos. Ao voltar de um curso que eu dava sobre as escravidões em um liceu de Évry em parceria com o Institut du Tout-Monde, onde meu irmão me encontrara, decidimos comer falafel diante da esplanada ensolarada do Centro Georges Pompidou. Entre as centenas de pessoas presentes, dois policiais homens Brancos nos divisaram a mais de cem metros e se dirigiram diretamente até nós. Talvez tenha sido o volume do penteado afro do meu irmão, o comprimento dos meus dreads, talvez tenha sido simplesmente a cor da nossa pele. Uma sondagem de 2016 do órgão Défenseur des Droits [Defensor dos direitos] revela que os homens jovens Pretos e árabes, entre 18 e 25 anos, são vinte vezes mais vigiados do que o restante da população na França,[30] reforçando assim a exclusão simbólica de um pertencimento nacional.[31] Os dois policiais nos abordaram e pediram nossos documentos; questionei-os sobre a abordagem discriminatória, sobre a escolha de revistar os dois Pretos numa multidão multicor, e eles insinuaram que éramos propensos a fumar baseado e que, certamente, havia entorpecentes na minha mochila. Tínhamos nos tornado presas diante daquele lugar nacional de cultura que porta o nome de um ex-presidente da República. Quando lhes respondi que, na verdade, encontrariam uma cópia do Código Preto e outros livros sobre racismo e escravidão, um deles se irritou e perdeu o controle. Ele colocou a mão rapidamente sobre sua arma de choque, ameaçando sacá-la: "Virem-se! Separem as pernas", gritou para mim. Minhas palavras e meus protestos não serviram de nada. Eu tive de me curvar às ordens-desejos daquele homem e permanecer imóvel diante da sensação de suas mãos me tocando, aceitar a humilhação de um homem que toma posse do meu corpo quando e como lhe apraz e segurar toda a raiva e tristeza que essa caçada provoca. Era preciso permanecer calmo diante do meu irmão caçula. Com essa pedagogia da presa, quis lhe mostrar, eu também, que, em momentos de discriminação racial, conter o instinto humano de autodefesa é, injustamente, a condição da nossa sobrevivência nessa selva de concreto.

racismo e animalização das mulheres

As mulheres, particularmente as racializadas, têm uma experiência muito mais intensa e perigosa por se tornarem presas de sociedades pós-coloniais, racistas e patriarcais. Elas são alvo de violências verbais e sexuais nas ruas de cidades como Paris, nas instituições públicas e privadas, bem como em casa. Tanto em tempos de guerra como em tempos de paz, os conflitos entre homens tiveram como pano de fundo uma concepção das mulheres como simples butim, objetos que servem para saciar os desejos de dominação do outro. As caçadas destacam-se pelas violências sexuais estruturais contra as mulheres nas sociedades. As transformações em troféu revelam-se pelas múltiplas imagens de mulheres despidas expostas como objetos *para os homens* nas ruas, na beira das estradas e nas mídias. Os enjaulamentos são os processos sociais e políticos que visam confinar as mulheres em espaços privados, longe do escrutínio, longe da empresa e de sua direção, longe dos parlamentos, senados e arenas políticas, *limitando* seu movimento. Elas navegam através das selvas de homens aos quais as sociedades dão, tacitamente, o direito de insultar e de exibir de modo explícito suas atitudes de predadores e suas veleidades de controle do corpo delas. Para sobreviver, elas aprenderam a se recuperar das violências e dos insultos cotidianos, ao mesmo tempo que são, por vezes, obrigadas a conter a indignação por medo das represálias do outro sobre seu corpo, sobre sua vida familiar, acadêmica ou profissional. Enfim, as mulheres também são abatidas, por feminicídios que acontecem tanto no seio do próprio lar, por meio das violências conjugais, como fora de casa.[32] O crocodilo do Parque Nacional Kakadu que agarrou Val Plumwood pela virilha está muito longe desses crocodilos-homens que circulam no próprio interior das cidades, tanto nos espaços públicos como nos privados.[33]

Para as mulheres Pretas e racializadas, "caçadas" ao mesmo tempo pelos homens Brancos e pelos homens racializados, a experiência de ser-presa ganha uma dimensão adicional. Suas experiências de ser-presa são recobertas pela exclusão simbólica de um pertencimento nacional ou de uma cidadania em comum, a exemplo das mulheres Pretas na França.[34] Além disso, elas podem ser ao mesmo tempo vítimas de ações racistas e antirracistas. Em sua oposição ao racismo dos Brancos, Eldridge Cleaver praticava violências sexuais contra mulheres racializadas e contra mulheres Brancas.[35] Wangari Maathai lembra que, durante a insurreição anticolonial dos Mau-Mau contra o Império Britânico no Quênia, os soldados do lado do poder colonial, os colonizadores britânicos Brancos (*jhonnies*), as milícias e os policiais Pretos locais (*home guards*) estupravam jovens mulheres, ao passo que os Mau-Mau não hesitavam em raptá-las "para utilizá-las como cozinheiras, mensageiras ou espiãs".[36] As mulheres racializadas sofrem o peso conjugado das diferentes formas raciais e patriarcais de animalização, tanto no âmbito das violências físicas quanto no das violências cotidianas e estruturais.

um mesmo habitar escravagista da Terra

Mais do que uma relação com o outro ser, essas caçadas, transformações em troféu, enjaulamentos e abates manifestam uma maneira de habitar a Terra: *um habitar escravagista*. A relação escravagista não é somente uma maneira de se relacionar com o outro, animal humano ou não humano, mas também uma maneira de habitar a Terra, uma maneira de moldar as paisagens e regular as relações dos diferentes elementos dos ecossistemas entre si. Assim, a luta contra a escravidão dos animais não humanos e contra a escravidão dos humanos e sua discriminação é igualmente uma luta contra o Plantationoceno e suas violências. Pelo menos é o que Frederick Douglass observou, ao constatar que a escravidão dos Pretos exacerba as crueldades sobre os animais.[37] É o sentido do engajamento de Elizabeth Heyrick pela libertação dos escravizados e pela proteção dos animais. William Wilberforce foi um dos primeiros a reconhecer esse vínculo, sendo ao mesmo tempo um dos líderes do movimento abolicionista na Grã-Bretanha no século XIX e um dos fundadores, em 1824, da primeira sociedade de proteção animal do mundo, a Royal Society for the Prevention of Animal Cruelty.[38] Talvez um dia estas relações – o enjaulamento, a transformação em troféu, a caçada e o abate – não sejam mais associadas a animais não humanos e humanos, tornando caduco o termo "animalização". Tal é, no momento presente, o ponto de articulação entre militantes feministas e antirracistas e militantes da causa animal para construir uma *ética animal decolonial* e um *antirracismo feminista e animalista*. Antes mesmo das escolhas individuais entre o ideal vegano do antiespecismo ou uma pecuária familiar, orgânica e antiprodutivista, o desafio coletivo e urgente que aqui se coloca é, na verdade, o da derrubada do habitar escravagista da Terra, que escraviza animais humanos e não humanos.

Isso pressupõe que tanto os militantes pela causa animal quanto os militantes antirracistas consigam sair da zona de conforto e reconhecer uns nos outros um problema em comum. Associações já estão reagindo, como o "269 Libération Animale", que interveio na França em 2017 com lemas como "Nem racismo nem especismo". Isso pressupõe que os militantes antirracistas também consigam reconhecer os objetivos dos militantes da causa animal. Pouco importa a mistura de temperos de um molho colombo ou de um mafé em família em Paris ou em Dakar, de um molho crioulo ou de um "molho chien" à beira da praia do cabo Macré na Martinica, de um molho *barbecue* perto de uma quadra de basquete no verão em Gonesse, na Île-de-France, ou num KFC, de um molho de *cranberry* numa refeição de *Thanksgiving* ou em um michuí no jardim: esses frangos, esses porcos, esses cordeiros e essas vitelas sempre guardam o gosto amargo da servidão dos animais criados em jaulas. O sabor do *court-bouillon** de peixe, da

---

* "Mafé" é um prato típico da culinária senegalesa que consiste em um cozido de carne com legumes, pasta de amendoim e molho farto em especiarias e pimentas. O "molho chien" é uma espécie de vinagrete antilhano cujo nome derivaria da marca de facas Chien, utilizadas para picar os ingredientes. Já

lagosta grelhada, do fricassê de *lambi* [concha-rainha] ou do atum cru parece bastante insípido a partir do momento que tenta embelezar os estragos do fundo do mar, destruído pela pesca de arrasto, a tristeza dos oceanos despovoados pela pesca excessiva e as violências das *escravo-criações* [*escl-élevages*] em cativeiro.[39]

Não se pode mais denunciar com fervor as colonizações e escravidões históricas, as discriminações raciais estruturais e o sexismo cotidiano e ao mesmo tempo manter, pelos nossos próprios modos de consumo, as colonizações em curso das florestas da Terra e a escravidão de suas comunidades humanas/não humanas, conservando assim nossa própria escravização a esse habitar escravagista. A emancipação antiescravista e decolonial passa também por uma decolonização de nossos modos de consumo e de nossas relações com os animais não humanos. É esse o convite que faz a militante e socióloga Preta estadunidense Breeze Harper por meio de seu "Sistah Vegan Project", lembrando que a aliança do antirracismo, do feminismo, da justiça social e da causa animal é indispensável à liberdade e ao melhor-viver das comunidades racializadas e especificamente das mulheres Pretas.[40] Porque Pretos e racializados, homens e mulheres, têm uma experiência multissecular desse humanismo discriminatório da modernidade, porque eles navegaram sobre os rios tumultuosos que separavam humanos, inumanos e não humanos e porque eles ainda vivenciam essas caçadas, essas transformações em troféu, esses enjaulamentos e esses abates, uma empatia singular é possível com os animais não humanos, como expressam os poetas Pretos estadunidenses Paul Laurence Dunbar,

> Infelizmente, eu sei o que sente o pássaro engaiolado!
> [...] Eu sei por que o pássaro engaiolado bate as asas
> [...] Eu sei por que o pássaro engaiolado canta![41]

e Maya Angelou:

> pois o pássaro engaiolado
> canta por liberdade.[42]

---

o *court-bouillon* é um caldo usado para o cozimento de peixes e de crustáceos, aves e miúdos. Como o nome indica ("caldo curto"), é obtido a partir do cozimento rápido de legumes e ervas. [N.T.]

PARTE IV **Um navio-mundo**

Está na hora de essa empatia de liberdade ultrapassar a analogia e encontrar uma verdadeira tradução política. Está na hora de restabelecer alianças contra o Plantationoceno.

alianças interespécies contra o Plantationoceno

Se os humanos fazem declarações, travam guerras, conquistam ou são conquistados, eles não estão sozinhos. Por sua existência, por suas atividades, os não humanos também são atores do mundo, que se revelam "como obstáculos", define Latour, "como aquilo que suspende o domínio, que *perturba a dominação*".[43] Encontram-se, então, situações em que humanos e não humanos formam associações. Por uma *simpoiesis*, uma composição com, humanos e não humanos descobrem-se, segundo Donna Haraway, como "espécies companheiras".[44] Resta, no entanto, tirar essas companheiras da dupla fratura que tende a homogeneizar sucessivamente humanos e não humanos. Desenvolvendo sua teoria política de uma *cidade* comum entre humanos e animais, uma *zoópolis*, Will Kymlicka e Sue Donaldson diferenciam os animais domésticos, os animais selvagens e os animais liminares, ao mesmo tempo que homogeneízam os humanos em um "nós" abstrato.[45] O necessário reconhecimento da "parte selvagem do mundo" defendida por Virginie Maris produz a mesma homogeneização.[46] *Ora, esses animais não humanos e essa parte selvagem do mundo também são atravessados pela fratura colonial!*[47] Inversamente, a emancipação da dominação colonial não pode ocultar as pluralidades dos não humanos e de seus meios. Por "alianças interespécies decoloniais", designo a situação em que humanos e não humanos, a despeito de suas diferenças, formam alianças politicamente fortes, que, por uma *simpraxis*, um agir com, podem se opor ao Plantationoceno e às suas escravidões.[48]

Historicamente, essas alianças interespécies já atuaram durante a colonização das Américas. Por um lado, algumas delas sem dúvida facilitaram o projeto colonial, como no caso de Colombo, que na sua segunda viagem chegou com um rebanho de cavalos, porcos, ovelhas e cabras.[49] Como relata Alfred Crosby, a chegada de Cristóvão Colombo, em 1492, provocou uma "troca colombiana",[50] a abertura de um sistema de troca entre o Velho Mundo e o Novo Mundo. Germes provenientes do Velho Mundo foram transmitidos ao Novo Mundo, provocando múltiplas epidemias de varíola, rubéola e tifo, que, num contexto de conquista de escravidão, dizimaram as populações do Novo Mundo a partir de 1518. Por um lado, nesse caso, os germes foram aliados biológicos invisíveis do habitar colonial.[51] No entanto, por outro, uma panóplia de alianças interespécies opuseram-se ao habitar colonial. Elas podem ser resumidas em três grupos.

Em primeiro lugar, figuram *as alianças dos incômodos*. São os prejudiciais, os organismos, os insetos, os animais ou outros não humanos cuja obstinação em existir vai contra as monoculturas de *plantations* coloniais. Foi o caso das árvores das florestas primárias, pela robusta resistência que ofereceram aos machados dos primeiros agricultores,[52] opondo-se ao estabelecimento de um habitar colonial. Do mesmo modo, ratos e formigas pretas causaram a ruína de agricultores no século XVII.[53] Esse é ainda hoje o alcance político da ação dos gorgulhos nos bananais antilhanos.

O grupo dos *matadores dos exércitos coloniais* revela uma ação mais radical. John McNeill mostra que o mosquito, como vetor da febre amarela (*Aedes aegypti*) e da malária (*Anopheles quadrimaculatus*), desempenhou um papel importante no fracasso de projetos coloniais nas Américas. Essa aliança política foi extraordinária durante a Revolução Haitiana. Proliferando pelas paisagens plantationárias da colônia, os mosquitos picaram toda a população. No entanto, os diferentes grupos foram afetados segundo suas diferentes imunidades à febre amarela. Toussaint Louverture, Jean-Jacques Dessalines e os ex-escravizados souberam empregar essa diferença de imunidade em benefício próprio. Tendo nascido em São Domingos/Haiti ou vindo de regiões da África onde existe a febre amarela, estes últimos tinham desenvolvido uma imunidade "natural". Os Brancos europeus recém-chegados, tais como as tropas do general Leclerc em 1802, não gozavam da mesma imunidade que os Pretos do Haiti. Diante das tropas francesas enviadas por Bonaparte para reprimir a revolta, Louverture e Dessalines decidiram permanecer nas montanhas – lugares menos infestados de mosquitos – e praticar uma guerrilha à espera da estação das chuvas, que, pela proliferação de mosquitos nas planícies, foi catastrófica para os homens de Leclerc. Dos cerca de 60 mil a 65 mil soldados levados a São Domingos, entre 35 mil e 45 mil morreram por causa da febre amarela.[54] Com suas estratégias militares, insurgentes antiescravistas e mosquitos aliaram-se por um tempo para repelir as forças coloniais e escravagistas. Essa aliança perdura na lenda popular, segundo a qual Mackandal, o quilombola que aterrorizara os agricultores da colônia cinquenta anos antes com seus envenenamentos, escapou da morte na fogueira transformando-se em mosquito.[55]

Por fim, o terceiro grupo é o dos *diplomatas anticoloniais*.[56] Aqui, um lugar especial deve ser atribuído à serpente trigonocéfala venenosa da Martinica, a *Bothrops lanceolatus*. Chamada de "ferro-de-lança", "besta comprida" e, ainda, "a inominável", nunca é demais ressaltar sua presença no imaginário coletivo de ontem e de hoje por suas mordidas mortais. No século XVII, ela dissuadiu muitos colonizadores de *virem* habitar estas ilhas.[57] Além disso, embora a Martinica tenha sido colonizada desde 1635 por d'Esnambuc, foi preciso esperar o fim de 1678 para que os primeiros desbravadores ousassem abrir vias de comunicação com o interior da ilha. Era também no interior das terras da Martinica que os escravizados fugitivos se encontravam, ou seja, nesses espaços temidos pela presença das serpentes.[58] Estabeleceu-se uma aliança política entre os diplomatas anticoloniais por meio da qual a ferro-de-lança se tornou a protetora dos quilombolas. Quilombolas e serpentes coabitavam os morros da Martinica numa oposição comum em relação às *plantations* do habitar colonial.

Hoje essas alianças interespécies são largamente ocultadas. Questiona-se a saúde humana diante dos pesticidas das plantações ao mesmo tempo que são negligenciados os atentados contra a biodiversidade. Os tratamentos escravagistas dos animais perduram. Desde 2014, cerca de 2 milhões de migrantes atravessaram o Mediterrâneo, provocando mais de 18 mil mortes em alto-mar.[59] Do mesmo modo, a cada ano, milhões de bovinos e ovinos vivos são embarcados em transportes marítimos, verdadeiras "arcas de náusea", da França ou da Espanha em direção ao Oriente Médio, despejando dezenas de milhares de carcaças no fundo do Mediterrâneo.[60] Longe de uma oposição entre causa animal, causa Negra e causa feminista, essas diversas alianças interespécies contra o habitar colonial continuam sendo hoje as chaves de um navio-mundo. Um navio-mundo guiado pelos ventos da justiça, onde humanos e não humanos possam viver juntos.

17
uma ecologia-do-mundo: no convés da justiça

Justice [1670]

Partindo de Le Havre em 1º de novembro de 1669, o navio *Justice* [Justiça] lança-se em águas que lhe são novas. No luminoso convés, clamando alto o nome de sua fragata de 365 toneladas, o capitão d'Elbée prepara-se aqui-embaixo, na sombra do porão, para fazer a obra dos injustos. No porto de Adra, na costa africana, à medida que os 434 renegados sobem a bordo, a justiça se cala. Então, os embarcados põem-se a sonhar com um navio à altura do nome que tem. Eles quebrariam suas correntes e subiriam de volta ao convés. A tripulação faria da hospitalidade sua verdadeira rota. Alguns instalariam mesas e cadeiras abertas para todas as peles e senciências, a fim de discutir juntos o mundo e os caminhos possíveis, as danças, os amores, as comidas e as paisagens. Mantidos por uma corda acima do mar, outros pintariam novamente sobre a proa a palavra "Justiça". Um sobressalto agitado e uma dor aguda na espinha vêm lembrar as paredes cortantes do porão e interromper esses devaneios coletivos. Uma centena não desperta. Em 7 de junho de 1670, outros 334 são expulsos do *Justice* na margem caribenha da Martinica. Permanece o sonho, movido pelo desejo carregado por milhões de mãos e patas, de asas e nadadeiras, de galhos e montanhas, de terras e cursos d'água.

fazer-mundo, compor com pluralidades

Diante da dupla fratura colonial e ambiental da modernidade, *a ecologia-do-mundo* faz do mundo seu horizonte. Esse horizonte permite ultrapassar as rupturas instituídas por um enfoque na "natureza", no "meio ambiente" ou no "planeta". Abordar a ecologia a partir desses termos traz uma *névoa discriminatória*, uma interrogação que contribui violentamente para criar uma ruptura entre o que tem a ver com a natureza e com o natural e o que não tem, entre os que são eleitos e aqueles aos quais o mundo é recusado. Além disso, a ecologia-do-mundo não é "uma decolonização da natureza" ou a invenção de outra concepção da "natureza" que seria, por exemplo, mais favorável às minorias e aos povos originários, mas manteria mesmo assim a dupla fratura.[1] Não é a "natureza" que é um campo de batalha,[2] *é o mundo*! O horizonte do "mundo" contém *a polissemia acolhedora* de um conjunto aberto, que abrange os assuntos humanos e o planeta Terra com suas paisagens, sua fauna, sua flora. O desafio da ação ecológica é justamente *fazer-mundo*, *compor* um mundo entre humanos e não humanos.

Ao contrário das conceitualizações da crise ecológica, que partem das categorias de *ánthrōpos*, de "Homem", *fazer*-mundo pressupõe reconhecer a pluralidade dos humanos *e* dos não humanos como condição de pensamento. Muito frequentemente, a apresentação dos desafios ecológicos do mundo esconde a pluralidade das existências na Terra, numa fantasia do "Um" diante do planeta ou de um "nós". Ora, o "nós" está longe de ser uma evidência. Quem fala e age por esse "nós"? Esse "nós" esconde o desafio da crise ecológica: o de compor um mundo plural, diverso e transgeracional a partir das pluralidades humanas e não humanas na Terra. Essa tarefa desdobra-se, no mínimo, nos planos ontológico, estético e político.

para além da ontologia *gestalt* e da crioulização

Tanto os movimentos ecologistas como os movimentos anticoloniais, antirracistas e feministas apontaram as dominações em curso na modernidade que estabelecem outros humanos e não humanos como *alienígenas* de um mundo. Diante de suas respectivas fraturas, cada uma das duas correntes propôs outras maneiras de ser no mundo, *ontologias relacionais*, sem, contudo, se comunicarem. Por um lado, além das cosmologias dos povos autóctones que ressaltam as "figuras do conteúdo",[3] Arne Næss convida a reconhecer os laços ontológicos com nossos meios de vida, desenvolvendo assim as maneiras pelas quais a ontologia *gestalt* permite um mundo onde "todas as coisas estão ligadas entre si".[4] No entanto, a identificação do "eu" no meio ecológico faz-se às custas de uma homogeneização dos humanos e de suas histórias. Næss oculta especificamente o fato de que os escravizados Pretos das Américas já tinham uma concepção de sua pessoa estendida ao seu meio, até distinta, em resposta à opressão colonial, o que Monique Allewaert denomina "a ecologia de Ariel".[5] *Fratura*.

Por outro lado, as teorias *queer*,[6] o conceito de hibridação de Homi Bhabha[7] e a crioulização de Édouard Glissant contribuem para desconstruir os essencialismos identitários homens/mulheres, heterossexualidade/homossexualidade e colonizadores/colonizados. Ao contrário de um imaginário ocidental que repousa numa obsessão do ser, do território e da identidade-raiz e que reduz o outro a um recurso para si ou a uma ameaça à sua identidade, Glissant propõe um pensamento da Relação pelo qual é possível "mudar trocando com o Outro sem, no entanto, [se] perder nem [se] desnaturar".[8] Ora, apesar de seus interesses pelo meio ambiente,[9] compartilhados com Chamoiseau,[10] e de sua sensibilidade estética em relação à importância das paisagens antilhanas, a crioulização de Glissant permanece inicialmente um processo de encontros entre humanos, entre diferentes culturas, sobre um pano de fundo de não humanos mudos, conservando a fronteira natureza/cultura.[11] Deixando o território do ser, a crioulização de Glissant mantém o território moderno do humano. *Fratura*.

A ecologia-do-mundo pressupõe uma ontologia relacional que reconheça que nossas existências e nossos corpos estão entremeados pelos encontros com uma pluralidade de humanos *e* uma pluralidade de não humanos. Uma ontologia *gestalt* crioulizada ou *uma crioulização gestalt da espécie humana*. A ontologia do Chthuluceno, proposta por Donna Haraway, que turva as fronteiras entre os animais humanos e não humanos e a tecnologia, ao mesmo tempo que considera discriminações de gênero e de raça, é um passo possível nesse sentido.[12]

por estéticas e escritas duplamente relacionais

As composições com pluralidade desdobram-se também no nível estético e apelam para escritas do mundo duplamente relacionais. Por um lado, ao fazer com que os leitores descubram as diversidades desconhecidas das florestas, dos lagos e dos bosques, Rousseau, Thoreau, Aldo Leopold e Arne Næss descrevem uma natureza sem outros humanos, mantida como um lugar fora da socialização. Ainda que nela se encontrem ecossociabilidades com não humanos, a associalidade humana é colocada como *a condição de um encontro da natureza*, ou seja, como a condição a partir da qual a natureza se deixa ver e ler. Esse gênero literário é conhecido pelo nome de *nature writing* [escrita da natureza] nos Estados Unidos. *Nunca há mais do que uma única pessoa que escreve, fala e age*. Podemos nos imaginar passeando *no lugar de* Thoreau, de Rousseau, de Aldo Leopold, mas não somos convidados a *estar com um outro* nesses espaços, a menos que estar-com se dissolva em um *nós* homogêneo. Perdura uma inaptidão para pensar essa natureza a partir de uma experiência coletiva, e até conflituosa. *Fratura*.

Compor com pluralidade diante da tempestade ecológica implica considerar nas escritas do mundo a presença de outros além de mim sobre a Terra. Ao reconhecer os vínculos entre explorações coloniais da Terra e escravidões dos humanos, uma literatura pós-colonial já avançou nesse sentido. Uma de suas mais belas expressões encontra-se no romance *Senhores do orvalho*, de Jacques Roumain. A natureza haitiana é retratada em sua vulnerabilidade a partir das oposições entre diferentes famílias, entre amigos, entre amantes, entre rurais e citadinos, entre camponeses e autoridades políticas. Sobre um fundo de degradação do ambiente vivido, esse romance está repleto de diálogos, de personagens diferentes, homens e mulheres. A união dos camponeses e os mutirões [*coumbites*] a favor da preservação dos morros do Haiti e das nascentes de água tornam-se a alavanca de uma emancipação diante da opressão das autoridades citadinas. Não apenas a natureza aparece no seio dessa pluralidade conflitual humana mas também, sobretudo, o agir que se segue mostra uma necessária composição política com outros. Apesar de tudo, nessa narrativa, a consideração da pluralidade dos não humanos, de suas existências e interesses independentes dos interesses dos humanos, permanece relegada a segundo plano. *Fratura*.

Manter junto nas artes, nas literaturas e nas ciências as buscas de dignidade e igualdade dos humanos, assim como os direitos dos não humanos de perseverar em seus seres no seio de uma mesma narrativa, é uma das missões da ecologia-do-mundo. Em sua escrita, colocando em cena árvores, serpentes, terras, rochas, cães, plantas e outros não humanos dotados de agentividade, senciência e fala, assim como uma pluralidade de humanos que confrontam unidos a constituição colonial do mundo, Alice Walker e Maya Angelou apontam os horizontes possíveis dessas ecopoéticas decoloniais, dessas artes da ecologia-do-mundo.[13]

por uma cosmopolítica da relação

O fato de tudo estar conectado ao todo não permite, necessariamente, pensar *como* esse todo se torna o mundo nem pensar os desafios de igualdade e de justiça. A crioulização não é uma emancipação nem uma política de decolonização.[14] Não basta ter a mesma identidade "crioula", reconhecer-se *queer* ou humano-animal,[15] para *fazer*-mundo. Do mesmo modo, não basta se reconhecer uma parte da montanha para impedir uma exploração da natureza e dos não humanos. Por mais necessárias que sejam essas ontologias e estéticas relacionais, o mundo é fruto de um agir conjunto. A ecologia do mundo requer *uma cosmopolítica da relação*. Ao sair da colonização e da escravidão, como instaurar uma *pólis* (uma cidade) entre humanos e não humanos, ainda que nem todo mundo adote as mesmas estéticas e ontologias?

Esta cosmopolítica da relação compreende dois polos. Ela desdobra-se no espaço político que liga particularmente os humanos entre si. Ainda que as diferentes constituições de gênero, classe social, obediência política ou origem étnica influenciem as possibilidades de ação, o agir conjunto faz, entretanto, aparecer outra coisa além da reprodução das identidades e dos pertencimentos comunitários. Torna-se possível, assim, reconhecer-se companheiro de um mesmo mundo tido como comum, não porque ele pertenceria a um ou a outro, mas porque mantém juntos uns e outros. Isso significa um mundo que não discrimine segundo as religiões, os gêneros, as cores da pele, as origens ou as diferenças. Esse enfoque inicial decorre da tomada de consciência teórica e pragmática de que o mundo politicamente organizado entre os humanos permanece *a condição de um pensamento e de um agir ecológicos*. É justamente porque há um espaço, uma cidade entre os humanos, que a destruição dos ecossistemas e a industrialização da carne animal podem se tornar um problema político e exigir dos humanos a concessão de direitos e de obrigações para com os não humanos.

Num segundo polo, uma composição política traça as maneiras pelas quais os não humanos participam do mundo. As participações diferenciadas dos não humanos no mundo não se desenvolvem da mesma maneira que as participações políticas humanas, tal como a instituição de uma comunidade política *entre* os humanos e os não humanos. Aqui está em causa a impossibilidade dos não humanos de recusar seus representantes e porta-vozes, de exigir direitos, de apresentar uma reivindicação de igualdade e de instituir um litígio. Proponho pensar essas formas de comunidade como um mundo dos humanos *com* os não humanos. A distinção feita pelos termos "entre" e "com" indica as naturezas diferentes dos espaços instituídos, por um lado, entre os humanos entre si e, por outro lado, entre os humanos entre si e os não humanos. *Nesse sentido, entendo por uma ecologia-do-mundo a preservação de um mundo entre os humanos com os não humanos*. As diplomacias animais, as composições coletivas humanas/não humanas, o reconhecimento da qualidade jurídica dos ecossistemas, dos animais e dessa parte selvagem do mundo são maneiras de levar em conta existências e interesses dos não humanos no seio de um mundo em comum.

Manter juntos esses dois polos é a ambição da cosmopolítica da relação. As fantasias de regimes ditatoriais que seriam mais ecológicos são tão nocivas quanto os regimes capitalistas neoliberais, que confundem a liberdade com uma permissão informal para destruir os ecossistemas da Terra. O reconhecimento de outras cosmogonias e ontologias e, até, de uma pluralidade de mundos[16] que, por exemplo, não retomaria tal distinção humano/não humano não negligencia a tarefa dessa cosmopolítica da relação, que é sempre guiada pela seguinte questão: como compor um mundo a partir da Terra e a partir da pluralidade constitutiva com outros e suas múltiplas ontologias? Seu ponto de partida pressupõe o reconhecimento conjunto das violências e das destruições históricas causadas pelas fraturas coloniais e ambientais dos cinco últimos séculos. Responder a essa ambição pressupõe construir *o convés de uma justiça mundial* que exceda a dupla fratura moderna.

No convés da justiça: justiça climática, reparações e restituições decoloniais

Para além da dupla fratura moderna, construir um navio-mundo requer o estabelecimento de *um convés da justiça* que reúna os humanos e os não humanos, de ontem e de amanhã. O convés é ao mesmo tempo o espaço no qual, do navio negreiro à nave espacial de *Star Trek*, seres diferentes e espécies diversas se encontram, assim como o meio-termo que liga as margens dos passados às bordas dos futuros. Aquém das tecnicidades jurídicas, a justiça permite criar essa cena comum que, ao prestar contas, oferece o meio de se dar conta da pluralidade dos humanos e dos não humanos sobre o convés do mundo, de suas histórias e de seus futuros. Essa construção começa a partir de nossos corpos e nos impele a reconhecer *os caminhos umbilicais do mundo*. Em vez de olharmos apenas para nosso próprio umbigo, os caminhos umbilicais do mundo incitam o reconhecimento de nossas existências no seio de teias de relações orgânicas, materiais, políticas e imaginárias com os que vieram antes de nós e com os que virão depois. Os corpos são titulares do mundo de ontem e fiadores do mundo de amanhã. Esse convés da justiça do navio-mundo estende-se temporalmente diante do que Stephen M. Gardiner chama de "tempestade intergeracional",[17] confrontando as ações passadas de nossos ancestrais, bem como as de nossos países, e preparando a existência por vir de nossos filhos e filhas para que reconheçam nela uma consideração moral[18] e assumam por ela uma responsabilidade política.

A luta contra o aquecimento global, contra a utilização da energia nuclear e contra as poluições constantes do planeta, assim como a luta pelo reconhecimento dos direitos dos não humanos, faz parte da construção desse convés do mundo. A justiça climática incita a confrontar as emissões passadas – os gases que aquecem o planeta hoje são também os que foram emitidos há várias dezenas, até centenas, de anos – e as consequências futuras desse aquecimento. As ações na justiça da ONG neerlandesa Urgenda, vitoriosa em 2015, e de quatro ONGs francesas, reunidas em 2019 na campanha "L'Affaire du

Siècle" [O assunto do século], visando obrigar seus respectivos governos a agir adequadamente diante do aquecimento global, bem como as lutas históricas contra as armas, a energia nuclear e a intoxicação do mundo por pesticidas e indústrias poluentes fazem parte da edificação desse convés do navio-mundo. A categoria jurídica "ecocida", que qualifica crimes cometidos contra os ecossistemas, faz o mesmo.[19] As degradações ambientais de ontem, tais como a contaminação das Antilhas com clordecona, são as injustiças de hoje, transmitidas por meio de nossos cordões umbilicais às gerações de amanhã. Esse convés incita à necessária composição política dos humanos *com* os diferentes não humanos e com diversos ecossistemas da Terra em um *continuum* entre passado e futuro.

No entanto, é importante tirar essa justiça transgeracional do impasse da dupla fratura colonial e ambiental da modernidade. Seguir os caminhos umbilicais do mundo mostra que carregamos também o peso dos racismos, das desigualdades de capital no nascimento e do passado colonial e escravagista da modernidade. Esse convés do navio-mundo é ambiental, mas também social, político e imaginário. Não se deve esquecer que a justiça climática foi inspirada no movimento da justiça ambiental reivindicada no início dos anos 1980 pelas populações Pretas e pelas minorias dos Estados Unidos diante da exposição desigual a poluentes tóxicos, lutando contra um "racismo ambiental".[20] Tal é o fato que passou despercebido em várias abordagens francesas da justiça ambiental.[21] Nascido das lutas antirracistas e decoloniais nos Estados Unidos, esse conceito é tomado e deixa de incluir esses temas, *como se* as questões do legado colonial e do racismo não se colocassem na França, nem mesmo em seus territórios e departamentos ultramarinos.[22] Disso resulta a fantasia de que o racismo se limitaria aos Estados Unidos e de que a justiça ambiental, teoricamente, não seria afetada pelas questões raciais e coloniais. *Fratura*. Entretanto, *a justiça ambiental está intimamente ligada às lutas decoloniais no mundo*. A justiça climática também aponta a responsabilidade histórica dos impérios coloniais pelo aquecimento global com suas revoluções industriais no século XIX, assim como aponta o colonialismo ambiental da acumulação dos recursos do planeta feita pelos países do Norte e sua "dívida ecológica" perante os países do Sul.[23] Diferentemente de uma abordagem liberal da justiça climática, que a reduziu a um simples direito diferenciado de poluir, gerido por um mecanismo global de mercado das emissões, como prevê o protocolo de Kyoto desde 1997,[24] seu sentido original é, na verdade, remediar esse *erro colonial e ambiental global*.

Se é possível pensar uma justiça transgeracional para a mudança climática (em termos ambientais), é igualmente necessário fazê-lo para a herança colonial da modernidade. As diversas tentativas sociais, associativas, políticas e jurídicas que operam para confrontar o mundo moderno de hoje com seu legado colonial participam *também* da construção desse convés da justiça do navio-mundo. Ao menos três tipos de tentativas de construção estão em ação.

Figuram em primeiro lugar *as lutas dos povos indígenas* do mundo por sua dignidade, pelo direito de manter suas comunidades humanas e não humanas e de preservar seu modo de vida. Da oposição ao oleoduto Keystone nos Estados Unidos e no Canadá às demandas por justiça dos habitantes da Polinésia após os testes nucleares franceses, passando pela luta da comunidade Lenca conduzida por Berta Cáceres em Honduras contra as barragens do rio Gualcarque, essas comunidades são as mesmas que foram vítimas dos diferentes episódios de colonização e de espoliação de terras. A Declaração dos Direitos dos Povos Indígenas adotada pela Assembleia Geral das Nações Unidas em 2007 não é somente a afirmação de que os povos indígenas têm o direito de ser tratados com dignidade mas também a condenação das predações coloniais de que eles foram vítimas desde o século XV. Não se pode mais manter uma atitude ingênua de celebrar os modos de vida dos autóctones, a Pachamama, os mitos inuítes e as cosmogonias dos *Native Americans* sem reconhecer ao mesmo tempo a história colonial moderna que relegou esses povos às margens do mundo.

Segundo tipo de tentativa de construção, *as demandas de reparação da escravidão e do tráfico negreiro transatlântico* inserem-se também nesse convés da justiça do navio-mundo. Presentes desde o período escravagista dos séculos XVIII e XIX, tais demandas têm encontrado um eco mais forte nos últimos vinte anos.[25] Na França, a lei de reconhecimento da escravidão como crime contra a humanidade promulgada em 2001 por Christiane Taubira propunha, em sua primeira versão, um artigo sobre a reparação, mas ele foi suprimido.[26] Essas demandas também foram formuladas na Conferência Mundial de Durban, em 2011, contra o racismo e a discriminação racial, a xenofobia e a intolerância. Na Martinica, a associação Mouvement

International Pour les Réparations [Movimento internacional pelas reparações] (MIR Martinique) e o Conseil Mondial de la Diaspora Panafricaine [Conselho mundial da diáspora panafricana] abriram um processo contra o Estado francês em 2005, ainda em curso. Em 2013, a maioria dos países da Caribbean Community [Comunidade do Caribe] (Caricom) demandou coletivamente reparações à França, à Grã-Bretanha, à Espanha, a Portugal, aos Países Baixos, à Noruega, à Suécia e à Dinamarca, criando uma "Caricom Reparations Commission" [Comissão de reparações da Caricom],[27] seguida por uma comissão similar nos Estados Unidos em 2015.[28] Essas demandas lembram que o desenvolvimento econômico e político dos Estados escravagistas de ambos os lados do Atlântico apoiou-se sobre a opressão multissecular de Pretos transportados e escravizados.

Historicamente, não apenas as demandas dos escravizados foram recusadas mas também, ao contrário, na França, na Grã-Bretanha, na Suécia e nos Países Baixos os ex-senhores de escravizados foram recompensados, recebendo indenizações por suas "perdas". Além dos reflexos de recalcamento da história da escravidão tanto na Europa como nas Américas, sob o pretexto hipócrita de que se trataria de uma injunção ao arrependimento, as demandas contemporâneas são percebidas e recusadas, principalmente, por meio de uma perspectiva tecnicista: o crime é antigo e, portanto, prescrito; o dano é inestimável. Césaire notava, aliás, que a palavra "reparação" dá margem a confusão ao sugerir um crime reparável, e até passível de resolução.[29] Entretanto, essas duas refutações técnicas não se sustentam. Os crimes contra a humanidade são imprescritíveis pelo direito internacional, a menos que se refute, *mais uma vez*, a humanidade daqueles que sofreram esse crime e que se reproduza o mesmo gesto que desumanizou os colonizadores escravagistas.[30] Além disso, historiadores e economistas conseguem retraçar a evolução dos capitais acumulados pelo tráfico negreiro transatlântico, pela escravidão e pelas "compensações" concedidas aos ex-senhores de escravizados, que, transmitidas de geração em geração, beneficiaram empresas agrícolas, bancos e universidades.[31] Todavia, esse tecnicismo escapa ao alcance cosmopolítico dessas demandas. Como lembra Louis-Georges Tin, a reparação é parte integrante de todo reconhecimento de crime e, portanto, de toda *justiça*.[32]

A busca por justiça que subjaz a esse movimento é também a busca desse convés comum, onde se pode tratar a um só tempo da constituição negreira da modernidade e da abertura de uma cena entre grupos que têm laços diferentes com o tráfico negreiro transatlântico e com a escravidão, mas que nestes reconhecem uma história em comum. A lei francesa de 21 de maio de 2001 "que tende ao reconhecimento do tráfico e da escravidão como crime contra a humanidade", o pedido de desculpas da Igreja Anglicana em 2007 ou a comemoração do Dia Internacional para a Abolição da Escravidão pela Unesco são gestos simbolicamente fortes. No entanto, resta criar uma resposta cosmopolítica a essa história, *uma maneira de reportar e de prestar contas, politicamente, da existência dos que foram confinados no porão da modernidade, dos que foram lançados ao mar, assim como de seus descendentes*. Refutar essas demandas é refutar a existência digna deles sobre o convés transgeracional da justiça do navio-mundo.

É dessa construção de convés que participam as lutas pelo reconhecimento dos direitos dos afrodescendentes, tais como as comunidades quilombolas da Colômbia e do Brasil.[33] A declaração da Década Internacional de Afrodescendentes pelas Nações Unidas (2015–2024), atuando na luta contra as discriminações em relação aos cerca de 200 milhões que vivem nas Américas, e os milhões de outros no restante do mundo, vai nesse sentido.[34] A resolução do Parlamento Europeu de 26 de março de 2019 sobre os direitos fundamentais das pessoas de ascendência africana faz o mesmo, encorajando "medidas de reparação fortes e eficazes em relação às injustiças e aos crimes contra a humanidade de que foram vítimas as pessoas de ascendência africana".[35] O desafio não é somente a aplicação efetiva de direitos humanos estendidos ao conjunto da população das Américas, da Europa e do Caribe. O desafio é também, e acima de tudo, abrir um espaço de fala que restaure a dignidade desses povos e comunidades por meio do reconhecimento de sua história no convés do navio-mundo. Esse desafio cosmopolítico foi compreendido pela comunidade quilombola dos Saramaka no Suriname e também pelos militantes homens e mulheres do movimento ecologista martinicano MIR – particularmente Garcin Malsa –, que há mais de quarenta anos lutam para proteger das predações financeiras os ecossistemas da ilha, ao mesmo tempo que reivindicam esse convés da justiça.[36]

Por fim, terceiro tipo de tentativa de construção, esse convés da justiça também é buscado por meio *das demandas de restituição dos objetos de arte e das partes de corpos humanos* roubados da África, da

Oceania, da Ásia e das Américas pelas potências coloniais europeias, os quais hoje estão expostos nas galerias ou armazenados nos porões dos museus e das bibliotecas da Europa. O Estado francês acaba de abrir uma porta exclusivamente para a restituição de objetos. Requisitado pelo presidente Emmanuel Macron, o relatório redigido por Felwine Sarr e Bénédicte Savoy faz um primeiro inventário dos cerca de 88 mil objetos provenientes da África subsaariana nas coleções públicas francesas, dos quais 87% pertencem ao Museu do Quai Branly.[37] Também nesse caso, o gesto de restituição não poderia se reduzir a uma transação material de um local na França a outro local na África. Igualmente importante, esclarecem Sarr e Savoy, continuam sendo os relatos que iluminam as proveniências e as condições de aquisição de cada um desses objetos. Esses diferentes relatos completam o da colonização europeia da África do século XIX ao XX, assim como o da Conferência de Berlim em 1885, quando Estados europeus repartiram entre si as terras e os corpos africanos. Essas restituições de objetos de arte e de corpos, acompanhadas pelo trabalho de cenas discursivas, são maneiras de construir esse convés no qual diferentes atores reconhecem uns nos outros uma história em comum: a de uma constituição colonial da Europa baseada na exploração dos corpos, dos ecossistemas, das culturas e do patrimônio da África. Os desmatamentos e as indústrias extrativistas que atingiram a África do século XV aos nossos dias são apenas o reverso dessa constituição colonial. Restituir tais objetos contribui para criar esse convés do navio-mundo.

Construir esse convés da justiça diante da tempestade ecológica demanda o reconhecimento de um lugar político para os ecossistemas e para os não humanos, assim como o reconhecimento político dos genocídios, das escravidões e das colonizações que tornaram possíveis essas destruições de mundo e da Terra. Conservar apenas o lado ambiental da justiça transgeracional equivale a construir esse convés e deixar nele buracos escancarados nos quais alguns serão jogados, reproduzindo os porões negreiros. Esse convés requer uma decolonização das instituições dos países do Norte. Das universidades e dos museus aos Estados, passando pelas instituições religiosas, enfrentar a tempestade ecológica implica também enfrentar a constituição colonial e escravagista da modernidade. Não se pode mais conservar essa dupla fratura na qual se assinam acordos para lutar contra o aquecimento global e se assumem compromissos para limitar as poluições e preservar a biodiversidade ao mesmo tempo que, na melhor das hipóteses, se dizem algumas palavras sem grandes consequências sobre a história colonial – isso quando não se mantém um silêncio ensurdecedor. Esse esforço de construção de um convés da justiça também deve abrir espaço para o reconhecimento da história de dominações coletivas das mulheres, das minorias étnicas, religiosas e sexuais, bem como das pessoas com deficiência. É a partir desse convés da justiça que se pode também projetar no futuro um horizonte do mundo. A interrupção da transmissão de poluentes e moléculas tóxicas às crianças por nossos cordões umbilicais deve ser acompanhada pela interrupção da transmissão, por esses mesmos cordões, das misoginias, dos racismos e das injustiças sociais. O navio-mundo deve ser construído aqui e lá. Movido pelas lutas de ontem, o aparelho desse navio-mundo de hoje permite desenhar o horizonte de um mundo de amanhã.

epílogo
fazer-mundo diante da tempestade

Soleil d'Afrique [1678–79]

Em 22 de outubro de 1678, o *Soleil d'Afrique* [Sol da África], um moderno navio francês de trezentas toneladas, deixa o porto de La Rochelle rumo à Costa do Ouro africana. Os caminhos marítimos e negreiros são conhecidos, os acordos saqueadores e os mercados sanguinários estão bem estabelecidos. Ao rapto das 380 humanidades soma-se o roubo do astro protetor das dignidades terrestres, espirituais e imaginárias das comunidades africanas. Esse negreiro confinou o sol da África no porão para fazer dele seu nome. Em abril de 1679, 366 existências sem sol são desembarcadas na Guiana, na Martinica e em Guadalupe. De volta a La Rochelle, esse negreiro, como todos os outros, reitera o roubo a ponto de negar que uma humanidade e uma civilização teriam nascido nesse continente. Entretanto, dissimulado nos arquivos coloniais, esse sol deixou vislumbres nos porões, guiando na noite Preta cada canto gwoka de revolta, cada passo libertador de dança bèlè e cada impulso quilombola. À busca de justiça, essa Astreia* Preta, acrescenta-se a reconquista das dignidades: retirar do porão negreiro o sol da África e fixá-lo novamente no alto da tela do mundo.

---

* A "virgem das estrelas", figura mitológica grega, filha de Zeus e de Têmis, personificação da justiça. Abandonou a Terra rumo ao céu sob a forma de constelação no fim da Idade de Ouro, para evitar testemunhar o sofrimento pelo qual passaria a humanidade. [N. T.]

fazer-mundo

A tempestade moderna ainda retumba. Os navios reproduzem os mesmos gestos do *Zong*, abandonando, escravizando ou lançando ao mar uma parte da Terra e da humanidade. O mar ainda está vermelho-sangue, os aparelhos misóginos e racistas mantêm a rota da injustiça. Diante da tempestade, pesando os rancores passados e as angústias dos devires, proponho *fazer*-mundo com a firme convicção de que outro quadro é possível, de que outra rota deve ser mirada para além do horizonte cinzento. Insisto em observar a tempestade para além dos antolhos da dupla fratura moderna. A sexta extinção em massa de espécies, o aquecimento global e as constantes poluições da Terra não estão ligados apenas à constituição colonial, escravagista e patriarcal do mundo moderno; eles são, sobretudo, consequências dela. Alguns ainda acalentam a fantasia ambientalista de uma ecologia da arca de Noé, a ilusão da humanidade-astronauta que dá importância apenas ao que se vê no convés, ou de muito alto. Bastaria esquecer o mundo para reencontrar um paraíso. Os que não têm o luxo da ilusão de uma arca de Noé incolor ou da ingenuidade da certeza de um "nós" sabem muito bem que os contornos do navio negreiro podem emergir novamente nessa tempestade. Diante da tempestade, proponho construir junto não uma arca de Noé nem um navio negreiro, mas um navio-mundo. Um navio que acolha um mundo entre humanos com os não humanos no convés da justiça.

Ao lado da urgência ambiental de uma limitação do aquecimento global e do fim das destruições dos ecossistemas da Terra, coloco urgências *iguais*: de uma redistribuição mundial das riquezas e de uma justiça social; da tarefa decolonial de reconhecer um lugar digno no mundo para os povos originários, para os ex-colonizados e para as pessoas racializadas; e de uma igual consideração social e política das mulheres, particularmente das mulheres racializadas das ex-colônias europeias. Sim, a ecologia é acima de tudo uma questão de justiça. *A crise ecológica é uma crise de justiça*. Enfrentar a urgência dessa tempestade ecológica exige voltar às origens dessa crise, assim como às origens da justiça ambiental e da justiça climática. De Pierre Poivre aos partidários do Antropoceno, passando por John Muir, o ambientalismo dividiu pacientemente os corpos, as naturezas, a Terra e o mundo, inventando uma Terra virginal despovoada, um paraíso sem mundo, um jardim, um lago e uma floresta encontrados unicamente por meio do pensamento de homens Brancos ocidentais. Do mesmo modo, o ambientalismo separou a justiça ambientalista de seus impulsos antirracistas e feministas iniciais. Os partidários ambientalistas do Antropoceno expõem com angústia a perspectiva de um colapso pelo qual exigem justiça, sem reconhecer os colapsos passados, as escravidões e os genocídios, sob o pretexto de que hoje se trataria de um tema global. Esse pensamento apolítico da ecologia por parte daqueles que, no convés, respiram alegremente o ar fresco é apenas a manutenção do inferno do porão e das injustiças do Plantationoceno. Daí decorrem a mentira que alega que os racializados, os colonizados, os dominados não são afetados pela ecologia e o absurdo de que os países ocidentais ainda se veem como os missionários encarregados de espalhar a palavra aos povos racializados e aos profanos.

Entretanto, foi justamente a partir das lutas contra o racismo ambiental e contra as dominações coloniais que mulheres, militantes e acadêmicos Pretos, descendentes de escravizados, latinos e ameríndios nos Estados Unidos enfrentaram a questão ecológica em termos de *justiça* nos anos 1980. O antirracismo, a exigência decolonial e o feminismo, bem como a preservação de uma Mãe Terra, foram indissociáveis do confronto com a crise ecológica. Não se deve deixar enganar pelo véu ambientalista. O confronto dos movimentos antirracistas, decoloniais e feministas com as degradações ambientais da Terra é, de fato, *um prolongamento de suas lutas*. Os povos racializados devem se reapropriar da crise ecológica, assim como das conceitualizações da ecologia. Das resistências anticoloniais dos Kalinago contra os colonizadores europeus às lutas contemporâneas por justiça ambiental, passando pela ecologia política dos homens e mulheres quilombolas nas Américas, uma longa experiência de lutas traça os caminhos de buscas de mundo diante da tempestade moderna. Aos ambientalistas que enfatizarem os números da geologia para minimizar o sentido dessas buscas de mundo, responderei que há palavras capazes de mover montanhas. Que um tremor de resistência retumba das profundezas, por vezes jorrando como vulcões de revolta, estabelecendo as bases de um arquipélago do mundo. Lembrarei a geologia dos movimentos de insurreição a partir do porão moderno e a climatologia das esperanças-coragens e dos amores-cuidadores, nos quais os vestígios descobertos nos estratos da Terra serão os de igualdade e de justiça.

A tempestade ecológica é apenas um nome diferente para o ciclone moderno que sopra no mínimo desde 1492. Não se trata unicamente de resistir à barbárie que chega[1] – ela já está aí, conhecida há muito tempo pelos povos indígenas.[2] Enfrentar essa tempestade obriga a cuidar da dupla fratura colonial e ambiental da modernidade. Sim, é preciso trazer a ecologia de volta para casa, para nossos pratos, assim como as subjugações misóginas e as escravidões, como sugeria Elizabeth Heyrick em 1824. A perspectiva muito provável de milhões de "refugiados climáticos" não deve ocultar a hospitalidade necessária aos migrantes de ontem e de hoje que fogem há muito tempo das violências sociais, das guerras armadas nos países do Norte e das situações coloniais. Os apelos dos ex-colonizados em prol de uma hospitalidade para com os migrantes de hoje na França e na Europa já se fazem ouvir pelas vozes de Christiane Taubira e Patrick Chamoiseau, entre outros.[3] Será que os ecologistas farão dessa crise um de seus objetivos de luta ou permanecerão num ambientalismo que legitima a digna preocupação com os "refugiados climáticos" de amanhã, paralelamente à indiferença para com os migrantes de ontem e de hoje? Diante da crise migratória, colocam-se os mesmos desafios novamente. Ou se manterão as figuras da recusa do mundo de uma arca de Noé europeia ou então um mundo será aberto.[4] Construir esse navio-mundo exige uma ecologia decolonial que destitua a constituição colonial do Antropoceno para abrir o horizonte de um mundo. Não se trata de acabar com o humanismo, mas de acabar com esse humanismo "sordidamente racista" denunciado por Césaire, com esse humanismo profundamente misógino desacreditado por Olympe de Gouges e Sylvia Wynter, a mesma tradição que chega ao ponto de homogeneizar e renegar o animal.[5] Não se trata de acabar com o universal, mas de acabar com esse universalismo vertical que erige o Ocidente como a medida de toda cultura e de toda história, esse que prevalece, que fundamenta e que domina, em favor de um "universal verdadeiramente universal", como imagina Souleymane Bachir Diagne, um universal que reúna, que escute e que celebre o encontro.[6]

a intrusão de *Ayiti*

Em vez de Gaia, nome da hipótese ambientalista de Lovelock, proponho reconhecer a intrusão da Mãe Terra do mundo moderno: Ayiti.

Tomada como exemplo de crise e de colapso ambientais, a ilha caribenha do Haiti ainda é retratada como uma figura monstruosa da modernidade, confinada num para-fora do mundo. Entretanto, ela revela também a face escondida do mundo moderno que o ambientalismo encobriu indevidamente. Reconhecer a intrusão de Ayiti é reconhecer que a Mãe Terra, os ecossistemas, a biodiversidade e os recursos naturais carregam os traços das colonizações, das escravidões e das dominações misóginas do mundo. Ayiti encarna o emaranhamento dos processos ambientais e das configurações sociais e políticas que abalam a marcha capitalista e o controle totalitário dos mercados financeiros globais. Quando se evacuou o Haiti, foram evacuadas as ricas resistências políticas e as alianças interespécies oferecidas pelos rejeitados. Ayiti é também o nome de uma luta em curso para abrir um mundo e restabelecer uma relação matricial com a Mãe Terra. Ayiti, versão crioula de Haiti, corresponde ao nome dado pelos Taíno à ilha que eles consideravam como Mãe Terra e significa "terras de altas montanhas". É precisamente por meio das lutas pela humanidade dos ex-escravizados Pretos, a partir das altas montanhas quilombolas, a partir da revolução das almas em busca de um mundo, que uma Mãe Terra se renomeia, se recompõe e se cuida. A recusa de um lugar no mundo ao Haiti desde 1804, intimado a pagar por ter ousado clamar por sua dignidade, traduz a recusa moderna do mundo aos Pretos, assim como o desprezo para com a Mãe Terra. A intrusão de Ayiti vem lembrar que não se poderá enfrentar a crise ecológica e restabelecer coletivamente uma relação matricial com a Terra sem se desfazer da constituição colonial da modernidade, sem confrontar seus racismos, suas desigualdades e seu patriarcado.

recuperar o sol da África

Percorrendo o Atlântico e o oceano Índico, o navio negreiro inventou e fabricou o Negro, uma categoria de seres explorados confinados na noite do porão e aos quais o mundo é recusado. Por esses mesmos trajetos, o navio negreiro criou a ilusão da ausência dos povos originários das Américas, a ignorância da África e o solipsismo da Europa. Das colonizações, dos tráficos e das escravidões aos racismos contemporâneos, passando pelas exibições de zoológicos humanos e pelas expansões imperiais, a modernidade desenvolveu-se nas ruas, nas arenas políticas, assim como nas universidades e nos museus, sobre as bases do desprezo ferrenho em relação a homens e mulheres racializados, em particular em relação aos Pretos apresentados como Negros, *assim como* sobre as bases da pilhagem econômica, cultural e ambiental do continente africano. O navio negreiro também participou do que Valentin Mudimbe chama de "a invenção da África",[7] a mentira de uma África homogênea, supostamente povoada pelos "sem": os sem-cultura, os sem-nome, os sem-história, os sem-civilização, sem-pensadores, sem-filosofia, cujas naturezas e cujos corpos estariam à disposição dos primeiros colonizadores que chegaram. Tanto Walter Rodney quanto René Dumont denunciaram o papel de uma Europa colonial e neocolonial no "subdesenvolvimento" da África.[8] O navio negreiro subtraiu o sol *da* África, ou seja, a possibilidade de sentir o acolhimento caloroso do mundo *a partir* das terras, das culturas, das cosmogonias e das histórias africanas. A transformação de seres humanos em Negros foi possível na condição de um matricídio da Mãe Terra originária, da pilhagem do berço da humanidade.

Fazer frente à tempestade ecológica e recuperar uma relação matricial com a Terra requerem a restauração das dignidades dos escravizados do navio negreiro, bem como das dignidades do continente africano. Ao lado das necessárias remediações para relações econômicas e políticas baseadas na igualdade com os países africanos, e no próprio seio desses países, isso também passa por um desenvolvimento e por uma difusão do conhecimento da história e das culturas da África para além da fratura saariana que coloca o Egito fora do continente, como denunciou Cheikh Anta Diop.[9] Devolver um lugar digno aos Orixás, aos cultos de Ogum e de Xangô, assim como aos animismos vodus e às filosofias do Mutu e do Ubuntu.[10] Esse conhecimento, sem identitarismo, é uma das chaves para destruir o navio negreiro e pisar na Terra. No Caribe, os novos museus dedicados às histórias dos ameríndios, à história da escravidão e do tráfico negreiro, tais como o Memorial ACTe, em Guadalupe, contribuem para esse trabalho. No entanto, povoado em grande parte por pessoas de ascendência africana, o Caribe não tem no momento nenhum museu dedicado especificamente às histórias, às culturas e às filosofias da África.[11] Aos séculos de desumanização, acrescenta-se a mentira de ser originário de um nada, de uma terra sem história, sem fala, sem filosofia. Recuperar uma relação de dignidade consigo passa também pela criação de museus e programas escolares no Caribe sobre a história da África. Abrir outras compreensões do mundo, outras epistemes, outras filosofias, outras possibilidades de conhecimento da Mãe Terra originária e daqueles que dela foram arrancados contribui para recuperar o sol *da* África. A ecologia-do-mundo faz um apelo para recuperar o sol da África outrora levado pelos navios negreiros, o astro brilhante que guiou tantos fugitivos para fora das *plantations*, o vislumbre de esperança que penetra no turbilhão do porão e ilumina o horizonte de um mundo.

agradecimentos

Embora a escrita seja um trabalho solitário, estas páginas estão atravessadas por sopros generosos de companheiros em busca de um navio-mundo. Agradeço a Christophe Bonneuil pela recepção na coleção Anthropocène da editora Seuil, por seus conselhos de leitura e por seu entusiasmo com este projeto. Um agradecimento especial à equipe das edições Seuil que tornou esta obra possível. Oriundo de minha tese de doutorado, este livro deve muito a meu falecido orientador Étienne Tassin, por seus encorajamentos-rios e por sua pintura de um horizonte cosmopolítico do mundo. Agradeço à equipe do Laboratoire de Changement Social et Politique (LCSP), da Universidade Paris-Diderot, e aos membros da minha banca de doutorado, Catherine Larrère, Bruno Villalba, Émilie Hache, Justin Daniel e Myriam Cottias, por seu encorajamento e apoio cruciais após a tese. Agradeço à Coletividade Territorial da Martinica por seu suporte à minha tese e a este projeto, bem como ao Institut Humanités, Sciences et Sociétés (IHSS) por seu apoio à publicação ao me conceder o prêmio Robert Mankin de melhor tese pela pesquisa interdisciplinar.

Na travessia da escrita e do pós-tese, tive a oportunidade de receber diferentes encorajamentos de colegas e amigos. Obrigado a Pierre Charbonnier, Audrey Célestine e Silyane Larcher por terem aberto vias possíveis. Obrigado a Gert Oostindie, Rosemarijn Hofte, Wouter Veenendaal, Stacey Mac Donald, Sanne Rotmeijer, Jessica Roitman e a toda a equipe do Royal Netherlands Institute of Southeast Asian and Caribbean Studies por seu acolhimento no âmbito de um pós-doutorado. Obrigado a Nathalie Jas, Catherine Cavalin e aos membros do Institut de Recherche Interdisciplinaire en Sciences Sociales (Irisso), cujo acolhimento me permitiu preparar este livro em boas condições. Obrigado aos camaradas de pensamentos, cujas discussões, críticas e releituras enriqueceram este projeto: Axelle Ébodé, Yves Mintoogue, Pauline Vermeren, Odonel Pierre-Louis, Jean Waddimir, Jephté Camil, Kasia Mika, Adler Camilus, Margaux Le Donné, Laurence Marty, Gratias Klegui, Fabiana Ex-Souza, Sarah

Fila-Bakabadio, Kémi Apovo, Trilce Laske, Alizé Berthé, Grettel Navas, Raphaël Lauro, Sonny Joseph, Sada Mire, Angus Martin, Marie Bodin. Obrigado ao coletivo Archipel des Devenirs pela prática filosófica da utopia e pelas escritas utópicas do mundo. Obrigado aos muitos colegas com quem cruzei nos colóquios – eles sabem quem são –, cujas discussões alimentaram generosamente este trabalho. Obrigado também aos pensadores ecologistas que iniciaram essas reflexões muito antes de mim. Minhas discordâncias com alguns não são nada mais do que marcas de respeito. Obrigado à equipe da Biblioteca Nacional da França, cujos sorrisos, apertos de mão e simpatia acompanharam agradavelmente minhas longas jornadas. Obrigado aos amigos por seu precioso companheirismo: Rudy, Jacques, Fred, Marie-George, Morgane, Mathieu, Régis, Hassan, Ludivine, Sarah, Benjamin, Luce, Davy, Domi, Jean-No, Gaëlle, Christelle, Olivier, Yannick, David, Wilhem, Cédric e muitos outros mais. Obrigado à falecida Lila Chouli, uma das primeiras ecologistas decoloniais. Obrigado, Carolin. Obrigado a todos os ecologistas caribenhos – sobretudo aos da Martinica, de Guadalupe, do Haiti e de Porto Rico – encontrados durante a minha tese, cujas lutas pela Mãe Terra me encorajaram a seguir este caminho.

Em um mundo moderno que nunca deixou de lembrar a inferioridade daqueles e daquelas com quem partilho uma pele Preta, é uma tarefa incomensurável se descobrir digno de amor, dotado de fala e capaz de pensar. Ao lado dos poetas, filósofos, militantes e artistas que guiaram nossas noites quilombolas e nos preservaram da imensidão do rancor, isso foi inicialmente fruto da minha família que me ensinou a amar e a lutar. *Amor e Combate*. Obrigado a Malik pela abertura para os caminhos literários do mundo. Obrigado a Youri, Sonny, Wally, Marvin, *papa* Jojo, Isambert Duriveau, *tonton* Joseph, Nathalie, Vanessa, Loïc, *tatie* Carole, Nicolas, Laurence, *tatie* Fofo, Johanne, Sandra & co. Obrigado a meu irmão Jonathan Ferdinand, que partiu cedo demais, pela inteligência do sensível. Obrigado a meu pai, Alex Ferdinand, por seu apoio vulcânico-*tchimbé rèd*. Obrigado a minha mãe, Nadiège Noël, por seu apoio oceânico e sua vitoriosa luz sobre o mundo.

notas

prólogo

1 Romain Cruse, *Une géographie populaire de la Caraïbe*. Montréal: Mémoire d'Encrier, 2014, pp. 50–62.

2 Paget Henry, *Caliban's Reason: Introducing Afro-Caribbean Philosophy*. London: Taylor and Francis, 2002; Consuelo Lopez Springfield (org.), *Daughters of Caliban: Caribbean Women in the Twentieth Century*. London: Indiana University Press, 2001; Maryse Condé (org.), *L'héritage de Caliban*. Pointe-à-Pitre: Éditions Jasor, 1992.

3 Pap Ndiaye, *La condition noire: Essai sur une minorité française*. Paris: Gallimard, 2009; Maxime Cervulle, *Dans le blanc des yeux, diversité, racisme et médias*. Paris: Éditions Amsterdam, 2013; Nell Irvin Painter, *The History of White People*. New York: W. W. Norton, 2010.

4 Norman Ajari, *La dignité ou la mort: Éthique et politique de la race*. Paris: La Découverte, 2019.

5 Anténor Firmin, *De l'égalité des races humaines: Anthropologie positive*. Paris: Librairie Cotillon, 1885.

6 Magali Bessone, *Sans distinction de race? Une analyse critique du concept de race et de ses effets pratiques*. Paris: Vrin, 2013.

7 Dorceta Taylor, "The State of Diversity in Environmental Organizations: Mainstream NGOs, Foundations, Government Agencies". University of Michigan, 2014.

8 Aimé Césaire, *Diário de um retorno ao país natal* [1939], trad. Lilian Pestre de Almeida. São Paulo: Edusp, 2012, p. 63.

9 Philippe Descola, *Par-delà nature et culture*. Paris: Gallimard, 2005, pp. 91–131; Bruno Latour, *Jamais fomos modernos: ensaio de antropologia simétrica*, trad. Carlos Irineu da Costa. São Paulo: Editora 34, 2019; Pierre Charbonnier, *La fin d'un grand partage: Nature et société, de Durkheim à Descola*. Paris: CNRS éditions, 2015.

10 Zygmunt Bauman, *Vidas desperdiçadas*, trad. Carlos Alberto Medeiros. Rio de Janeiro: Zahar, 2005.

11 Christophe Bonneuil e Jean-Baptiste Fressoz, *L'événement anthropocène: La Terre, l'histoire et nous*. Paris: Points, 2016.

12 Hicham-Stéphane Afeissa, "Comme chiens et chats: Le conflit fratricide entre éthique environnementale et éthique animale", in *Nouveaux fronts écologiques: Essais d'éthique environnementale et de philosophie animale*. Paris: Vrin, 2012, pp. 99–144.

13 J. Baird Callicott, *Éthique de la Terre*. Marseille: Wildproject, 2011.

14 William Cronon (org.), *Uncommon Ground: Rethinking the Human Place in Nature*. New York: Norton & Company, 1996.

15 Lewis Gordon, *An Introduction to Africana Philosophy*. Cambridge: Cambridge University Press, 2008, pp. 3–7.

16 Frederick Cooper, *Le colonialisme en question: Théorie, connaissance, histoire*, trad. C. Jeanmougin. Paris: Payot, 2010.

17 Paul Crutzen, Will Steffen e John R. McNeill, "The Anthropocene: Are Humans Now Overwhelming the Great Forces of Nature?" *AMBIO: A Journal of the Human Environment*, v. 36, n. 8, 1 dez. 2007.

18 Gabrielle Hecht, *Uranium africain, une histoire globale*, trad. C. Nordmann. Paris: Seuil, 2016, p. 30.

19 Ibid.

20 Jean Allman, "Nuclear Imperialism and the Pan-African Struggle for Peace and Freedom: Ghana, 1959–1962". *Souls*, v. 10, n. 2, 2008, pp. 83–102; Frantz Fanon, *Os* *condenados da terra* [1961], trad. José Laurênio de Melo. Rio de Janeiro: Civilização Brasileira, 1968, pp. 62–63. Esther Davis foi a única cidadã francesa a integrar o Sahara Protest Team.

21 René Dumont, *L'Afrique noire est mal partie*. Paris: Seuil, 1962; Robert Jaulin, *La paix blanche: Introduction à l'éthnocide*. Paris: Seuil, 1970; Serge Moscovici, *De la nature, pour penser l'écologie*. Paris: Métailié, 2002, p. 223 [ed. bras.: *Natureza: Para pensar a ecologia*, trad. Maria Louise Trindade. Conilh de Beyssac e Regina Mathieu. Rio de Janeiro: Mauad, 2009]; Céline Pessis (org.), *Survivre et vivre: Critique de la science, naissance de l'écologie*. Montreuil: L'Échappée, 2014, pp. 41–45 (ver o texto "Nous sommes tous des Martiniquaises de quinze ans", pp. 266–67).

22 Serge Latouche, *L'occidentalisation du monde: Essai sur la signification, la portée et les limites de l'uniformisation planétaire*. Paris: La Découverte, 2005; id., *Décoloniser l'imaginaire: La pensée créative contre l'économie de l'absurde*. Lyon: Paragon-VS, 2011.

23 Alexis Vrignon, *La naissance de l'écologie politique en France: Une nébuleuse au cœur des années*. Rennes: Presses Universitaires de Rennes, 2017.

24 Serge Audier, *La société écologique et ses ennemis: Pour une histoire alternative de l'émancipation*. Paris: La Découverte, 2017; Dominique Bourg e Augustin Fragnière (orgs.), *La pensée écologique: Une anthologie*. Paris: Presses Universitaires de France, 2014; Ariane Debourdeau (org.), *Les grands textes fondateurs de l'écologie*. Paris: Flammarion, 2013; Fabrice Flipo, *Nature et politique: Contribution à une anthropologie de la modernité*. Paris: Amsterdam, 2013; Alexander Federau, *Pour une philosophie de l'Anthropocène*. Paris: Presses Universitaires de France, 2017.

25 Dominique Bourg e Alain Papaux (orgs.), *Dictionnaire de la pensée écologique*. Paris: Presses Universitaires de France, 2015.

26 Malcom Ferdinand, "Subnational Climate Justice for the French Outre-mer: Postcolonial Politics and Geography of an Epistemic Shift". *Island Studies Journal*, v. 13, 2018, pp. 119–34; Olivier Gargominy e Aurélie Bocquet, *Biodiversité d'outre-mer*. Paris: Comité Français pour L'UICN, 2013.

27 Silyane Larcher, *L'autre citoyen: L'idéal républicain et les Antilles après l'esclavage*. Paris: Armand Colin, 2014; Audrey Célestine, *La fabrique des identités: L'encadrement politique des minorités caribéennes à Paris et New York*. Paris: Karthala, 2018.

28 Kathryn Yusoff, *A Billion Black Anthropocene or None*. Minneapolis: University of Minnesota Press, 2018, p. 105.

29 Cornelius Castoriadis, *L'institution imaginaire de la société*. Paris: Seuil, 1975, p. 8.

30 Pablo Servigne e Raphaël Stevens, *Comment tout peut s'effondrer: Petit manuel de collapsologie à l'usage des générations présentes*. Paris: Seuil, 2015; Pablo Servigne, Raphaël Stevens e Gauthier Chapelle, *Une autre fin du monde est possible: Vivre l'effondrement (et pas seulement y survivre)*. Paris: Seuil, 2018.

31 Jared Diamond, *Collapse: How Societies Choose to Fail or Survive*. London: Penguin Books, 2005, p. 355 [ed. bras.: *Colapso: como as sociedades escolhem o fracasso ou o sucesso*, trad. Alexandre Raposo. Rio de Janeiro: Record, 2005].

32 Seloua Luste Boulbina e Jim Cohen (orgs.), "Décoloniser les savoirs". *Mouvements*, n. 72, Paris, La Découverte, 2012; Samir Boumediene, *La colonisation du savoir: Une histoire des plantes médicinales*. Vaulx-en-Velin: Éditions des Mondes à Faire, 2016.

33 Dominique Bourg, *Une nouvelle Terre*. Paris: Desclée de Brouwer, 2018, p. 21.

34 Rudyard Kipling, "The White Man's Burden". *McClure's Magazine*, v. 12, n. 4, 1899, pp. 290–91.

35 W. E. B. Du Bois, *As almas do povo negro* [1903], trad. Alexandre Boide. São Paulo: Veneta, 2021; Paul Gilroy, *O atlântico negro: Modernidade e dupla consciência* [1993], trad. Cid Knipel Moreira. São Paulo: Ed. 34, 2012; Enrique Dussel, *The Underside of Moder-*

nity: Apel, Ricoeur, Rorty, Taylor and the Philosophy of Liberation. Atlantic Highlands: Humanities Press, 1996; Frantz Fanon, *Pele negra, máscaras brancas* [1952], trad. Sebastião Nascimento e Raquel Camargo. São Paulo: Ubu Editora, 2020; Glen Sean Coulthard, *Peau rouge, masques blancs: Contre la politique coloniale de la reconnaissance*, trad. A. Des Rochers e A. Gauthier. Montréal: Lux, 2018.

36 Michel-Rolph Trouillot, *Silenciando o passado* [1995], trad. Sebastião Nascimento. Curitiba: Huya, 2016.

37 Amandine Gay, "La crise d'une utopie blanche?", in J. Lindgaard (org.), *Éloge des mauvaises herbes: Ce que nous devons à la ZAD*. Paris: Les Liens qui Libèrent, 2018, pp. 157–68.

38 Dipesh Chakrabarty, "Postcolonial Studies and the Challenge of Climate Change". *New Literary History*, v. 1, n. 43, 2012, pp. 1–18; id., "The Climate of History: Four Thesis". *Critical Inquiry*, v. 35, n. 2, 2009, p. 197–222; Souleymane Bachir Diagne, "Faire humanité ensemble et ensemble habiter la Terre". *Présence Africaine*, v. 193, n. 1, 2016, pp. 11–19.; id., "Faire la 'Terre totale'", in J. Bindé (org.), *Signons la paix avec la Terre: Quel avenir pour la planète et pour l'espèce humaine? Entretiens du XXIᵉ siècle*. Paris: Unesco/Albin Michel, 2007.

39 Ann Laura Stoler, *Duress: Imperial Durabilities in Our Times*. Durham: Duke University Press, 2016; Dorceta Taylor, *Toxic Communities: Environmental Racism, Industrial Pollution, and Residential Mobility*. New York: New York University Press, 2014.

40 Ver, por exemplo, John R. McNeill, *Mosquito Empires: Ecology and War in the Greater Caribbean, 1620–1914*. New York: Cambridge University Press, 2010; Michelle Scobie, *Global Governance and Small States: Architectures and Agency in the Caribbean*. Chettenham: Edward Elgar Publishing, 2019.

41 Richard Grove, *Green Imperialism: Colonial Expansion, Tropical Island Edens and the Origins of Environmentalism, 1600–1800*. Cambridge: Cambridge University Press, 1996.

42 Megan Raby, *American Tropics: The Caribbean Roots of Biodiversity Science*. Chapel Hill: University of North Carolina Press, 2017.

43 Pablo Gomez, *The Experiential Caribbean: Creating Knowledge and Healing in Early Modern Atlantic*. Chapel Hill: University of North Carolina Press, 2017.

44 Sherrie L. Baver e Barbara D. Lynch (orgs.), *Beyond Sand and Sun: Caribbean Environmentalisms*. London: Rutgers University Press, 2006; Malcom Ferdinand, "Ecology, Identity, and Colonialism in Martinique: The Discourse of an Ecological NGO (1980–2011)", in C. Campbell e M. Niblett (orgs.), *The Caribbean Aesthetics, World-Ecology, Politics*. Liverpool: Liverpool University Press, 2016; Rivke Jaffe, *Concrete Jungles and the Politics of Difference in the Caribbean*. Oxford: Oxford University Press, 2016; Eloise C. Stancioff, *Landscape, Landchange and Well-Being in the Lesser Antilles: Case Studies From St-Kitts and the Kalinago Territory, Dominica*. Leyde: Sidestone Press, 2018; Karen Baptiste e Kevon Rhiney, "Climate Justice and the Caribbean". *Geoforum*, v. 73, 2016, pp. 17–80.

45 B. Latour, *Jamais fomos modernos*, op. cit.

46 Tzvetan Todorov, *A conquista da América: A questão do outro* [1982], trad. Beatriz Perrone-Moisés. São Paulo: WMF Martins Fontes, 2010, p. 219; André Saint-Lu, "Bartolomé de Las Casas et la traite des Nègres". *Bulletin Hispanique*, v. 94, n. 1, 1992, pp. 39–40.

47 Louis Gates Jr., *Black in Latin America*. New York: New York University Press, 2011 [ed. bras.: *Os negros na América Latina*, trad. Donaldson M. Garschagen. São Paulo: Companhia das Letras, 2014].

48 Roger Bastide, *Les Amériques noires: Les civilisations africaines dans le Nouveau Monde*. Paris: Payot, 1967; Richard Price (org.), *Maroon Societies: Rebel Slave Communities in the Americas*. London/Baltimore: Johns Hopkins University Press, 1996;

Christine Chivallon, *Espace et identité à la Martinique: Paysannerie des mornes et reconquête collective, 1840–1960*. Paris: CNRS Éditions, 1998; Arturo Escobar, *Sentir-penser avec la Terre: L'écologie au-delà de l'Occident*, trad. A. L. Bonvallot, R. A. Perez et al. Paris: Seuil, 2018; Catherine Benoît, *Corps, jardins, mémoires*. Paris: CNRS Éditions & Maisons des Sciences de l'Homme, 2000.

49 Walter D. Mignolo e Arturo Escobar (orgs.), *Globalization and the Decolonial Option*. London: Routledge, 2010, p. 2.

50 Sobre o esquecimento do Haiti no pensamento decolonial, ver Adler Camilus, *Conflictualités et politique comme oubli du citoyen*. Tese de doutorado em Filosofia, Universidade Paris VIII, sob a orientação de Georges Navet, 2015.

51 L. Gordon, *An Introduction to Africana Philosophy*, op. cit.; Nick Nesbit, *Caribbean Critique: Antillean Critical Theory from Toussaint to Glissant*. Liverpool: Liverpool University Press, 2013; Cedric J. Robinson, *Black Marxism: The Making of the Black Radical Tradition*. Chapel Hill: University of North Carolina Press, 2000; Souleymane Bachir Diagne, *Comment philosopher en islam?* Paris: Philippe Rey, 2014, pp. 73–82; N. Ajari, *La dignité ou la mort*, op. cit.; Katherine McKittrick (org.), *Sylvia Wynter: On Being Human as Praxis*. Durham: Duke University Press, 2015.

52 Elsa Dorlin, *La matrice de la race: Généalogie sexuelle et coloniale de la nation*. Paris: La Découverte, 2009; Anne Berger e Eleni Varikas (orgs.), *Genre et postcolonialismes: Dialogues transcontinentaux*. Paris: Éditions Archives Contemporaines, 2011; bell hooks, *E eu não sou uma mulher? Mulheres negras e feminismo* [1981], trad. Libanio Bhuvi. Rio de Janeiro: Rosa dos Tempos, 2019; Angela Davis, *Mulheres, raça e classe* [1981], trad. Heci Regina Candiani. São Paulo: Boitempo, 2016; Kimberlé Crenshaw, "Mapping the Margins: Intersectionality, Identity Politics and Violence Against Women of Color". *Stanford Law Review*, n. 43, 1991, pp. 1241–99.

53 Deane Curtin, *Environmental Ethics for a Postcolonial World*. Lanham: Rowman & Littlefield, 2005; William Adams e Martin Mulligan (orgs.), *Decolonizing Nature: Strategies for Conservation in a Postcolonial Era*. London: Earthscan Publications, 2003.

54 Robert Bullard (org.), *Unequal Protection: Environmental Justice and Communities of Color*. San Francisco: Sierra Club Books, 1994; Ryan Holyfield, Jayajit Chakraborty e Gordon Walker, *The Routledge Handbook of Environmental Justice*. London: Routledge e Taylor & Francis, 2018; David V. Carruthers (org.), *Environmental Justice in Latin America: Problems, Promise, and Practice*. Cambridge: MIT Press, 2008; David McDonald, *Environmental Justice in South Africa*. Cape Town: University of Cape Town Press, 2002; David Schlosberg, *Defining Environmental Justice: Theories, Movements, and Nature*. Oxford: Oxford University Press, 2007.

55 Elizabeth DeLoughrey e George Handley (orgs.), *Postcolonial Ecologies: Literatures of the Environment*. New York: Oxford University Press, 2011; Elizabeth DeLoughrey, Jill Didur e Anthony Carrigan, *Global Ecologies and the Environmental Humanities: Postcolonial Approaches*. New York: Routledge, 2015; Hellen Tiffin e Graham Huggan, *Postcolonial Ecocriticism: Literature, Animals, Environment*. London: Routledge, 2009; Bonnie Roos e Alex Hunt, *Postcolonial Green: Environmental Politics & World Narratives*. Charlottesville: University of Virginia Press, 2010; Pablo U. Mukherjee, *Postcolonial Environment: Nature, Culture and the Contemporary Indian Novel in English*. Basingstoke: Palgrave Macmillan, 2010; Chris Campbell e Michael Niblett, *The Caribbean: Aesthetics, World-ecology, Politics*. Liverpool: Liverpool University Press, 2016; Byron Caminero-Santangelo, *Different Shades of Green: African Literature, Environmental Justice and Political Ecology*. Charlottesville: University of Virginia Press, 2014.

56 Alfred Crosby, *Ecological Imperialism: The Biological Expansion of Europe*,

900–1900 [1986]. Cambridge: Cambridge University Press, 2004; Benjamin Chavis Jr., *Toxic Wastes and Race in The United States: A National Report on the Racial and Socio-economic Characteristics of Communities with Hazardous Waste Sites*. New York: Commission for Racial Justice Public Data Access, 1987; Larry Lohmann, "Green Orientalism". *The Ecologist*, v. 23, n. 6, 1993, pp. 202–04; Robert H. Nelson, "Environmental Colonialism, 'Saving' Africa from Africans". *Independent Review*, v. 8, n. 1, 2003, pp. 65–86.

57   Jacques Roumain, *Gouverneurs de la rosée* [1944]. Québec: Mémoire d'Encrier, 2007 [ed. bras.: *Senhores do orvalho*, trad. Monica Stahel. São Paulo: Carambaia, 2020].

58   A. Césaire, *Discurso sobre o colonialismo*, trad. Noémia de Sousa. Lisboa: Livraria Sá da Costa, 1978, p. 26.

59   F. Fanon, *Os condenados da terra*, op. cit., pp. 79–80.

60   Nathan Hare, "Black Ecology", in *The Black Scholar – Black Cities: Colonies or City States?*, v. 1, n. 6, abr. 1970, p. 8.

61   Thomas Sankara, *Oser inventer l'avenir: La parole de Sankara (1983–1987)*. Paris: L'Harmattan, 1991, p. 165.

62   Ibid., p. 166.

63   Ejnet – Environmental Justice / Environmental Racism, "Principles of Environmental Justice", disponível em: ejnet.org/ej/principles.html.

64   Wangari Maathai, *Réparons la Terre*, trad. P. Haas. Paris: Héloïse d'Ormesson, 2012, pp. 12–15 e 46.

65   Francia Márquez, "Francia Márquez Acceptance Speech, 2018 Goldman Environmental Prize", San Francisco, 25 abr. 2018.

66   Hannah Arendt, *A condição humana* [1958], trad. Roberto Raposo. Rio de Janeiro: Forense, 2007, p. 120–21; André Gorz, *Écologica*. Paris: Galilée, 2008, p. 49; Étienne Tassin, "Propositions philosophiques pour une compréhension cosmopolitique de l'écologie", anais do colóquio "Penser l'écologie politique: Sciences sociales et interdisciplinarité", Universidade Paris-Diderot, 13–14 jan. 2014, pp. 180–83.

67   H. Arendt, *A condição humana*, op. cit., p. 195.

68   Étienne Tassin, *Un monde commun*. Paris: Seuil, 2003, pp. 215–35.

69   Expressão tomada de Habermas por A. Gorz em *Écologica*, op. cit., p. 47.

70   Félix Guattari, *As três ecologias* [1989], trad. Maria Cristina F. Bittencourt. Campinas: Papirus, 2001, p. 11.

71   Jason Moore, *Capitalism in the Web of Life*. London: Verso, 2015.

72   Alf Hornborg, John McNeill e Juan Martinez-Alier (orgs.), *Rethinking Environmental History: World-System History and Global Environmental Change*. New York: Alta Mira Press, 2007; Paul Robbins, *Political Ecology: A Critical Introduction*. Malden: Wiley-Blackwell, 2019.

73   Paul K. Gellert, Scott R. Frey e Harry F. Dahms, "Introduction to Ecologically Unequal Exchange in Comparative Perspective". *Journal of World-Systems Research*, v. 23, n. 2, 2017, pp. 226–35.

74   Johan Rockström et al., "A Safe Operating Space for Humanity". *Nature*, v. 461, n. 7263, 2009, pp. 472–75; Will Steffen et al., "Planetary Boundaries: Guiding Human Development on a Changing Planet", *Science*, v. 347, n. 6223, 2015.

75   Philippe Descola, *La composition des mondes: Entretiens avec Pierre Charbonnier*. Paris: Flammarion, 2014; Eduardo Viveiros de Castro, *The Relative Native: Essays on Indigenous Conceptual Worlds*. Chicago: HAU Books, 2015.

76   Édouard Glissant, *Poética da relação: Poética III* [1990], trad. Marcela Vieira e Eduardo Jorge de Oliveira. Rio de Janeiro: Bazar do Tempo, 2021.

77   Hannah Arendt, "Public Rights and Private Interests", in M. Mooney e F. Stuber, *Small Comforts for Hard Times: Humanists on Public Policy*. New York: Columbia University Press, 1977, pp. 103–08.

78   Sylvia Wynter, "Unsettling the Coloniality of Being / Power / Truth / Freedom:

Towards the Human, After Man, Its Over-representation – An Argument". *CR: The New Centennial Review*, v. 3, n. 3, 2003, pp. 257–337.
79   H. Arendt, *O que é política?* [1950], org. Ursula Ludz, trad. Reinaldo Guarany. Rio de Janeiro: Bertrand Brasil, 2018.
80   P. Henry, *Caliban's Reason*, op. cit.
81   Todos os números são oriundos da base de dados "Voyages: The Transatlantic Slave Trade Data-Base", Universidade Emory, 2019, disponível em: slavevoyages.org.

1
o habitar colonial: uma Terra sem mundo

1   Dominique Rogers e Boris Lesueur (orgs.), *Sortir de l'esclavage: Europe du Sud et Amériques, XIVᵉ-XIXᵉ siècle*. Paris: Karthala, 2018; Myriam Cottias, Elizabeth Cunin e Antonio Almeida Mendes, *Les traites et les esclavages: Perspectives historiques et contemporaines*. Paris: Karthala, 2010.
2   Carolyn Merchant, *Ecological Revolutions: Nature, Gender, and Science in New England*. Chapel Hill: University of North Carolina Press, 1989, pp. 26–146.
3   Jean-Baptiste Du Tertre, *Histoire générale des Antilles habitées par les François*, t. I. Paris: Éditions Thomas Lolly, 1667, pp. 8–9 (texto modificado pelo autor).
4   Jean-Baptiste Thibault de Chanvalon, "Moments perdus ou sottisier", apres. Monique Pouliquen, in *Voyage à la Martinique, 1751-1756: Contenant diverses observations sur la physique, l'histoire naturelle, l'agriculture, les mœurs et les usages de cette isle faites en 1751 et dans les années suivantes*. Paris: Karthala, 2004, p. 261.
5   Martin Heidegger, "Bâtir, habiter, penser", in *Essais et conférences*, trad. A. Préant. Paris: Gallimard, 1958, pp. 173–75.
6   Cardeal de Richelieu, "Commission aux Sieurs d'Esnambuc et du Roissey, capitaines du Roi dans les mers du Ponant, pour établir une colonie française aux Antilles d'Amérique", 31 out. 1626, in J.-B. Du Tertre, *Histoire générale des Antilles*, t. I, op. cit., p. 12.
7   Bernard Grunberg e Julian Montemayor, *L'Amérique espagnole (1492-1700): Textes et documents*. Paris: L'Harmattan, 2014, p. 16.
8   Cardeal de Richelieu, "Commission...", op. cit.
9   Carl Schmitt, *O nomos da Terra no direito das gentes do jus publicum europaeum* [1950], trad. Alexandre Franco de Sá. Rio de Janeiro: Contraponto / Editora PUC-Rio, 2014, pp. 87–102.
10   Emmanuel Levinas, *Totalidade e infinito* [1971], trad. José Pinto Ribeiro. Lisboa: Edições 70, 2008, p. 25.
11   Enrique Dussel, *1492: O encobrimento do outro – A origem do mito da modernidade*, trad. Jaime A. Clasen. Petrópolis: Vozes, 1993, pp. 7–8.
12   David Watts, *The West Indies: Patterns of Development, Culture and Environmental Change Since 1492*. Cambridge: Cambridge University Press, 1987, p. 77.
13   Jean du Plessis d'Ossonville e Charles Liénard de L'Olive, colonizadores franceses do século XVII. [N. T.]
14   J.-B. Du Tertre, *Histoire générale des Antilles...*, t. I, op. cit., p. 76.
15   D. Watts, *The West Indies...*, op. cit., p. 154.
16   J.-B. Du Tertre, *Histoire générale des Antilles...*, t. I, op. cit., p. 81.
17   Myriam Cottias, "L'engagement des Blancs aux Antilles". *Revue de la Bibliothèque Nationale de France: Outre-mer*, v. 39, Paris, Armand Colin, 1991, p. 35.
18   Bartolomé de Las Casas, *O paraíso destruído: brevíssima relação da destruição das Índias Ocidentais* [1552], trad. Heraldo Barbuy. Porto Alegre: L&PM, 2021.
19   J.-B. Du Tertre, *Histoire générale des Antilles...*, t. I, op. cit., p. 6.
20   Jean-Baptiste Delawarde, *Les défricheurs et les petits colons à la Martinique au XVIIᵉ siècle*. Paris: Imprimerie René Buffault, 1935, pp. 54–55.

21 Louis-Philippe May, *Histoire économique de la Martinique (1635-1763)* [1930]. Fort-de-France: Société de Distribution et de Culture, 1972, pp. 70-71.
22 William Cronon, *Changes in the Land: Indians, Colonists, and the Ecology of New England* [1983]. New York: Hill and Wang, 2003, pp. 127-56.
23 André-Marcel d'Ans, *Haïti: Paysage et société*. Paris: Karthala, 1987, p. 171.
24 "Ordonnance de MM. Les Général et Intendant qui défend aux maîtres de faire vendre du café par leur nègre, du 7 janvier 1734", in Durand-Molard, *Code de la Martinique*, t. I. Saint-Pierre: Imprimerie de Jean-Baptiste Thounes, 1807, pp. 378-79.
25 L.-P. May, *Histoire économique de la Martinique...*, op. cit., p. 32.
26 Ibid., p. 42.
27 J.-B. Du Tertre, *Histoire générale des Antilles...*, op. cit., t. II, p. 454.
28 J.-B. Delawarde, *Les défricheurs...*, op. cit., p. 39.
29 Ver Olivier Pétré-Grenouilleau, *Qu'est-ce que l'esclavage? Une histoire globale*. Paris: Gallimard, 2014; Id., *Les traites négrières: Essai d'histoire globale*. Paris: Gallimard, 2004.
30 Gil Scott-Heron, "Who'll Pay Reparations On My Soul?", in *A New Black Poet: Small Talk at 125th and Lennox*, prod. Bob Thiele. New York: Flying Dutchman/RCA, 1970.

2
Os matricidas do Plantationoceno

1 Jason Moore, "Madeira, Sugar, & the Conquest of Nature in The 'First' Sixteenth Century, Part I: From 'Island of Timber' to Sugar Revolution, 1420-1506". *Review*, v. 32, n. 4, 2010, pp. 345-90.
2 John R. McNeill, *Mosquito Empires: Ecology and War in the Greater Caribbean, 1620-1914*. New York: Cambridge University Press, 2010, p. 30 e 23.
3 Alfred Crosby, *Ecological Imperialism: The Biological Expansion of Europe, 900-1900* [1986]. Cambridge: Cambridge University Press, 2004.
4 Carolyn Merchant, "Exploiter le ventre de la Terre", in É. Hache (org.), *Reclaim: Recueil de textes écoféministes*. Paris: Cambourakis, 2016, pp. 129-58.
5 Charles de Rochefort, *Histoire naturelle et morale des îles Antilles de l'Amérique*, t. II. Lyon: C. Fourmy, 1667, p. 424.
6 David Watts, *The West Indies: Patterns of Development, Culture and Environmental Change Since 1492*. Cambridge: Cambridge University Press, 1987, pp. 41, 44, 51, 56, 60 e 77.
7 Corinne L. Hofman et al., "Indigenous Caribbean Perspectives: Archaeologies and Legacies of the First Colonised Region in the New World". *American Archeology*, v. 92, n. 361, 2018, pp. 200-16.
8 Augustin Berque, *Écoumène, introduction à l'étude des milieux humains*. Paris: Belin, 1987, p. 17.
9 Édouard Glissant, *Poética da relação: Poética III* [1990], trad. Marcela Vieira e Eduardo Jorge de Oliveira. Rio de Janeiro: Bazar do Tempo, 2021., p. 177.
10 Jean-Baptiste Labat, *Nouveau Voyage aux isles de L'Amérique*, t. I. La Haye: Husson, 1724, pp. 255-56.
11 André-Marcel d'Ans, *Haïti: Paysage et société*. Paris: Karthala, 1987, pp. 317-18.
12 D. Watts, *The West Indies...*, op. cit., p. 179; Reinaldo Funes Monzote, *From Rainforest to Cane Field in Cuba: An Environmental History Since 1492*. Chapel Hill: University of North Carolina Press, 2008.
13 Jean-Baptiste Thibault de Chanvalon, "Moments perdus ou sottisier", apres. Monique Pouliquen, in *Voyage à la Martinique, 1751-1756: Contenant diverses observations sur la physique, l'histoire naturelle, l'agriculture, les mœurs et les usages de cette isle faites en 1751 et dans les années suivantes*. Paris: Karthala, 2004, p. 261.

14 Ibid., p. 262.
15 John Bellamy Foster, *Marx's Ecology: Materialism and Nature*. New York: Monthly Review Press, 2000.
16 Karl Marx, *O capital* [1894], livro III: *O processo global da produção capitalista*, trad. Regis Barbosa e Flávio R. Kothe. São Paulo: Nova Cultural, 1988.
17 J. B. Foster e Hannah Holleman, "The Theory of Unequal Ecological Exchange: A Marx-Odum Dialectic". *The Journal of Peasant Studies*, 2014, v. 41, n. 2, pp. 199-233.
18 A. Crosby, *Ecological Imperialism...*, op. cit., pp. 1-7.
19 Frantz Fanon, *Os condenados da terra* [1961], trad. José Laurênio de Melo. Rio de Janeiro: Civilização Brasileira, 1968, p. 25.
20 C. Merchant, "Exploiter le ventre de la Terre", op. cit., p. 132.
21 Christophe Bonneuil e Jean-Baptiste Fressoz, *L'événement anthropocène: La Terre, l'histoire et nous*. Paris: Points, 2016.
22 J. Moore (org.), *Anthropocene or Capitalocene: Nature, History and the Crisis of Capitalism*. Oakland: PM Press, 2016; Armel Campagne, *Le Capitalocène: Aux racines historiques du dérèglement climatique*. Paris: Éditions Divergences, 2017; Andreas Malm, *L'Anthropocène contre l'histoire: Le réchauffement climatique à l'ère du capital*. Paris: La Fabrique, 2017.
23 Donna Haraway, "Antropoceno, Capitaloceno, Plantationoceno, Chthuluceno: fazendo parentes", trad. Susana Dias, Mara Verônica e Ana Godoy. *ClimaCom Cultura Científica*, ano 3, n. 5, 2016; Id., Anna L. Tsing et al., "Anthropologist Are Talking: About The Anthropocene". *Ethnos, Journal of Anthropology*, v. 81, n. 3, 2015, pp. 535-64.
24 Simon L. Lewis e Mark A. Maslin, *The Human Planet: How We Created the Anthropocene*. New Haven: Yale University Press, 2018, pp. 147-87.
25 Heather Davis e Zoe Todd, "On the Importance of a Date, or Decolonizing the Anthropocene". *ACME: An International Journal for Critical Geographies*, v. 16, n. 4, 2017, pp. 761-80.
26 Sidney Mintz, *Sweetness and Power: The Place of Sugar in Modern History*. New York: Viking Penguin, 1985.
27 A. Tsing, *The Mushroom at the End of the World: On the Possibility of Life in Capitalist Ruins*. Princeton: Princeton University Press, 2015, pp. 37-43; Serge Latouche, *La planète uniforme*. Castelnau-le-Lez: Climats, 2000.

3
o porão e o Negroceno

1 Olaudah Equiano, *The Interesting Narrative of the Life of Olaudah Equiano, or Gustavus Vassa, the African* [1789]. New York: Penguin Books, 1995, pp. 55-56; grifo meu.
2 Olivier Pétré-Grenouilleau, *Qu'est-ce que l'esclavage? Une histoire globale*. Paris: Gallimard, 2014, pp. 163-94.
3 O conceito de rosto é central na obra de Emmanuel Levinas; ver *Totalidade e infinito* [1971], trad. José Pinto Ribeiro. Lisboa: Edições 70, 2008, p. 173.
4 O. Equiano, *The Interesting Narrative of the Life of Olaudah Equiano...*, op. cit., p. 56.
5 Roger Bastide, *Les Amériques noires: Les civilisations africaines dans le Nouveau Monde*. Paris: Payot, 1967; Sidney Mintz e Richard Price, *The Birth of African-American Culture*. Boston: Beacon Press, 1992; Melville Herskovits, *The New World Negro*. Bloomington: Indiana University Press, 1966.
6 Judith A. Carney e Richard N. Rosomoff, *In the Shadow of Slavery: Africa's Botanical Legacy in the New World*. Berkeley: University of California Press, 2009, p. 76.
7 Code Noir, art. 44, in L.-É. Moreau de Saint-Méry, *Loix et constitutions des colonies françoises de l'Amérique sous le vent*, t. I. Paris: chez l'auteur, Quillau & Mequignon Jeune, 1784, p. 421.
8 Ibid., art. 28, p. 419.
9 Catherine Benoît, *Corps, jardins, mémoires*. Paris: CNRS Éditions & Maisons des Sciences de l'Homme, 2000, p. 97.
10 Code Noir, op. cit., art. 30, p. 419.
11 Ibid., art. 16, p. 417.

12 Claude Meillassoux, *Anthropologie de l'esclavage: Le ventre de fer et d'argent*. Paris: Presses Universitaires de France, 1986, p. 9.

13 Frédéric Régent, Bruno Maillard e Gilda Gonfier, *Libres et sans fers: Paroles d'esclaves français – Guadeloupe, île Bourbon (Réunion), Martinique*. Paris: Fayard, 2015.

14 James C. Scott, *Weapons of the Weak: Everyday Forms of Peasant Resistance*. London: Yale University Press, 1985, p. xvi.

15 Jacques Rancière, *La mésentente: Politique et philosophie*. Paris: Galilée, 1995, pp. 31–32.

16 Arlette Gautier, "Biopolitiques esclavagistes: Genre et supplices dans l'Empire français aux Antilles (1776–1848)", in M. Spensky, *Le contrôle du corps des femmes dans les empires coloniaux: Empires, genre et biopolitiques*. Paris: Karthala, 2016, pp. 109–30.

17 Christina Sharpe, *In the Wake: On Blackness and Being*. Durham: Duke University Press, 2016, p. 74 [ed. bras.: *No vestígio: Sobre negridade e existência*, trad. Jess Oliveira. São Paulo: Ubu Editora, no prelo].

18 Bernard Moitt, *Women and Slavery in the French Antilles*. Bloomington: Indiana University Press, 2001; Arlette Gautier, *Les sœurs de solitude: Femmes et esclavage aux Antilles du XVIIe au XIXe siècle*. Rennes: Presses Universitaires de Rennes, 2010.

19 Sonia Maria Giacomini, *Femmes et esclaves, l'expérience brésilienne, 1850–1888*. Donnemarie-Dontilly: Éditions ixe, 2016.

20 Marie Jeankins Schwartz, *Birthing a Slave: Motherhood and Medicine in the Antebellum South*. Cambridge: Harvard University Press, 2006.

21 Andrew Nikiforuk, *L'énergie des esclaves: Le pétrole et la nouvelle servitude*, trad. H. Hardy. Montréal: Éditions Écosociété, 2015.

22 Frantz Fanon, *Os condenados da terra* [1961], trad. José Laurênio de Melo. Rio de Janeiro: Civilização Brasileira, 1968, p. 77; trad. modif.

23 David McDermott Hughes, *Energy Without Conscience: Oil, Climate Change and Complicity*. Durham: Duke University Press, 2007; Jean-François Mouhot, *Des esclaves énergétiques: Réflexions sur le changement climatique*. Paris: Champ Vallon, 2011.

24 Orlando Patterson, *Slavery and Social Death: A Comparative Study*. Cambridge: Harvard University Press, 1982, pp. 334–42.

25 Françoise Vergès, "Racial Capitalocene: Is the Anthropocene racial?", in T. G. Johnson e A. Lubin (orgs.), *Futures of Black Radicalism*. London: Verso, 2017, pp. 72–82.

26 William A. Green, "Race and Slavery: Considerations on the Williams Thesis", in B. Solow e S. Engerman (orgs.), *British Capitalism and Caribbean Slavery*. Cambridge: Cambridge University Press, 1987, pp. 25–49.

27 Ken Saro-Wiwa, *A Month and a Day & Letters*. Banbury: Ayebia Clarke Publishing, 1995.

28 Alice Walker, *Living by the Word: Selected Writings (1973–1987)*. San Diego: Harcourt Brace Jovanovich, 1988, p. 147.

29 Jean-Baptiste Du Tertre, *Histoire générale des Antilles habitées par les François*, t. II. Paris: Éditions Thomas Lolly, 1667, p. 517.

30 Joseph Zobel, *La rue Cases-Nègres* [1950]. Paris: Présence Africaine, 2003; David Goldblatt, *Structures de domination et de démocratie*, catálogo de exposição. Paris: Éditions du Centre Pompidou, 2018; Hugh Masekela, "Stimela", in *Hope*. Malibu: Triloka Records, 1994.

31 Serge Restog, "Negg pa ka mo", in *La gorge serrée, le ventre creux*. Paris/Fort-de-France: Les Paragraphes Littéraires de Paris/S. Restog, 1981, pp. 24–26 (ortografia crioula modificada pelo autor).

32 Patrice Courtaud, "Approche archéologique des populations serviles aux Antilles", in E. Cunin, M. Cottias e A. A. Mendes (orgs.), *Les traites et les esclavages: Perspectives historiques et contemporaines*. Paris: Karthala e CIRESC, 2010, p. 303.

33 Dominique Rogers (org.), *Voix d'esclaves: Antilles, Guyane et Louisiane françaises XVIII-XIX siècles*. Paris: Karthala, CIRESC e SAA, 2015.

4
o ciclone colonial

1 Météo France, "Saison cyclonique 2017: L'OMM fait le bilan pour l'Atlantique", 26 abr. 2018; Pierre Barthélémy, "Harvey, Irma, Maria...: Une saison cyclonique au bilan désastreux". *Le Monde*, 28 dez. 2017.

2 William Shakespeare, ato I, cena II de *A tempestade* [1610], trad. Barbara Heliodora, in *Grandes obras de Shakespeare*, v. 2: *Comédias*. Rio de Janeiro: Nova Fronteira, 2017, p. 358.

3 Ibid., ato V, cena I, p. 445.

4 K. J. E. Walsh et al., "Tropical Cyclones and Climate Change". *WIREs Climate Change*, v. 7, n. 1, 2015, pp. 65-89.

5 Joseph Conrad, *Coração das trevas* [1902], trad. Paulo Schiller. São Paulo: Ubu Editora, 2019.

6 Id., *Typhoon*, trad. A. Gide. Paris: Gallimard, 1918, pp. 51-52 [ed. bras.: *Tufão*, trad. Albino Poli Jr. Porto Alegre: L&PM, 1997].

7 Ibid., pp. 51-53, 95-96.

8 John Barnshaw e Joseph Trainor, "Race, Class, and Capitals Amidst the Hurricane Katrina Diaspora", in D. Brunsma, D. Overflet e J. S. Picou (orgs.), *The Sociology of Katrina: Perspective on a Modern Catastrophe*. Plymouth: Rowman & Littlefield Publishers, 2010, p. 111.

9 Chester Hartman e Gregory D. Squires, "Pre-Katrina, Post-Katrina", in C. Hartman e G. D. Squires (orgs.), *There Is No Such Thing as a Natural Disaster: Race, Class, and Hurricane Katrina*. New York: Routledge, 2006, p. 3.

10 Sharon P. Robinson e Christopher M. Brown (orgs.), *The Children Hurricane Katrina Left Behind*. New York: Peter Lang, 2007, pp. xii-xiii.

11 C. Hartman e G. D. Squires, "Pre-Katrina, Post-Katrina", op. cit., p. 3.

12 Ibid., p. 5.

13 Avis A. Jones-DeWeever e Heidi Hartmann, "Abandoned Before the Storms: The Glaring Disaster of Gender, Race, and Class Disparities in the Gulf", in C. Hartman e G. D. Squires (orgs.), *There Is No Such Thing as a Natural Disaster*, op. cit., pp. 85-101.

14 D. Brunsma, D. Overflet e J. S. Picou, "Introduction. Katrina as Paradigm Shift: The Social Construction of Disaster", in D. Brunsma, D. Overflet e J. S. Picou (orgs.), *The Sociology of Katrina...*, op. cit., p. 2.

15 Kathleen Tierney e Christine Bevc, "Disaster as War, Militarism and the Social Construction of Disaster in New Orleans", in D. Brunsma, D. Overflet e J. Steven Picou (orgs.), *The Sociology of Katrina...*, op. cit., p. 42; Razmig Keucheyan, *La nature est un champ de bataille: Essai d'écologie politique*. Paris: La Découverte, 2014, p. 27.

16 Naomi Klein, *A doutrina do choque: A ascensão do capitalism de desastre*, trad. Vania Cury. Rio de Janeiro: Nova Fronteira, 2008, p. 14.

17 Stephen J. May, *Voyage of The Slave Ship, J. M. W. Turner's Masterpiece in Historical Context*. Jefferson: McFarland & Company, 2014, pp. 104-05.

18 Ao contrário da análise de John Ruskin em *Modern Painters* [1843]. London: A. Deutsch, 1987, p. 159.

19 Ver Marcus Rediker, *The Slaveship: A Human History*. New York: Penguin Books, 2007, pp. 38-40.

20 Jane Webster, "The *Zong* in the Context of the Eighteenth Century Slave Trade". *The Journal of Legal History*, v. 28, n. 3, 2007, p. 289.

21 James Oldham, "Insurance Litigation Involving the *Zong* and Other". *The Journal of Legal History*, v. 28, n. 3, 2007, pp. 299-318.

22 Andrew Lewis, "Martin Dockray and the *Zong*: A Tribute in the Form of a Chronology". *The Journal of Legal History*, v. 28, n. 3, 2007, pp. 357-70.

23 Ver William J. Ripple et al., "15,364 Scientist Signatories from 184 Countries: World Scientists' Warning to Humanity: A Second Notice". *BioScience*, v. 67, n. 12, dez. 2017, pp. 1026-28; ver o princípio 5 da plataforma da ecologia profunda ("A atual interferência humana no mundo não humano é excessiva, e a situação está se agravando rapidamente").

5
a arca de Noé: o embarque ou o abandono do mundo

1 Adlai Stevenson, "Strengthening the International Development Institutions", in W. Johnson e C. Evans (orgs.), *The Papers of Adlai E. Stevenson*, v. VIII: *Ambassador to the United Nations: 1961–1965*. Boston: Little, Brown & Company, 1979, p. 828.
2 Kenneth E. Boulding, "The Economics of the Coming Spaceship", in H. Jarret (org.), *Environmental Quality Issues in a Growing Economy*. Baltimore: Johns Hopkins University Press, 1966, pp. 3–14; Barbara Ward, *Spaceship Earth*. New York: Columbia University Press, 1966; Barbara Ward e Rene Dubos, *Only One Earth: The Care and Maintenance of a Small Planet*. Harmondsworth: Penguin Books, 1972; Richard Buckminster Fuller, *Operating Manual for Spaceship Earth*. New York: E. P. Dutton & Co., 1968.
3 James Lovelock, "Gaia as Seen Through the Atmosphere". *Atmospheric Environment*, v. 6, n. 8, 1972, pp. 579–80.
4 Id., *Gaia: A New Look at Life on Earth* [1979]. Oxford: Oxford University Press, 2009, p. 10 [ed. port.: *Gaia: Um novo olhar sobre a vida na Terra*, trad. Maria Georgina Segurado e Pedro Bernardo. Lisboa: Edições 70, 2020].
5 Ibid., p. x.
6 Paul Crutzen, Will Steffen e John R. McNeill, "The Anthropocene: Are Humans Overwhelming the Great Forces of Nature?". *AMBIO: A Journal of the Human Environment*, v. 36, n. 8, 1 dez. 2007.
7 Hicham-Stéphane Afeissa, *La fin du monde et de l'humanité: Essai de généalogie du discours écologique*. Paris: Presses Universitaires de France, 2014, p. 193.
8 Michel Serres, *O contrato natural*, trad. Serafim Ferreira. Lisboa: Instituto Piaget, 1994; id., *A guerra mundial*, trad. Marcelo Rouanet. Rio de Janeiro: Bertand Brasil, 2011.
9 Id., *O contrato natural*, op. cit., p. 34.
10 Andrew Baldwin, "Postcolonial Futures: Climate, Race, and the Yet-To-Come". *ISLE: Interdisciplinary Studies in Literature and Environment*, v. 24, n. 21, ago. 2017, pp. 292–305.
11 Norman Myers, *The Sinking Ark: A New Look at the Problem of Disappearing Species*. Oxford: Pergamon Press, 1979.
12 Edmund Husserl, "A Terra não se move". *Héstia*, v. 1, 2017, p. 83–84; trad. modif.
13 M. Serres, *O contrato natural*, op. cit., p. 186.
14 J. Lovelock, *A vingança de Gaia*, trad. Ivo Korytowski. Rio de Janeiro: Intrínseca, 2006.
15 Bruno Latour, *Diante de Gaia: Oito conferências sobre a natureza no Antropoceno*, trad. Maryalua Meyer. São Paulo/Rio de Janeiro: Ubu Editora/Ateliê de Humanidades Editorial, 2020, p. 145.
16 M. Serres, *A guerra mundial*, op. cit.
17 Gênesis, 9:25.
18 Olivier Pétré-Grenouilleau, *Les traites négrières: Essai d'histoire globale*. Paris: Gallimard, 2004, pp. 39 e 263.
19 Max Guérout e Thomas Romon, *Tromelin, l'île aux esclaves oubliés*. Paris: CNRS Éditions, 2015.
20 M. Serres, *O contrato natural*, op. cit., p. 69.
21 Martin Luther King Jr., *Dream: The Words and Inspiration of Martin Luther King Jr.* Boulder: Blue Mountain Press, 2007, p. 55.
22 José Médina, *The Epistemology of Resistance: Gender and Racial Oppression, Epistemic Injustice, and Resistant Imaginations*. Oxford: Oxford University Press, 2013, pp. 27–55.
23 Christophe Bonneuil e Jean-Baptiste Fressoz, *L'événement anthropocène: La Terre, l'histoire et nous*. Paris: Points, 2016, pp. 105–15.
24 Paul R. Ehrlich, "The Population Bomb", in D. Stradling (org.), *The Environmental Moment (1968–1972)*. Seattle: University of Washington Press, 2012, pp. 38–41.
25 Garrett Hardin, "Commentary: Living on a Lifeboat". *BioScience*, v. 24, n. 10, 1974, pp. 561–68 (todos os países mencionados por

Hardin são compostos de expressivas populações não Brancas).
26 Holmes Rolston III, "Feeding People *versus* Saving Nature?", in W. Aiken e H. LaFollette (orgs.), *World Hunger and Morality*. Englewood Cliffs: Prentice Hall, 1996, pp. 248–67.
27 Derrick A. Bell, "Space Traders", in *Faces at the Bottom of the Well*. New York: Basic Books, 1992, pp. 159–94.

6
reflorestar sem o mundo (Haiti)

1 Gérard Barthélémy e Mimi Barthélémy, *Haïti, la perle nue*. Châteauneuf-le-Rouge: Vents d'ailleurs, 1999, p. 28.
2 André-Marcel d'Ans, *Haïti: Paysage et société*. Paris: Karthala, 1987, p. 172.
3 FAO, "Global Forest Resources Assessment 2015: Desk Reference". Rome, 2015, p. 5.
4 Christopher E. Churches et al., "Evaluation of Forest Cover Estimates for Haiti Using Supervised Classification of Landsat Data". *International Journal of Applied Earth Observation and Geoinformation*, v. 30, ago. 2014, pp. 203–16.
5 Lucile Maertens e Adrienne Stork, "Qui déforeste en Haïti?: Pour un nouveau regard sur le charbon de bois et la déforestation", trad. C. Richard. *La vie des idées*, 27 mar. 2018.
6 LeGrace Benson, "Haiti's Elusive Paradise", in E. Deloughrey e G. Handley (orgs.), *Postcolonial Ecologies: Literatures of the Environment*. New York: Oxford University Press, 2011, pp. 62–79.
7 Andrew Tarter et al., *Charcoal in Haiti: A National Assessment of Charcoal Production and Consumption Trends*. Washington: World Bank, 2018.
8 Ver Gérard Barthélémy, *Le pays en dehors: Essai sur l'univers rural haïtien*. Port-au-Prince: H. Deschamps, 1989.

9 Laënnec Hurbon, *Comprendre Haïti: Essai sur la nation, l'État, la culture*. Paris: Karthala, 1987, p. 31.
10 Ramachandra Guha e Juan Martinez-Alier, "L'environnementalisme des riches", in É. Hache (org.), *Écologie politique, cosmos, communautés, milieux*. Paris: Éditions Amsterdam, 2012, pp. 51–65.
11 Entrevista com o senhor Élie, diretor da associação ecologista local DAME em Jacmel, Haiti, out. 2012.
12 Georges Michel, "La fabrication du charbon de bois par distillation du bois (pyrolyse), peut-être la clef du déboisement d'Haïti". *The Journal of Haitian Studies*, v. 17, n. 1, 2011, pp. 274–76; Alexandre Racicot, *Durabilité de combustibles de substitution au bois énergie en Haïti: Filières renouvelables pour la cuisson des aliments*. Dissertação de mestrado, Universidade de Sherbrooke, sob a orientação de Pascal Dehoux, 2011.
13 Frito Dolisca et al., "Land Tenure, Population Pressure, and Deforestation in Haiti: The Case of Forêt des Pins Reserve". *Journal of Forest Economics*, v. 13, n. 4, nov. 2017, pp. 277–89.
14 Ibid.
15 Émilie Hache, *Ce à quoi nous tenons: Propositions pour une écologie pragmatique*. Paris: Les Empêcheurs de Penser en Rond / La Découverte, 2010.
16 Réseau National de Défense des Droits Humains (RNDDH), "Rapport d'enquête sur l'éviction des occupants du parc national La Visite", 8 ago. 2012, p. 2.
17 Alex Bellande, *Haïti déforestée, paysages remodelés*. Montréal: Les Éditions du CIDIHCA, 2015.
18 Frito Dolisca, *Population Pressure, Land Tenure, Deforestation, and Farming Systems in Haiti: The Case of Foret Des Pins Reserve*. Tese de doutorado, Auburn University, sob a orientação de Joshua M. McDaniel e Lawrence D. Teeter, 2005.
19 Allan Ebert, "Porkbarreling Pigs in Haiti: North American 'Swine Aid' An Economic Disaster for Haitian Peasants". *Multinational Monitor*, v. 6, n. 18, dez. 1985.

20 L. Hurbon, "Dialectique de la vie et de la mort autour de l'arbre dans les contes haïtiens", in G. Calame-Griaul (org.), *Le thème de l'arbre dans les contes africains*. Paris: Société d'Études Linguistiques et Anthropologiques de France, 1969, p. 73.
21 Alfred Métraux, *Le vaudou haïtien*. Paris: Gallimard, 1958, pp. 306–07.
22 Apud A.-M. d'Ans, *Haïti: Paysage et société*, op. cit., p. 172.
23 L. Hurbon, *Comprendre Haïti...*, op. cit., p. 32.
24 Edmund Husserl, "A Terra não se move". *Héstia*, v. 1, 2017, p. 91; trad. modif.
25 Hannah Arendt, *A condição humana* [1958], trad. Roberto Raposo. Rio de Janeiro: Forense, 2007, p. 195.
26 Étienne Tassin, *Le trésor perdu: Hannah Arendt, l'intelligence de l'action politique*. Paris: Payot & Rivages, 1999, pp. 352–64.

7
o paraíso ou o inferno das reservas (Porto Rico)

1 Grégory Quenet, "Richard Grove, l'explorateur historien", in R. Grove, *Les îles du paradis: L'invention de l'écologie aux colonies 1660-1854*. Paris: La Découverte, 2013, p. 8.
2 Naomi Klein, *The Battle for Paradise: Puerto Rico Takes on the Disaster Capitalists*. Chicago, Haymarket Books, 2018; Alain Hervé, *Le paradis sur terre: Le défi écologique*, seguido de *L'homme sauvage*. Paris: Sang de la Terre, 2010; John McCormick, *Reclaiming Paradise: The Global Environmental Movement* [1989]. Chichester: John Wiley & Sons, 1995; Franz Weber, *Le paradis sauvé* (adaptado pelo autor). Paris: P. M. Favre, 1986; Marc Latham, *Paradis en péril: Quel avenir pour la Nouvelle-Calédonie et les îles du Pacifique? Réflexions sur la gestion du développement durable*. Antony: Les Éditions de l'Officine, 2018; Christopher Church, *Paradise Destroyed: Catastrophe and Citizenship in the French Caribbean*. Lincoln: University of Nebraska Press, 2017.
3 Carlos R. Alicea, "Vieques (Puerto Rico) contra la marina de guerra de EE UU: Lucha anticolonialista y lucha ambiental". *Ecología Política*, n. 19, 2000, p. 169.
4 Katherine T. McCaffrey, "The Battle for Vieques' Future". *Centro Journal*, v. 18, n. 1, 2006, p. 130.
5 Id. e Sherrie L. Baver, "Reframing the Vieques Struggle", in S. L. Baver e B. D. Lynch (orgs.), *Beyond Sand and Sun: Caribbean Environmentalisms*. London: Rutgers University Press, 2006, p. 120.
6 K. T. McCaffrey, *Military Power and Popular Protest: The US Navy in Vieques, Puerto Rico*. New Brunswick: Rutgers University Press, 2002, p. 170.
7 Ver US Fish & Wildlife Service, "Vieques National Wildlife Refuge", disponível em: fws.gov/refuge/vieques/.
8 Michel Foucault, "As heterotopias", trad. Salma Tannus Muchail. São Paulo: n-1 edições, 2013, p. 21; "Outros espaços", in *Ditos e escritos*, v. III: *Estética: Literatura e pintura, música e cinema*, org. Manoel Barros da Motta, trad. Vera Lucia Avellar Ribeiro. Rio de Janeiro: Forense Universitária, 2009, p. 415, trad. modif.
9 Marc Bloch, *Rois et serfs et autres écrits sur le servage: Un chapitre de l'histoire capétienne*. Paris: Librairie Ancienne Honoré Champion, 1920, pp. 132–62; Frédéric Régent, *La France et ses esclaves: De la colonisation aux abolitions: 1620-1848*. Paris: Hachette Littératures, 2009.
10 David Eltis, *The Rise of African Slavery in the Americas*. Cambridge: Cambridge University Press, 2000.
11 Achille Mbembe, *Políticas da inimizade*, trad. Sebastião Nascimento. São Paulo: n-1 edições, 2020.
12 W. E. B. Du Bois, *As almas do povo negro* [1903], trad. Alexandre Boide. São Paulo: Veneta, 2021.
13 Catherine Larrère e Raphaël Larrère, "Sauver le sauvage? L'idée de wilderness", in *Penser et agir avec la nature: Une enquête*

philosophique. Paris: La Découverte, 2018, pp. 27-57.

14 Diana Davis, *Les mythes environnementaux de la colonisation française du Maghreb*, trad. Grégory Quenet. Seyssel: Champ Vallon, 2012.

15 Public Law 106-398, National Defense Authorization, Fiscal Year 2001, 30 out. 2000, 114 Stat. 1654A-354.

16 Department of the Navy, *Final Environmental Impact Statement: Continued Use of the Atlantic Fleet Weapons Training Facility, Inner Range (Vieques)*. Tippetts, Abbett, McCarthy, Stratton & Ecology and Environment Inc., out. 1980, p. ii.

17 Ibid., p. iii.

18 Carmen M. Concepción, "The Origins of Modern Environmental Activism in Puerto Rico in the 1960s". *International Journal of Urban and Regional Research*, v. 19, n. 1, London, E. Arnold, mar. 1995, pp. 112-28; José M. Atiles-Osaria, "Environmental Colonialism, Criminalization and Resistance: Puerto Rican Mobilizations for Environmental Justice in the 21st Century", trad. Karen Bennett. *RCCS Annual Review*, n. 6, 2014, pp. 3-21.

8
a química dos senhores (Martinica e Guadalupe)

1 Achim Steiner et al., "Global Chemical Outlook, Towards Sound Management of Chemicals, Synthesis Report for Decision Makers", United Nations Environment Program, 2012, p. 9.

2 Rachel Carson, *Primavera silenciosa* [1962], trad. Claudia Sant'Anna Martins. São Paulo: Gaia, 2010.

3 Annette Prüss-Ustün et al., "Knowns and Unknowns About the Burden of Disease Due to Chemicals: A Systematic Review". *Environmental Health*, v. 10, n. 9, 2011.

4 Johan Rockström et al., "A Safe Operating Space for Humanity". *Nature*, v. 461, 2009, pp. 472-75; Will Steffen et al., "Planetary Boundaries: Guiding Human Development on a Changing Planet". *Science*, n. 347, v. 6223, 2015.

5 Samuel Epstein, "Kepone-Hazard Evaluation". *Science of the Total Environment*, v. 9, n. 1, jan. 1978, pp. 4-5.

6 Pierre-Benoît Joly, "La saga du chlordécone aux Antilles françaises: Reconstruction chronologique 1968-2008". INRA/Sciences en Société, 2010.

7 Jean-Tves Le Déaut e Catherine Procaccia, "Les pesticides aux Antilles: Bilan et perspectives d'évolution. Synthèse", Office Parlementaire d'Évaluation des Choix Scientifiques et Technologiques, 2009, p. 2.

8 Philippe Kadhel et al., "Chlordecone Exposure, Length of Gestation, and Risk of Preterm Birth". *American Journal of Epidemiology*, v. 179, 8 jan. 2014, pp. 536-44.

9 Renée Dallaire et al., "Cognitive, Visual, and Motor Development of 7-Month-Old Guadeloupean Infants Exposed to Chlordecone". *Environmental Research*, v. 118, out. 2012, pp. 79-85.

10 Luc Multigner et al., "Chlordecone Exposure and Risk of Prostate Cancer". *Journal of Clinical Oncology*, v. 28, n. 21, 20 jul. 2010, pp. 3457-62; Laurent Bureau et al., "Endocrine Disrupting-Chemicals and Biochemical Recurrence of Prostate Cancer After Prostatectomy: A Cohort Study in Guadeloupe (French West Indies)". *International Journal of Cancer*, 20 jan. 2019.

11 Édouard de Lépine, *Chalvet, février 1974; suivi de 102 documents pour servir à l'histoire des luttes ouvrières de janvier-février 1974 à la Martinique*. Fort-de-France: Le Teneur, 2014, pp. 333-34.

12 Rob Nixon, *Slow Violence and the Environmentalism of the Poor*. Cambridge: Harvard University Press, 2011; Grettel Navas, Sara Mingorria e Bernardo Aguilar-González, "Violence in Environmental Conflicts: The Need for a Multidimensional Approach". *Sustainability Science*, v. 13, n. 3, 2018, pp. 649-60.

13 Max Weber, *La domination*, trad. Isabelle Kalinowski. Paris: La Découverte, 2015, p. 46.

14 Guy Cabort-Masson, *Les puissances d'argent en Martinique*. Saint-Joseph: Éditions de la v.d.P, 1984.
15 M. Ferdinand, "De l'usage du chlordécone aux Antilles: L'égalité en question", in F. Augagneur e J. Fagnani (orgs.), *Enjeux environnementaux, protection sociale et inégalités sociales*. Revue Française des Affaires Sociales, n. 1–2, 2015, pp. 163–83.
16 Jean-Yves Le Déaut e Catherine Procaccia, "Rapport sur les impacts de l'utilisation de la chlordécone et des pesticides aux Antilles: Bilan et perspectives d'évolution". Office Parlementaire d'Évaluation des Choix Scientifiques et Technologiques, 2009, p. 11.
17 Katherine McKittrick, "Plantation Futures". *Small Axe*, v. 17, n. 3, 2013, pp. 1–15.
18 Simone Schwarz-Bart, *Ti Jean l'horizon*. Paris: Seuil, 1979, p. 103.
19 Alain Garrigou et al., "Ergonomics Contribution to Chemical Risks Prevention: An Ergotoxicological Investigation of the Effectiveness of Coverall Against Plant Pest Risk in Viticulture". *Applied Ergonomics*, v. 42, n. 201, pp. 321–30.
20 Jean Snégaroff, "Résidus d'insecticides organochlorés dans la région bananière de Guadeloupe". *Phytiatrie-phytopharmacie*, v. 26, n. 4, 1977, pp. 251–68.
21 Santé Publique France e ANSES, "Martinique / Guadeloupe: Évaluation des expositions à la chlordécone et aux autres pesticides. Surveillance du cancer de la prostate". Saint-Maurice, set. 2018.
22 Ibid.
23 M. Ferdinand, "L'interdiction de l'épandage aérien en France: Des contestations locales aux Antilles à l'interdiction nationale (20092014)", in A.-C. Ambroisine-Rendu, A. Vrignon e A. Trespeuch-Berthelot, *Contestations, résistances et négociations environnementales*. Limoges: Presses Universitaires de Limoges, 2018, pp. 207–22; Générations Futures, "Exclusivité: Les cartes des pesticides et les Glyph'Awards", 20/11/2018.
24 Louis Boutrin e Raphaël Confiant, *Chronique d'un empoisonnement annoncé: Le scandale du chlordécone aux Antilles françaises 1972–2002*. Paris: L'Harmattan, 2007; Philippe Verdol, *Du chlordécone comme arme chimique française en Guadeloupe et en Martinique et de ses effets en Europe et dans le monde, plainte et demande de réparations*. Paris: L'Harmattan, 2014.
25 Pascal Blanchard, Sandrine Lemaire e Nicolas Blancel, *Culture coloniale en France: De la Révolution française à nos jours*. Paris: CNRS Éditions, 2008.

9
uma ecologia colonial: no coração da dupla fratura

1 Ted Maris-Wolf, "'Of Blood and Treasure': Receptive Africans and the Politics of Slave Trade Suppression". *Journal of the Civil War Era*, v. 4, n. 1, mar. 2014, pp. 53–83.
2 David Watts, *The West Indies: Patterns of Development, Culture and Environmental Change Since 1492*. Cambridge: Cambridge University Press, 1987, p. 402.
3 Ibid., pp. 397–98.
4 Pierre Poivre, "Discours prononcé par Pierre Poivre aux habitants de l'Isle de France le 26 juillet 1767", in *Œuvres complètes de Pierre Poivre*. Paris: Fusch, 1797, pp. 194–232.
5 Richard Grove, *Green Imperialism: Colonial Expansion, Tropical Island Edens and the Origins of Environmentalism, 1600–1800*. Cambridge: Cambridge University Press, 1996, pp. 168–263.
6 P. Poivre, "Discours prononcé par Pierre Poivre aux habitants de l'Isle de France…", op. cit.
7 Id., *Voyages d'un philosophe, ou Observations sur les mœurs et les arts des peuples de l'Afrique, de l'Asie et de l'Amérique* [1768]. Paris: Fusch, 1797, pp. 124 e 157.
8 Id., "Discours prononcé par Pierre Poivre aux habitants de l'Isle de France…", op. cit.
9 Ibid.

10 Id., *Relation abrégée des voyages faits par le sieur Poivre. Pour le service de la Compagnie des Indes. Depuis 1748 jusqu'en 1757*. Muséum National d'Histoire Naturelle, notas 319 e 575.

11 Jean-Paul Morel, *Sur la vie de Monsieur Poivre: Une légende revisitée*. Saint-Jean-de-Védas, 2018, p. 186.

12 "Acte de vente de l'habitation de Monplaisir par M. Pierre Poivre au profit de Sa Majesté", 12 out. 1772. AN Col C/4/32 f. 281; Maillard-Dumesle, "Acquisition pour le roi de Monplaisir, ses esclaves, son troupeau. Le 10 octobre 1772: Maillart au ministre". AN Col C/4/32 f. 63.

13 Poivre e Dumas, "Ordonnance de police n. 174, règlement concernant les Nègres esclaves aux isles de France et de Bourbon du 26 septembre 1767", in J.-B. Delaleu, *Code des îles de France et de Bourbon*. Port-Louis (ilha Maurício): Tristan Mallac et Compagnie, 1826, pp. 212–14.

14 P. Poivre, "Discours prononcé par Pierre Poivre aux habitants de l'Isle de France...", op. cit.

15 Victor Schœlcher, *Esclavage et colonisation*. Paris: Presses Universitaires de France, 1948.

16 Marcel Dorigny, *Les abolitions de l'esclavage: 1793–1888*. Paris: Presses Universitaires de France-Humensis, 2018, pp. 20–30 [ed. bras.: *As abolições da escravatura: no Brasil e no mundo*, trad. Cristian Macedo e Patrícia Reuillard. São Paulo: Contexto, 2019].

17 V. Schœlcher, *Esclavage et colonisation*, op. cit., p. 36.

18 Emmanuel Levinas, *Totalité et infini: Essai sur l'extériorité* [1961]. Paris: Libraire Générale Française, 2009, p. 38.

19 William Wilberforce, *An Appeal to the Religion, Justice, and Humanity of the Inhabitants of the British Empire in Behalf of the Negro Slaves in the West Indies*. London: J. Hatchard and Son, 1823; Harriet Beecher Stowe, *La case de l'oncle Tom*, trad. L. Énault (bilíngue). Lambersart: Vasseur, 2014 [ed. bras.: *A cabana do Pai Tomás, ou A vida entre os humildes*, trad. Bruno Gambarotto. São Paulo: Carambaia, 2018]; Henri Grégoire, *De la littérature des nègres, ou Recherches sur leurs facultés intellectuelles, leurs qualités morales et leur littérature*. Paris: Chez Maradan, 1808.

20 V. Schœlcher, *Des colonies françaises: Abolition immédiate de l'esclavage* [1842]. Paris: Éditions du CTHS, 1998, p. 385.

21 M. Dorigny, *Les abolitions de l'esclavage: 1793–1888*, op. cit.

22 Caroline Oudin-Bastide e Philippe Steiner, *Calcul et morale: Coûts de l'esclavage et valeur de l'émancipation (XVIIIᵉ-XIXᵉ siècle)*. Paris: Albin Michel, 2015, pp. 190–203.

23 Ibid., pp. 204–20.

24 V. Schœlcher, *Des colonies françaises...*, op. cit., p. 387.

25 Nelly Schmidt, *Abolitionnistes de l'esclavage et réformateurs des colonies, 1820–1851: Analyse et documents*. Paris: Karthala, 201, pp. 191–207.

26 Christine Chivallon, *Espace et identité à la Martinique: Paysannerie des mornes et reconquête collective, 1840–1960*. Paris: CNRS Éditions, 1998, pp. 156–81; Myriam Cottias, "Droit, justice et dépendance dans les Antilles françaises (1848–52)", in *Annales. Histoire, sciences sociales*, v. 3. 2004, pp. 547–67; Yann Moulier-Boutang, *De l'esclavage au salariat: Économie historique du salariat bridé*. Paris: Presses Universitaires de France, 1998, pp. 443–59.

27 Céline Flory, *De l'esclavage à la liberté force*. Paris: Karthala, 2015; Christian Schnakenbourg, *L'immigration indienne en Guadeloupe (1848–1923): Coolies, planteurs et administration coloniale*. Tese de doutorado em História, Universidade de Provence, 2005; Walton Look Lai, *The Chinese in the West Indies, 1806–1995: A Documentary History*. Barbade: University of the West Indies, 1998.

28 Sylvain Pattieu, "Un traitement spécifique des migrations d'outre-mer: Le BUMIDOM (19631982) et ses ambiguïtés". *Politix*, v. 116, n. 4, 2016, pp. 81–113.

29 Laurent Dubois, *Les vengeurs du Nouveau Monde*, trad. T. Van Ruymbeke. Rennes: Les Perséides, 2005, pp. 257–61.

30   Ibid., p. 262.
31   Constitution du 8 juillet 1801 de Saint--Domingue / Haïti [Constituição de 8 de julho de 1801 de Santo Domingo / Haiti]; artigos 14–18 do título VI, a respeito do que é considerado como sendo do domínio das Culturas e do Comércio.
32   Gilbert Pago, *Les femmes et la liquidation du système esclavagiste à la Martinique, 1848–1852*. Kourou: Ibis Rouge Éditions, 1998.
33   Dominique Rogers e Boris Lesueur, *Sortir de l'esclavage: Europe du Sud et Amériques (XIV-XIX siècle)*. Paris: Karthala, 2018.
34   Olivier Pétré-Grenouilleau, "De l'Abolitionnisme à la colonisation", in *La révolution abolitionniste*. Paris: Gallimard, 2017, pp. 401–59; Eric Burin, *Slavery and the Peculiar Solution: A History of the American Colonization Society*. Gainsville: University Press of Florida, 2005.
35   Christophe Bonneuil, *Des savants pour l'empire: La structuration des recherches scientifiques coloniales au temps de "la mise en valeur des colonies françaises", 1917–1945*. Paris: Éditions Orstom, 1991; Mina Kleiche e Christophe Bonneuil, *Du jardin d'essais colonial à la station expérimentale, 1880–1930: Éléments pour une histoire du CIRAD*. Paris: CIRAD, 1993.
36   Olivier Le Cour Grandmaison, *L'empire des hygiénistes*. Paris: Fayard, 2014, pp. 268–322.
37   Georges Balandier, "La situation coloniale: Approche théorique". *Cahiers Internationaux de Sociologie*, v. 11, 1951, pp. 44–79.
38   Aimé Césaire, *Toussaint Louverture: La Révolution française et le problème colonial*. Paris: Présence Africaine, 1981, pp. 29–87.
39   Tulio Halperín Donghi, "Economy and Society in Post-Independence Spanish America", in L. Bethell (org.), *The Cambridge History of Latin America*, v. III: *From Independence to 1870*. New York: Cambridge University Press, 1986, p. 322.
40   Lloyd Best e Karl Levitt, *Essays on the Theory of Plantation Economy: A Historical and Institutional Approach to Caribbean Economic Development*. Kingston: UWI Press, 2009.
41   Dorceta Taylor, *The Rise of the American Conservation Movement: Power, Privilege, and Environmental*. Durham: Duke University Press, 2016.
42   Rachel Carson, *Silent Spring* [1962]. London: Penguin Books, 1965 [ed. bras.: *Primavera silenciosa*, trad. Claudia Sant'Anna Martins. São Paulo: Gaia, 2010].
43   Miriam Pawel, *The Crusades of Cesar Chavez*. New York: Bloomsbury Press, 2014, p. 452.
44   Martha Smith-Norris, *Domination and Resistance: The United States and the Marshall Islands During the Cold War*. Honolulu: University of Hawaii, 2016.
45   Alain Parkinson, *Maralinga: Australia's Nuclear Waste Cover-Up*. Sydney: Harper Collins Publishers, 2016.
46   Nicolau Maquiavel, "De quanto se pode a fortuna nas coisas humanas e de que modo se pode resistir-lhe", in *O príncipe*, trad. Maria Júlia Goldwasser. São Paulo: WMF Martins Fontes, 2017; Jean-Jacques Rousseau, "Carta de J.-J. Rousseau ao Senhor de Voltaire (1756)", in *Carta a Christophe de Beaumont e outros escritos sobre a religião e a moral*, org. José Oscar de Almeida Marques, trad. José Oscar de Almeida Marques et. al. São Paulo: Estação Liberdade, 2005.
47   Uma versão desse discurso, proferida em 10 nov. 1963 em Detroit, pode ser encontrada em org. George Breitman, *Malcolm X fala*, trad. Marilene Felinto. São Paulo: Ubu Editora, 2021, pp. 30–31.

10
o navio negreiro: o desembarque fora-do-mundo

1   Jean-Pierre Vernant, *Mythe et société en Grèce ancienne*. Paris: François Maspero, 1974, p. 200.

2 Paul Gilroy, *O atlântico negro: Modernidade e dupla consciência* [1993], trad. Cid Knipel Moreira. São Paulo: Ed. 34, 2012

3 Platão, *A república*, trad. Maria Helena da Rocha Pereira. Lisboa: Fundação Calouste Gulbenkian, 2010, pp. 271–75 (487e-489d).

4 Robert Nesta Marley, "Redemption Song", in Bob Marley and The Wailers, *Uprising*. Island Records, 1980.

5 Édouard Glissant, *Poética da relação: Poética III* [1990], trad. Marcela Vieira e Eduardo Jorge de Oliveira. Rio de Janeiro: Bazar do Tempo, 2021.

6 Derek Walcott, "The Sea is History", in D. Walcott, *Selected Poems*, org. Edward Baugh. London: Faber & Faber, 2007, pp. 123–25.

7 Patrick Chamoiseau e É. Glissant, *L'intraitable beauté du monde: Adresse à Barack Obama*. Paris: Éditions Galaade, 2008, p. 1.

8 Aimé Césaire, *Diário de um retorno ao país natal* [1939], trad. Lilian Pestre de Almeida. São Paulo: Edusp, 2012, p. 53.

9 P. Chamoiseau e Raphaël Confiant, *Lettres créoles*. Paris: Gallimard, 1999, p. 39.

10 É. Glissant, *Poética da relação*, op. cit, p. 30.

11 A. Césaire, *Diário de um retorno ao país natal*, op. cit., p. 85.

12 Ver SlaveVoyages, "Tráfico transatlântico de escravos"; slavevoyages.org/assessment/estimates.

13 Zora Neale Hurston, *Oluale Kossola: As palavras do último homem negro escravizado*, trad. Bhuvi Libanio. Rio de Janeiro: Record, 2021.

14 Thomas Buxton, *African Slave Trade and Its Remedy* [1840]. Bristol: Thoemmes Press, 2004, pp. 73–121.

15 Joseph Miller, *Way of Death: Merchant Capitalism and the Angolan Slave Trade, 1730–1830*. London: James Currey, 1988.

16 Christina Sharpe, *In the Wake: On Blackness and Being*. Durham: Duke University Press, 2016 [ed. bras.: *No vestígio: Sobre negridade e existência*, trad. Jess Oliveira. São Paulo: Ubu Editora, no prelo].

17 Serge Latouche, *La planète des naufragés: La décroissance avant la décroissance*. Paris: Éditions Libre & Solidaire, 2016.

18 Étienne Tassin, *Le maléfice de la vie à plusieurs: La politique est-elle vouée à l'échec?* Montrouge: Bayard, 2012, pp. 265–96.

19 Bernard Marshall, "The Black Caribs: Native Resistance to British Penetration into the Windward Side of St. Vincent 1763–1773". *Caribbean Quarterly*, v. 19, n. 4, 1973.

20 Pablo M. Minda, "La construcción del sujeto histórico afrodescendiente en Esmeraldas". *Nova et Vetera*, v. 24, 2015, pp. 5–17; Rocío Rueda Novoa, *Zambaje y autonomía: Historia de la gente negra de la Provincia de Esmeraldas, siglos XVI-XVIII* [2001]. Quito: Universidad Andina Simón Bolívar, 2015.

21 É. Glissant, *Le quatrième siècle*. Paris: Seuil, 1964, p. 244 [ed. bras.: *O quarto século*, trad. Cleone Augusto Rodrigues. Rio de Janeiro: Guanabara, 1986].

22 Ernest Pépin, *Lettre ouverte à la jeunesse*. Pointe-à-Pitre: Éditions Jasor, 2001, pp. 17–18.

23 Louis-Philippe Dalembert, *L'autre face de la mer*. Paris: Le Serpent à Plumes, 2004.

24 Ibid., p. 98; grifo meu.

25 É. Tassin, *Le maléfice de la vie à plusieurs…*, op. cit., p. 289.

26 Frédéric Régent, Bruno Maillard e Gilda Gonfier, *Libres et sans fers: Paroles d'esclaves français – Guadeloupe, île Bourbon (Réunion), Martinique*. Paris: Fayard, 2015; Caroline Oudin-Bastide, *Maîtres accusés, esclaves accusateurs: Les procès Gosset et Vivié*. Martinique / Mont-Saint-Aignan: Presses Universitaires de Rouen et du Havre, 2015.

27 Norman Ajari, *La dignité ou la mort: Éthique et politique de la race*. Paris: La Découverte, 2019, pp. 274–81.

28 É. Glissant, *Traité du tout-monde: Poétique IV*. Paris: Gallimard, 1997.

29 Giorgio Agamben, *Homo sacer I: O poder soberano e a vida nua*, trad. Henrique Burigo. Belo Horizonte: Editora UFMG, 2014.

30 J. B. Lenoir, "The Whale Has Swallowed Me", in *Alabama Blues: Rare and Intimate Recording*. Chicago: Horst Lippmann, 1965.

31 É. Glissant, *Le quatrième siècle*, op. cit., p. 54.
32 Marcus Rediker, *The Slave Ship: A Human History*. New York: Penguin Books, 2007, pp. 263-307; Jean-Baptiste Du Tertre, *Histoire générale des Antilles habitées par les François*, t. II. Paris: Éditions Thomas Lolly, 1667, p. 516.
33 Marcus Rediker, *Les révoltés de l'Amistad: Une odyssée atlantique, 1839-1842*, trad. A. Blanchard. Paris: Seuil, 2015.

11
a ecologia quilombola: fugir do Plantationoceno

1 Pierre de Jouvancourt e Christophe Bonneuil, "En finir avec l'épopée: Récit, géopouvoir et sujets de l'Anthropocène", in É. Hache (org.), *De l'univers clos au monde infini*. Paris: Éditions Dehors, 2014, pp. 57–105.
2 Richard Price (org.), *Maroon Societies: Rebel Slave Communities in the Americas*. London: Johns Hopkins University Press, 1996; Jean Moomou (org.), *Sociétés marronnes des Amériques: mémoires, patrimoines, identités et histoire du XVIIe au XXe siècles*. Matoury (Guyane): Ibis Rouge Éditions, 2016; Flávio dos Santos Gomes, *Quilombos: Communautés d'esclaves insoumis au Brésil*, trad. Georges Da Costa. Paris: L'Échappée, 2018.
3 Yvan Debbasch, "Le marronnage: Essai sur la désertion de l'esclave antillais". *L'Année Sociologique*, v. 12, 1961, p. 4.
4 C. L. R. James, "Préface", in J. Fouchard, *Les marrons de la liberté*. Port-au-Prince: Henri Deschamps, 1988, p. 13.
5 Para uma apresentação mais detalhada desse debate, ver M. Ferdinand, "Portées politiques et écologistes de l'échappée du nègre marron dans les Amériques", in U. Brogan et al. (orgs.), *Travaux en Cours*, n. 12, "L'échappée", maio 2016, pp. 21–32.
6 Neil Roberts, *Freedom as marronage*. Chicago: University of Chicago Press, 2015.

7 Marie-Christine Rochmann, *L'esclave fugitif dans la littérature antillaise: Sur la déclive du morne*. Paris: Karthala, 2000; Rachel Danon, *Les voix du marronnage dans la littérature française du XVIIIe siècle*. Paris: Classiques Garnier, 2015.
8 Robert Justin Connell, *The Political Ecology of Maroon Autonomy: Land, Resource Extraction and Political Change in 21st Century Jamaica and Suriname*. Tese de doutorado, Universidade de Berkeley, sob a orientação de Michael Watts, Stephen Small e Ugo Nwokeji, 2017.
9 Catherine Larrère e Raphaël Larrère, "Sauver le sauvage? L'idée de wilderness", in *Penser et agir avec la nature: Une enquête philosophique*. Paris: La Découverte, 2018.
10 Ibid., p. 19.
11 Rafael Lucas, "Marronnage et marronnages". *Cahiers d'Histoire*, *Revue d'Histoire Critique*, v. 89, 2002, p. 22.
12 Dénètem Touam Bona, *Fugitif, où cours-tu?* Paris: Presses Universitaires de France, 2016, pp. 79–108.
13 Em sua concepção marxista da *wilderness* a partir do aquilombamento, Andreas Malm mantém o dualismo colonial entre florestas e humanos do qual advém esse conceito e oculta completamente as recomposições decoloniais dos quilombolas: Andreas Malm, "In Wildness Is the Liberation of the World: On Maroon Ecology and Partisan Nature". *Historical Materialism*, v. 26, n. 3, 2018, pp. 3–37.
14 Raphaël Confiant, *Nègre marron*. Paris: Écriture, 2006, p. 35; grifo meu.
15 Patrick Chamoiseau, *L'esclave vieil homme et le molosse*. Paris: Gallimard, 1997, pp. 86–87.
16 Elsa Dorlin, "Les espaces-temps des résistances esclaves: Des suicidés de Saint-Jean aux marrons de Nanny Town (XVIIe-XVIIIe siècle)". *Tumultes*, v. 27, n. 2, 2006, p. 50.
17 Thomas Greg, "Marronnons/Let's Maroon: Sylvia Wynter's 'Black Metamorphosis' As a Species of Maroonage". *Small Axe*, v. 20, n. 1, mar. 2016, pp. 62–78.

18 Richard Price, *Voyages avec Tooy: Histoire, mémoire, imaginaire des Amériques noires*, trad. C. Bednarek. La Roque-d'Anthéron: Vents d'Ailleurs, 2010.
19 Sally Price e Richard Price, *Les arts des marrons*, trad. M. Baj-Strobel. La Roque-d'Anthéron: Vents d'Ailleurs, 2005.
20 Gabriel Debien, "Le marronnage aux Antilles françaises au XVIIIe siècle". *Caribbean Studies*, v. 6, n. 3, 1966, p. 4.
21 Ibid., p. 5.
22 Y. Debbasch, "Le marronnage", op. cit., p. 67.
23 Jolien Harmsen, Guy Ellis e Robert Devaux, *A History of St Lucia, Vieux Fort (St Lucia)*. Sainte-Lucie: Lighthouse Road Publications, 2014, p. 65.
24 Polly Pattullo e Bernard Wiltshire (orgs.), *Your Time is Done Now: Slavery, Resistance and Defeat – The Maroon Trials of Dominica (1813–1814)*. London/Trafalgar (Dominique): Papillote Press, 2015, pp. 152-53.
25 Richard Price, *Peuple saramaka contre État du Suriname: Combat pour la forêt et les droits de l'homme*. Paris: Karthala, 2012.
26 Arlette Gautier, *Les sœurs de solitude: Femmes et esclavage aux Antilles du XVIIe au XIXe siècle*. Rennes: Presses Universitaires de Rennes, 2010, p. 212.
27 Maryse Condé, *Eu, Tituba: bruxa negra de Salem* [1986], trad. Natalia Borges Polesso. Rio de Janeiro: Rosa dos Tempos, 2019.
28 André Schwarz-Bart, *La Mulâtresse Solitude*. Paris: Seuil, 1972.
29 É. Glissant, *Le quatrième siècle*. Paris: Seuil, 1964, pp. 59-60.
30 Frances E. W. Harper, "The Fugitive's Wife" (1854), in M. Graham (org.), *Completed Poems of Frances E. W. Harper*. Oxford: Oxford University Press, 1988, p. 19.
31 Cécile Vidal, "Comba, esclave noire de Louisiane: Marronnage et sociabilité, 1764", in D. Rogers, *Voix d'esclaves: Antilles, Guyane et Louisiane françaises XVIII-XIX siècles*. Paris: Karthala, CIRESC e SAA, 2015, pp. 61-66.
32 Polly Pattullo e Bernard Wiltshire (orgs.), *Your Time is Done Now: Slavery, Resistance and Defeat – The Maroon Trials of Dominica (1813–1814)*. London/Trafalgar (Dominique): Papillote Press, 2015, p. 22.
33 Isabel Allende, *A ilha sob o mar*, trad. Ernani Ssó. Rio de Janeiro: Bertrand Brasil, 2010.
34 Sojourner Truth, *"E eu não sou uma mulher?": A narrativa de Sojourner Truth*, ed. Olive Gilbert, trad. Carla Cardoso. Rio de Janeiro: Ímã, 2020.
35 R. Price, *Maroon Societies...*, op. cit., pp. 18–19.

12
Rousseau, Thoreau e o aquilombamento civil

1 Roderick F. Nash, *Wilderness and the American Mind* [1967]. New Haven: Yale University Press, 2014, pp. 122-40.
2 John Muir, "A Thousand-Mile Walk to the Gulf", in *John Muir: The Eight Wilderness Discovery Books*. London: Diadem, 2010, pp. 133 e 137.
3 Ibid., pp. 134, 141, 144, 147 e 151.
4 Jim Jordan, "Charles Augustus Lafayette Lamar and the Movement to Reopen the African Slave Trade". *The Georgia Historical Quarterly*, v. 93, n. 3, 2009, pp. 247-90.
5 J. Muir, "A Thousand-Mile Walk to the Gulf", op. cit., p. 169.
6 Alexander von Humboldt, *Essai politique sur l'île de Cuba*, t. I. Paris: J. Smith, 1826, p. 309; Élisée Reclus, "L'insurrection de Cuba". *La Revue Politique et Littéraire*, n. 12, 19 dez. 1868, pp. 269-71; Bertrand Guest, *Révolutions dans le cosmos: Essais de libération géographique – Humboldt, Thoreau, Reclus*. Paris: Classiques Garnier, 2017.
7 Carolyn Merchant, "Shades of Darkness: Race and Environmental History". *Environmental History*, v. 8, n. 3, 2003, pp. 380-94.
8 J. Muir, "My First Summer in the Sierra", in *John Muir*, op. cit., p. 266.
9 Michael Branch (org.), *John Muir's Last Journey: South to the Amazon and East*

to Africa. Washington: Island Press, 2001, pp. 132-33.

10 Marcel Schneider, *Rousseau et l'espoir écologiste*. Paris: Pygmalion, 1978, p. 22.

11 André Schwarz-Bart, *La Mulâtresse Solitude*. Paris: Seuil, 1972.

12 Jean-Jacques Rousseau, "Carta XVI", in *Júlia, ou A nova Heloísa* [1761], trad. Fulvia M. L. Moretto. São Paulo/Campinas: Hucitec/Editora da Unicamp, 1994, p. 68.

13 Id., *Les confessions* [1789], v. 2, livros VII a XIII. Paris: Flammarion, 2012; ibid., livro XI, p. 343 [ed. bras.: *As confissões*. Rio de Janeiro: Nova Fronteira, 2018].

14 Ibid., livro XII, pp. 405-09.

15 Id. *Os devaneios do caminhante solitário*, trad. Fúlvia M. L. Moretto. Brasília: Editora UnB, 1995, p. 99.

16 Alain Grosrichard, "Présentation", in J.-J. Rousseau, *Les confessions*, op. cit., p. XI.

17 Jane Gordon e Neil Roberts (orgs.), "Creolizing Rousseau", *CLR James Journal*, v. 15, n. 1, 2009; Jane Gordon, *Creolizing Political Theory: Reading Rousseau Through Fanon*. New York: Fordham University, 2014.

18 Jimmy Casas Klausen, *Fugitive Rousseau: Slavery, Primitivism and Political Freedom*. New York: Fordham University Press, 2014.

19 J.-J. Rousseau, *Discurso sobre a origem e os fundamentos da desigualdade entre os homens* [1755], trad. Iracema Gomes Soares e Maria Cristina Roveri Nagle. São Paulo: Ubu Editora, 2020, p. 205.

20 Henry David Thoreau, *Walden* [1854], trad. Denise Bottmann. Porto Alegre, L&PM, 2016.

21 Ibid., pp. 149-50.

22 Donald Worster, *Les pionniers de l'écologie*, trad. Jean-Pierre Denis. Paris: Sang de la Terre, 2009, p. 104.

23 Lawrence Buell, *The Environmental Imagination: Thoreau, Nature Writing, and the Formation of American Culture*. London: The Belknap Press of Harvard University Press, 1995.

24 H. D. Thoreau, "A escravidão em Massachusetts" [1854], in *Desobedecendo: A desobediência civil & outros escritos*, trad. José Augusto Drummond. Rio de Janeiro: Rocco, 1984, pp. 119-20.

25 William E. Cain, "Henry David Thoreau, 1817-1862: A Brief Biography", in W. Cain (org.), *A Historical Guide to Henry David Thoreau*. Oxford: Oxford University Press, 2000, p. 12.

26 David Reynolds, *John Brown: The Man Who Killed Slavery, Sparked the Civil War, and Seeded Civil Rights*. New York: Alfred A. Knopf, 2005.

27 Michael Meyer, "Thoreau and Black Emigration". *American Literature: A Journal of Literary, History, Criticism and Bibliography*, v. 53, n. 3, 1981, pp. 380-96.

28 H. D. Thoreau, *Walden*, op. cit., p. 167.

29 J. C. Ballagh, *White Servitude in the Colony of Virginia: A Study of the System of Indentured Labor in the American Colonies*. Baltimore: Johns Hopkins University Press, 1895.

30 H. D. Thoreau, "Wait not till slaves pronounce the word", in C. Bode (org.), *Collected Poems of Henry Thoreau*. Baltimore: Johns Hopkins University Press, 1965, p. 198 [*Wait not till slaves pronounce the word / To set the captive free, – / Be free yourselves, be not deferred, / And farewell, Slavery. // Ye all are slaves, ye have your price*].

31 H. D. Thoreau, "A desobediência civil", in *Desobedecendo*, op. cit., p. 30.

32 Id., *Walden*, op. cit., p. 198.

33 Id., "Wait not till slaves pronounce the word", in C. Bode (org.), *Collected Poems of Henry Thoreau*, op. cit., p. 198 [*Think not the tyrant sits afar / In your own breasts ye have / The District of Columbia / And power to free the Slave*].

34 Id., "A escravidão em Massachusetts", op. cit., p. 130.

35 M. Meyer, "Introduction", in H. D. Thoreau, *Walden and Civil Disobedience*. New York: Penguin, 1983, p. 26.

36 Ibid., p. 10.

37 H. D. Thoreau, "A desobediência civil", op. cit., p. 47.

38 David R. Foster, *Thoreau's Country, Journey Through a Transformed Landscape*. Cambridge: Harvard University Press, 1999.
39 Elise Lemire, *Black Walden: Slavery and Its Aftermath in Concord, Massachusetts*. Philadelphia: University of Pennsylvania Press, 2009.
40 Sandra Harbert Petrulionis, *To Set This World Right: The Antislavery Movement in Thoreau's Concord*. London: Cornell University Press, 2008, p. 7.
41 Ibid., p. 41.
42 Elizabeth Heyrick *Immediate not Gradual Emancipation, or, an Inquiry Into the Shortest, Safest, and Most Effectual Means of Getting Rid of West Indian Slavery*. London: J. Hatchard and Son, 1824, pp. 4–5.
43 Adam Hochschild, *Bury the Chains: The British Struggle to Abolish Slavery*. New York: Macmillan, 2005, pp. 324-28.
44 Olympe de Gouges, *L'esclavage des noirs, ou L'heureux naufrage*. Paris: Veuve Duchesne, Veuve Bailly et les Marchands de Nouveautés, 1792; Harriet Beecher Stowe, *A cabana do Pai Tomás, ou A vida entre os humildes* [1852], trad. Bruno Gambarotto. São Paulo: Carambaia, 2018.

13
uma ecologia decolonial: sair do porão

1 Wouter Veenendaal, Gert Oostindie e M. Ferdinand, "A Global Comparison of Non-Sovereign Island Territories: The Search for 'True Equality'". *Island Studies Journal*, v. 14, n. 2, 2019; Yarimar Bonilla, *Non-Sovereign Futures*. Chicago: University of Chicago Press, 2015.
2 Achille Mbembe, "O que é o pensamento pós-colonial?", trad. Tiêgo Alencar e Lorena Faria. Instituto de Estudos da Linguagem, Programa de Pós-Graduação em Teoria e História Literária, Unicamp, nov. 2017.
3 Thomas Brisson, *Décenter l'Occident: Les intellectuels postcoloniaux chinois, arabes et indiens, et la critique de la modernité*. Paris: La Découverte, 2018.
4 Matthieu Renault, *Frantz Fanon: De l'anticolonialisme à la critique postcoloniale*. Paris: Éditions Amsterdam, 2011; Gayatri Chakravorty Spivak, *Pode o subalterno falar?*, trad. Sandra Regina Goulart Almeida, Marcos Pereira Feitosa e André Pereira Feitosa. Belo Horizonte: Editora da UFMG, 2010.
5 Aníbal Quijano, "Coloniality and Modernity/Rationality", in W. D. Mignolo e A. Escobar (orgs.), *Globalization and the Decolonial Option*. London: Routledge, 2010, p. 25.
6 Ibid., p. 31.
7 Nelson Maldonado-Torres, "On the Coloniality of Being: Contributions to the Development of a Concept", in W. D. Mignolo e A. E. (orgs.), *Globalization and the Decolonial Option*, op. cit., pp. 94–124.
8 Edgardo Lander, "Eurocentrism, Modern Knowledges and the 'Natural Order of Global Capital'". *Nepantla, Views from South*, v. 3, n. 2, 2002, pp. 245–68.
9 Françoise Vergès, *Um feminismo decolonial*, trad. Jamille Pinheiro Dias e Raquel Camargo. São Paulo: Ubu Editora, 2020, p. 29.
10 Aimé Césaire, *Discurso sobre o colonialismo*, trad. Noémia de Sousa. Lisboa: Livraria Sá da Costa, 1978, p. 26; ver o Prólogo deste volume, pp. 35–36.
11 Thomas Sankara, *La liberté contre le destin*, apres. B. Jaffré. Paris: Syllepse, 2017, pp. 179–94.
12 Malik Noël-Ferdinand, "La mangrove de l'Achéron Caraïbe dans *Omeros* de Derek Walcott e *Moi, laminaire* d'Aimé Césaire". *Comparatisme en Sorbonne*, v. 6, 2015.
13 Edward Said, *Cultura e imperialismo*, trad. Denise Bottmann. São Paulo: Companhia das Letras, 2011.
14 Arturo Escobar, "Worlds and Knowledges Otherwise: The Latin American Modernity/Coloniality Research", in W. D. Mignolo e A. E. (orgs.), *Globalization and the Decolonial Option*, op. cit., pp. 33–64; Héctor Alimonda, Catalina Toro Perez e Facundo Martín (orgs.), *Ecología política latinoamericana: Pensamiento crítico, diferencia lati-*

noamericana y rearticulación epistémica, v. 1. Buenos Aires: Clasco, 2017.

15 "Principles of Environmental Justice". Washington, 1991; disponível em: ejnet.org/ej/principles.html.

16 Nathan Hare, "Black Ecology", in *The Black Scholar – Black Cities: Colonies or City States?*, v. 1, n. 6, abr. 1970, p. 8.

17 Laura Pulido, "Geographies of Race and Ethnicity II: Environmental Racism, Racial Capitalism and State-Sanctioned Violence". *Progress in Human Geography*, v. 41, n. 4, 2016, pp. 524-33.

18 Terry Jones, "Apartheid Ecology in America: On Building the Segregated Society". *Black World*, v. XXIV, n. 7, maio 1975, pp. 4-17.

19 A respeito da França, ver Haley McAvay, "How Durable Are Ethnoracial Segregation and Spatial Disadvantage? Intergenerational Contextual Mobility in France". *Demography*, v. 55, n. 4, 2018, pp. 1507-45.

20 N. Hare, "Black Ecology", op. cit., pp. 2-8; Ramachandra Guha e Juan Martinez-Alier, "L'environnementalisme des riches", in É. Hache (org.), *Écologie politique: Cosmos, communautés, milieux*. Paris: Éditions Amsterdam, 2012, pp. 51-65; Mike Davis, *Planet of Slums*. New York: Verso, 2006.

21 Robert Bullard, *Dumping in Dixie: Race, Class and Environmental Quality*. Boulder: Westview Press, 2000, p. 98; Luke Cole e Sheila Foster, *From the Ground Up: Environmental Racism and the Rise of the Environmental Justice Movement*. New York: New York University Press, 2001.

22 Robert J. Devaux, *They Called Us Brigands: The Saga of St. Lucia's Freedom Fighters*. Sainte-Lucie: Optimum Printers, 1997.

23 Val Plumwood, "Decolonizing Relationships With Nature", in W. Adams e M. Mulligan (orgs.), *Decolonizing Nature: Strategies for Conservation in a Postcolonial Era*. London: Earthscan Publications, 2003, pp. 67-71.

24 J. Lovelock, *Gaia: Um novo olhar sobre a vida na Terra* [1979], trad. Maria Georgina Segurado e Pedro Bernardo. Lisboa: Edições 70, 2020.

25 Bruno Latour, *Diante de Gaia: Oito conferências sobre a natureza no Antropoceno*, trad. Maryalua Meyer. São Paulo/Rio de Janeiro: Ubu Editora/Ateliê de Humanidades Editorial, 2020; Isabelle Stengers, *No tempo das catástrofes: Resistir à barbárie que se aproxima*, trad. Eloisa Araújo Ribeiro. São Paulo: Cosac Naify, 2015.

26 Para uma cartografia desses conflitos, ver o *EJAtlas – Global Atlas of Environmental Justice* [Atlas global da justiça ambiental] em ejatlas.org; e Leah Temper et al., "The Global Environmental Justice Atlas (EJAtlas): Ecological Distribution Conflicts As Forces for Sustainability". *Sustainability Science*, v. 13, n. 3, 2018, pp. 513-84.

27 Nastassja Martin, *Les âmes sauvages: Face à l'Occident, la résistance d'un peuple d'Alaska*. Paris: La Découverte, 2016.

28 Alexis Massol González et al., "Bosque Del Pueblo, Puerto Rico: How a Fight to Stop a Mine Ended Up Changing Forest Policy from the Bottom Up". *Policy that Works for Forest and People*, n. 12, 2006.

29 Barbara Glowczewski, *Rêves en colère: Avec les Aborigènes australiens*. Paris: Pocket, 2016.

30 Manuel Castillo e Amy Strekker (orgs.), *Heritage and Rights of Indigenous Peoples*. Leyde: Leiden University Press, 2017.

31 Monica White, *Freedom Farmers: Agricultural Resistance and the Black Freedom Movement*. Chapel Hill: University of North Carolina Press, 2019.

32 Christopher Wells (org.), *Environmental Justice in Postwar America: A Documentary Reader*. Seattle: University of Washington Press, 2018.

33 Émilie Hache (org.), *Reclaim: Recueil de textes écoféministes*. Paris: Cambourakis, 2016; Florence Margai, *Environmental Health Hazards and Social Justice: Geographical Perspective on Race and Class Disparities*. Hoboken: Taylor & Francis, 2012; Pascale Molinier, Sandra Laugier e Jules Falquet (orgs.), *Genre et environnement: Nouvelles*

menaces et nouvelles analyses au Nord et au Sud. Paris: L'Harmattan, 2015.
34 Vandana Shiva, *Staying Alive: Women, Ecology and Development*. London: Zedbooks, 1988.
35 Melanie L. Harris, "Ecowomanism: Black Women, Religion, and the Environment", in *The Black Scholar*, v. 46, n. 3, 2016, pp. 27–49; Pamela A. Smith, "Green Lap, Brown Embrace, Blue Body: The Ecospirituality of Alice Walker". *CrossCurrents*, v. 48, n. 4, 1998–99, pp. 471–87; Shamara Shantu Riley, "Ecology is a Sistah's Issue Too", in R. Gottlieb (org.), *Liberating Faith: Religious Voices for Justice, Peace, and Ecological Wisdom*. Lanham: Roman & Littlefield, 2003, pp. 412–27.
36 Mathieu Gervais, "Le rural, espace d'émergence d'un paradigme militant décolonial". *Mouvements*, 2015, v. 4, n. 84, pp. 73–81.
37 Jean-Baptiste Vidalou, *Être forêts: Habiter des territoires en lutte*. Paris: La Découverte, 2017, p. 14.
38 Gabrielle Hecht, *Uranium africain: Une histoire globale*, trad. C. Nordmann. Paris: Seuil, 2016.
39 A expressão "colonialismo tóxico" vem de Jim Puckett, da Basel Action Network; Laura A. Pratt, "Decreasing Dirty Dumping? A Reevaluation of Toxic Waste Colonialism and the Global Management of Transboundary Hazardous Waste". *William & Mary Environmental Law and Policy Review*, v. 35, n. 2, 2011, pp. 581–623; Dorceta Taylor, *Toxic Communities: Environmental Racism, Industrial Pollution, and Residential Mobility*. New York: New York University Press, 2014; Ikashato, *Frères de la côte: Mémoire en défense des pirates somaliens, traqués par toutes les puissances du monde*. Montreuil: L'Insomniaque, 2016.
40 Élisabeth Schneiter, *Les héros de l'environnement*. Paris: Seuil, 2018.

14
um navio-mundo: a política do encontro

1 Michel Serres, *O contrato natural*, trad. Serafim Ferreira. Lisboa: Instituto Piaget, 1994.
2 Serge Daget, *Répertoire des expéditions négrières françaises à la traite illégale (1814-1850)*. Nantes: Comité Nantais d'Études en Sciences Humaines, 1988, pp. 134–35.
3 David Dabydeen, *Turner: New and Selected Poems*. Leeds: Peepal Tree Press, 2010; M. NourbeSe Philip, *Zong!* Middletown: Wesleyan University Press, 2008.
4 Jean-Baptiste Du Tertre, *Histoire générale des Antilles habitées par les François*, t. II. Paris: Éditions Thomas Lolly, 1667, p. 526 (texto modificado pelo autor).
5 Danièle Hervieu-Léger e Bertrand Hervieu, *Le retour à la nature: Au fond de la forêt... l'État*. La Tour-d'Aigues: Éditions de l'Aube, 2005.
6 Ver, por exemplo, Masanobu Fukuoka, *La voie du retour à la nature: Théorie et pratiques pour une philosophie verte*, trad. A. Davaut. Paris: Le Courrier du Livre, 2005.
7 Marion Zimmer Bradley, *La vague montante* [1955]. Neuvy-en-Champagne: Le Passager Clandestin, 2013.
8 Morgan Kass, *The 100: Os escolhidos*, trad. Rodrigo Abreu. Rio de Janeiro: Galera, 2014.
9 Gil Scott-Heron, "Whitey on the Moon", in *A New Black Poet: Small Talk at 125th and Lennox*, prod. Bob Thiele. New York: Flying Dutchman/RCA, 1970.
10 Thomas Sankara, "Sauver l'arbre, l'environnement et la vie tout court", discurso de T. Sankara em 5 fev. 1986, em Paris, por ocasião da 1ª Conferência pela Proteção da Árvore e da Floresta.
11 M. Serres, *O contrato natural*, op. cit., p. 65.
12 William Cronon, "The Trouble with Wilderness; or Getting Back to the Wrong Nature", in W. Cronon (org.), *Uncommon Ground: Rethinking the Human Place in*

Nature. New York: Norton & Company, 1996, pp. 69-90.

13 Virginie Maris, "Back to the Holocene: A Conceptual, and Possibly Practical, Return to a Nature Not Intended for Humans", in C. Hamilton, C. Bonneuil e F. Gemenne (orgs.), *The Anthropocene and the Global Environmental Crisis: Rethinking Modernity in a New Epoch*. New York: Routledge, 2015, pp. 123-33.

14 Bruno Latour, *Onde aterrar? Como se orientar politicamente no Antropoceno*, trad. Marcela Vieira. Rio de Janeiro: Bazar do Tempo, 2020, pp. 121-22, 50-51, 53-56, 100.

15 Daniel Defoe, *Robinson Crusoe* [1719], trad. Leonardo Fróes. São Paulo: Ubu Editora, 2021, pp. 36-55.

16 Mark David Spence, *Dispossessing the Wilderness, Indian Removal and the Making of the National Parks*. Oxford: Oxford University Press, 2000; Ramachandra Guha, "Radical American Environmentalism and Wilderness Preservation: A Third World Critique". *Environmental Ethics*, v. 11, n. 1, 1989, pp. 71-83; Roderick Neumann, *Imposing Wilderness: Struggles over livelihood in Africa*. Berkeley: University of California Press, 2008; David McDermott, *From Enslavement to Environmentalism: Politics on the South African Frontier*. Seattle: University of Washington Press & Weather Press, 2006; Bernhard Gissibl, *The Nature of German Imperialism: Conservation and the Politics of Wildlife in Colonial East Africa*. New York: Berghan Books, 2016.

17 Robert H. Nelson, "Environmental Colonialism, 'Saving' Africa from Africans". *Independent Review*, v. 8, n. 1, 2003, pp. 65-86.

18 Pierre Lalance, *Mururoa: Retour à la nature*. Paris: Orphys, 2005, p. 3.

19 Frédéric Neyrat, *La part inconstructible de la Terre: Critique du géoconstructivisme*. Paris: Seuil, 2016.

20 Giulia Bonacci, *Exodus! L'histoire des Rastafariens en Éthiopie*. Paris: Scali, 2007.

21 Christopher Fyfe, *A History of Sierra Leone*. London: Oxford University Press, 1968; Amos J. Beyan, *The American Colonization Society and the Creation of the Liberian State, a Historical Perspective (1822-1900)*. London: University Press of America, 1991.

22 W. E. B. Du Bois, "Back to Africa". *Century Magazine*, v. 150, n. 4, New York, The Century Company, 1923.

23 Aimé Césaire, *Diário de um retorno ao país natal* [1939], trad. Lilian Pestre de Almeida. São Paulo: Edusp, 2012, pp. 85-87; trad. modif.

24 Neste ponto está nossa discordância com o escritor guadalupense Ernest Pépin, que, "ousando fazer uma piada", sugeriu que "Césaire não quer (não pode) sair do navio negreiro", subestimando a radicalidade do gesto de Césaire que transforma o navio negreiro em navio-mundo: Ernest Pépin, "L'espace dans la littérature antillaise". *Potomitan*, 2 set. 1999.

15
tomar corpo no mundo: reconectar-se com uma Mãe Terra

1 Frantz Fanon, *Pele negra, máscaras brancas*, trad. Sebastião Nascimento e Raquel Camargo. São Paulo: Ubu Editora, 2020, p. 242.

2 Giovanna Di Chiro, "Ramener l'écologie à la maison", in É. Hache (org.), *De l'univers clos au monde infini*. Paris: Éditions Dehors, 2014, pp. 191-220.

3 Ver Pap Ndiaye, *La condition noire: Essai sur une minorité française*. Paris: Gallimard, 2009.

4 Hourya Bentouhami-Molino, *Race, cultures, identités: Une approche féministe et postcoloniale*. Paris: Presses Universitaires de France, 2015.

5 Yves Bruchon, *Handicap et citoyenneté: Quand le handicap interroge le politique*. Paris: L'Harmattan, 2013; Charlotte Puisieux, "L'a-normalité: Une prison ou une échappée?", in U. Brogan et al. (orgs.), *Travaux* *en Cours*, n. 12, "L'échappée", maio 2016, pp. 121-32.

6 Rachel Carson, *Primavera silenciosa* [1962], trad. Claudia Sant'Anna Martins. São Paulo: Gaia, 2010.

7 São essas comunidades que Linda Nash revela em sua história do *"ecological body"* [corpo ecológico] na Califórnia. Ver: L. Nash, *Inescapable Ecologies: A History of Environment, Disease, and Knowledge*. Berkeley: University of California Press, 2006; Adriana Petryna, *Life Exposed: Biological Citizens after Chernobyl*. Princeton: Princeton University Press, 2002.

8 Corine Pelluchon, *Les nourritures: Philosophie du corps politique*. Paris: Seuil, 2015.

9 Nell Irvin Painter, *The History of White People*. New York: W. W. Norton, 2010.

10 Carolyn Merchant, *Ecological Revolutions: Nature, Gender, and Science in New England*. Chapel Hill: University of North Carolina Press, 1989, p. 23; Françoise d'Eaubonne, *Le féminisme ou la mort*. Paris: Pierre Horay, 1974, p. 221.

11 Martine Spensky (org.), *Le contrôle du corps des femmes dans les empires coloniaux: Empires, genre et biopolitiques*. Paris: Karthala, 2016.

12 Henrice Altink, *Representations of Slave Women in Discourses on Slavery and Abolition, 1780–1838*. New York: Routledge, 2007.

13 Françoise Vergès, *Le ventre des femmes: Capitalisme, racialisation, féminisme*. Paris: Albin Michel, 2017; Myriam Paris, "Un féminisme anticolonial: L'union des femmes de La Réunion (19461981)". *Mouvements*, v. 91, n. 3, 2017, pp. 141-49.

14 Doris Pilkington, *Le chemin de la liberté: L'odyssée de trois jeunes Aborigènes*, trad. Cécile Déniard. Paris: Éditions Autrement, 2003.

15 George R. Andrews, *Afro-Latin America, 1800–2000*. New York: Oxford University Press, 2004, pp. 56-57.

16 Maryse Condé, *En attendant la montée des eaux*. Paris: J.-C. Lattès, 2010.

17 Mary Daly, *Gyn/ecology: The Metaethics of Radical Feminism*. Boston: Beacon Press, 1990.

18 Achille Mbembe, *Políticas da inimizade*, trad. Sebastião Nascimento. São Paulo: n-1 edições, 2020, pp. 146-51; Elsa Dorlin, *Autodefesa: Uma filosofia da violência*, trad. Jamille Pinheiro Dias e Raquel Camargo. São Paulo: crocodilo / Ubu Editora, 2020.

19 F. Fanon, *Pele negra, máscaras brancas*, op. cit., p. 241.

20 Juliette Sméralda, *Peau noire, cheveu crépu: L'histoire d'une aliénation*. Pointe-à--Pitre: Éditions Jasor, 2006; Shirley Anne Tate, *Skin Bleaching in Black Atlantic Zones: Shade Shifters*. London: Palgrave Macmillan, 2016.

21 Dorceta E. Taylor, "Women of Color, Environmental Justice, and Ecofeminism", in K. J. Warren e N. Erkal, *Ecofeminism: Women, Culture, Nature*. Bloomington: Indiana University Press, 1997, pp. 38-81.

22 Arne Næss, *Ecology, Community and Lifestyle*, trad. David Rothenberg. Cambridge: Cambridge University Press, 1989, p. 103.

23 Aimé Césaire, *E os cães deixaram de ladrar* [1956], trad. Armando da Silva Carvalho. Lisboa: Diabril, 1975, p. 16.

24 Allen Stoner et al., "Abundance and Population Structure of Queen Conch Inside and Outside a Marine Protected Area: Repeat Surveys Show Significant Declines". *Marine Ecology Progress Series*, v. 460, 2012, pp. 101-14.

16
alianças interespécies: causa animal e causa Negra

1 Charles Bateson, *The Convict Ships: 1787–1868* [1959]. Sydney: Library of Australian History, 1988, p. 171.

2 A partir da base de dados: "Voyages: The Transatlantic Slave Trade Database",

Emory University, 2019, disponível em: slavevoyages.org; Judith Lund e Tim Smith, "Whaling History Database", New Bedford Whaling Museum and Mystic Seaport Museum, 2019, disponível em: whalinghistory.org.

3 Organização das Nações Unidas para a Alimentação e a Agricultura, *Livestock Longshadow, Environmental Issues and Options*. Roma, 2006, pp. xxi-xxii.

4 Id., *Tackling Climate Change Through Livestock: A Global Assessment of Emissions and Mitigation Opportunities*. Rome, 2013, p. 15.

5 Carol J. Adams, *La politique sexuelle de la viande: Une théorie critique féministe végétarienne*, trad. Danielle Petitclerc. Paris: L'Âge d'Hommme, 2015.

6 Val Plumwood, *Feminism and the Mastery of Nature*. London: Routledge, 1993, pp. 41–68; Michel Serres, *O contrato natural*, trad. Serafim Ferreira. Lisboa: Instituto Piaget, 1994, pp. 67–68; sobre o uso da metáfora do Holocausto, ver Charles Patterson, *Eternal Treblinka: Our Treatment of Animals and the Holocaust*. New York: Lantern Books, 2002.

7 Ver Jean-Baptiste Jeangène Vilmer, *Éthique animale* [2011]. Paris: Presses Universitaires de France, 2018, pp. 40–53; Corine Pelluchon, *Manifeste animaliste: Politiser la cause animale*. Paris: Alma Éditeur, 2017.

8 Marjorie Spiegel, *The Dreaded Comparison: Human and Animal Slavery*. New York: Mirror Books, 1996.

9 Peter Singer, *Libertação animal*, trad. Marly Winckler e Marcelo Cipolla. São Paulo: WMF Martins Fontes, 2010; Gary L. Francione, *Animals as Persons: Essays on the Abolition of Animal Exploitation*. New York: Columbia University Press, 2018.

10 Ver Serge Bilé e Ignace Audifac, *Singe: Les dangers de la bananisation des esprits*. Paris: Dagan Éditions, 2013.

11 Gloria Wekker, *White Innocence: Paradoxes of Colonialism and Race*. Durham: Duke University Press, 2016, pp. 139–67.

12 Theresa Runstedtler, *Jack Johnson, Rebel Sojourner: Boxing in the Shadow of the Global Color Line*. Berkeley: University of California Press, 2012.

13 Trevor Noah, *Born a Crime: Stories from a South African Childhood*. New York: Spiegel & Grau, 2016.

14 Lucien Peytraud, *L'esclavage aux Antilles françaises avant 1789 d'après des documents inédits des archives coloniales*. Tese apresentada na Faculdade de Letras de Paris. Paris: Hachette, 1897, pp. 342–43.

15 Franklin D. Gilliam Jr. e Shanto Iyengar, "Super-Predators or Victims of Societal Neglect?", in K. Callaghan e F. Schnell (orgs.), *Framing American Politics*. Pittsburg: University of Pittsburg Press, 2005, pp. 148–67.

16 Ghassan Hage, *Le loup et le musulman*, trad. L. Blanchard. Marseille: Wildproject, 2017.

17 Nicolas Bancel, Thomas David e Dominic Thomas (orgs.), *L'invention de la race: Des représentations scientifiques aux exhibitions populaires*. Paris: La Découverte, 2014, pp. 205–339; Claude Blanckaert (org.), *La Vénus hottentote: Entre Barnum et Muséum*. Paris: Muséum d'Histoire Naturelle, 2013; Pascal Blanchard, Gilles Boëstch e Jacomijn Nanette Snoep, *Exhibitions: L'invention du sauvage*. Paris: Musée du Quai Branly, 2011.

18 Angela Bolis, "Après 136 ans, le crâne de l'insurgé kanak Ataï rendu aux siens". *Le Monde*, 29 ago. 2014; Roselène Dousset-Leenhardt, *Terre natale, terre d'exil*. Paris: Maisonneuve & Larose, 1976.

19 Alice K. Conklin, *Exposer l'humanité: Race, ethnologie & empire en France, 1850–1950*, trad. A. Larcher-Goscha. Paris: Muséum d'Histoire Naturelle, 2015; Laure Cadot, *En chair et en os: Le cadavre au musée. Valeurs, statuts, et enjeux de la conservation des dépouilles humaines patrimonialisées*. Paris: École du Louvre, 2009; Lotte Arndt, "Corps sans repos, voix en errance: Moulages raciaux et masques surmodelés dans des collections muséales et des interventions artistiques, en France et en Allemagne".

Asylon(s), n. 15, "Politique du corps (post) colonial", fev. 2018.

20 James Allen et al., *Without Sanctuary: Lynching Photography in America*. Santa Fe: Twin Palms, 2000.

21 Miquel Molina, "More Notes on the Verreaux Brothers". *Pula: Botswana Journal of African Studies*, v. 16, n. 1, 2002, pp. 30–36; Frank Westerman, *El Negro et moi*, trad. D. Losmann. Paris: C. Bourgois, 2006.

22 Brian Michael Murphy, *Banyoles Loves You, El Negro Don't Go: Affect, Commodities and the Repatriation of El Negro*. Dissertação de mestrado, Ohio State University, p. 31; Caitlin Davis, *The Return of El Negro: The Compelling Story of Africa's Unknown Soldier*. London: Viking, 2003.

23 Craig Hodges e Rory Fanning, *A Long Shot: The Triumph and Struggle of an NBA Freedom Fighter*, Chicago: Haymarket Books, 2017.

24 N. Bancel, P. Blanchard, G. Boëtsch, Éric Deroo e Sandrine Lemaire (orgs.), *Zoos humains et exhibitions coloniales: 150 ans d'inventions de l'Autre*. Paris: La Découverte, 2011.

25 Bryan Stevenson, "Confronting Mass Imprisonment and Restoring Fairness to Collateral Review of Criminal Cases". *Harvard Civil Right, Civil Liberty Law Review*, v. 41, n. 2, 2006, pp. 339–67; Angela Davis, *Estarão as prisões obsoletas?*, trad. Marina Vargas. Rio de Janeiro: Difel, 2018, pp. 43–64; Didier Fassin, *A sombra do mundo: Uma antropologia da condição carcerária*, trad. Rosemary Costhek Abílio. São Paulo: Editora Unifesp, 2019; Loïc Wacquant, "De l'esclavage à l'incarcération de masse", in P. Weil e S. Dufoix (orgs.), *L'esclavage, la colonisation et après...* Paris: Presses Universitaires de France, 2005, p. 247–73.

26 D. Fassin, *L'ombre du monde...*, op. cit., p. 116; Roy Walmsey, "World Prison Population List". London: Institute for Criminal Policy Research, 2018, pp. 1–19.

27 Assa Traoré e Geoffroy de Lasganerie, *Le combat Adama*. Paris: Stock, 2019.

28 V. Plumwood, "Human Vulnerability and the Experience of Being Prey". *Quadrant*, v. 39, n. 3, mar. 1995, pp. 29–34; id., *The Eye of the Crocodile*, apres. L. Shannon. Canberra: The Australian National University Press, 2012.

29 D. L. Hughley e Doug Moe, *How Not to Get Shot and Other Advice from White People*. New York: William Morrow, 2018.

30 "Enquête sur l'accès aux droits. v. 1, Relations police/population: le cas de contrôles d'identité", Défenseur des Droits, 2017.

31 Léonora Miano (org.), *Marianne et le garçon noir*. Paris: Pauvert, 2017.

32 Escritório das Nações Unidas sobre Drogas e Crime, *Global Study on Homicide: Gender-Related Killing of Women and Girls*. Vienna, 2018; Jules Falquet, *Pax Neoliberalia, perspectives féministes sur (la réorganisation de) la violence*. Donnemarie-Dontilly: Éditions ixe, 2017.

33 Ver Projet Crocodiles, de Juliette Boutant e Thomas Mathieu, sobre o assédio e o sexismo correntes: projetcrocodiles.tumblr.com.

34 Félix Germain e Silyane Larcher (orgs.), *Black French Women and the Struggle for Equality (1848–2016)*. Lincoln: University of Nebraska Press, 2018.

35 Eldridge Cleaver, *Un noir à l'ombre*, trad. Jean-Michel Jasienko. Paris: Seuil, 1969, pp. 18–21.

36 Wangari Maathai, *Celle qui plante les arbres*, trad. Isabelle Taudière. Paris: Éditions Héloïse d'Ormesson, 2007, p. 100.

37 M. Spiegel, *The Dreaded Comparison...*, op. cit., p. 107.

38 Stephen Michael Tomkins, *William Wilberforce: A Biography*. Oxford: Lion, 2007, pp. 155 e 207.

39 Ver o engajamento de Daniel Pauly contra a sobrepesca em David Grémillet, *Daniel Pauly: un océan de combats*. Marseille: Wildproject, 2019.

40 A. Breeze Harper (org.), *Sistah Vegan: Black Female Vegans Speak on Food, Identity, Health, and Society*. New York: Lantern Books, 2010; ver sistahvegan.com.

41 Paul Laurence Dunbar, "Sympathy", in *The Complete Poems of Laurence Dunbar*. New York: Dood Mead & Co., 1915, p. 102. [Original em inglês: *I know what the caged bird feels, alas!* […] / *I know why the caged bird beats his wing* […] / *I know why the caged bird sings!*].
42 Maya Angelou, "Pássaro engaiolado", in *Poesia completa*, trad. Lubi Prates. Bauru: Astral Cultural, 2020. [Original em inglês: *for the caged bird / sings of freedom*].
43 Bruno Latour, *Políticas da natureza: Como associar a ciência à democracia*, trad. Carlos Aurelio Mota de Souza. Bauru: Edusc, 2004, p. 150; trad. modif.
44 Donna Haraway, *Staying with the Trouble: Making Kin in the Chthulucene*. London: Duke University Press, 2016, pp. 9–29.
45 Will Kymlicka e Sue Donaldson, *Zoopolis: Une théorie politique des droits des animaux*, trad. Pierre Madelin. Paris: Alma Éditeur, 2016.
46 Virginie Maris, *La part sauvage du monde*. Paris: Seuil, 2018.
47 Martha Few e Zeb Tortorici (orgs.), *Centering Animals in Latin American History*. Durham: Duke University Press, 2013.
48 Para outros exemplos de alianças interespécies contra o Plantationoceno, ver Katarzyna Olga Beilin e Sainath Suryanarayanan, "The War Between Amaranth and Soy: Interspecies Resistance to Transgenic Soy Agriculture in Argentina". *Environmental Humanities*, v. 9, n. 2, 2017, pp. 204–29; Léna Balaud e Antoine Chopot, "Suivre la forêt: Une entente terrestre de l'action politique". *Terrestres*, n. 2, 15 nov. 2018.
49 M. Few e Z. Tortorici (orgs.), *Centering Animals in Latin American History*, op. cit., p. 6.
50 Alfred Crosby, *The Columbian Exchange, Biological and Cultural Consequences of 1492*. Westport: Greenwood Publishing Company, 1972.
51 B. Latour, *Políticas da natureza*, op. cit., p. 237.
52 Jean-Baptiste Du Tertre, *Histoire générale des Antilles habitées par les François*, t. I. Paris: Éditions Thomas Lolly, 1667, p. 81, texto modificado pelo autor.
53 J.-B. Du Tertre, *Histoire générale des Antilles…*, op. cit., t. II, p. 344.
54 John R. McNeill, *Mosquito Empire*. New York: Cambridge University Press, 2010, pp. 123–35.
55 Alejo Carpentier, *Le royaume de ce monde*. Paris: Gallimard, 1954, pp. 51–52.
56 Um exemplo da noção de diplomacia com os lobos: Jean-Baptiste Morizot, *Les diplomates: Cohabiter avec les loups sur une autre carte du vivant*. Marseille: Wildproject, 2016.
57 J.-B. Du Tertre, *Histoire générale des Antilles…*, op. cit., t. I, p. 105.
58 Jean-Baptiste Delawarde, *Les défricheurs et les petits colons à la Martinique au XVIIe siècle*. Paris: Imprimerie René Buffault, 1935, pp. 24–25.
59 Agência da ONU para Refugiados (Acnur), "Refugees / Migrants Emergency Response – Mediterranean", 18 mar. 2019, disponível em: data2.unhcr.org/en/situations/mediterranean.
60 Sarah Finger, "Bétaillères maritimes: À Sète, l'arche de nausée". *Libération*, 23/12/2018.

17
uma ecologia-do-mundo: no convés da justiça

1 William Adams e Martin Mulligan (orgs.), *Decolonizing Nature: Strategies for Conservation in a Postcolonial Era*. London: Earthscan Publications, 2003.
2 Razmig Keucheyan, *La nature est un champ de bataille: Essai d'écologie politique*. Paris: La Découverte, 2014.
3 Philippe Descola, *Par-delà nature et culture*. Paris: Gallimard, 2005, pp. 19–57.
4 Arne Næss, *Ecology, Community and Lifestyle*, trad. David Rothenberg. Cambridge: Cambridge University Press, 1989, p. 99.

5 Monique Allewaert, *Ariel's Ecology: Plantation, Personhood and Colonialism in the American Tropics*. Minneapolis: University of Minneapolis Press, 2013.
6 Judith Butler, *Problemas de gênero: Feminismo e subversão da identidade*, trad. Renato Aguiar. Rio de Janeiro: Civilização Brasileira, 2003.
7 Homi K. Bhabha, *O local da cultura*, trad. Myriam Ávila et al. Belo Horizonte: Editora UFMG, 2013.
8 Édouard Glissant e Patrick Chamoiseau, *L'intraitable beauté du monde: Adresse à Barack Obama*. Paris: Éditions Galaade, 2008, p. 33.
9 É. Glissant, *Traité du tout-monde: Poétique IV*. Paris: Gallimard, 1997, pp. 226-33.
10 Patrick Chamoiseau, "Plaidoyer pour un projet global autour du biologique", in L. Boutrin (org.), *La Tribune des Antilles*, n. 23, jun. 2000, pp. 1925.
11 É. Glissant, *Traité du tout-monde: Poétique IV*, op. cit., pp. 1326.
12 Donna Haraway, *Staying with the Trouble: Making Kin in the Chthulucene*. London: Duke University Press, 2016; id., "The Cyborg Manifesto", in *Manifestly Haraway*. Minneapolis: University of Minnesota Press, 2016.
13 Alice Walker, "Everything Is a Human Being", in *Living by the Word: Selected Writings (1973-1987)*. San Diego: Harcourt Brace Jovanovich, 1988, pp. 139-52; Maya Angelou, "No ritmo da manhã", in *Poesia completa*, trad. Lubi Prates. Bauru: Astral Cultural, 2020.
14 Édelyn Dorismond, *L'ére du métissage, variations sur la créolisation: Politique, éthique et philosophie de la diversalité*. Paris: Anibwe, 2013; Seloua Luste Boulbina, "La créolisation est-elle une décolonisation? Poétique et politique". *Rue Descartes*, v. 2, n. 81, 2014, pp. 6-23.
15 D. Haraway, "The Cyborg Manifesto", op. cit.
16 Eduardo Viveiros de Castro, *The Relative Native: Essays on Indigenous Conceptual Worlds*. Chicago: HAU Books, 2015; Jérôme Baschet, *La rébellion zapatiste*. Paris: Flammarion, 2019, pp. 298-311.
17 Stephen M. Gardiner, *A Perfect Storm: The Ethical Tragedy of Climate Change*. New York: Oxford University Press, 2011, pp. 32-41.
18 Corine Pelluchon, *Éthique de la considération*. Paris: Seuil, 2018, pp. 107-10.
19 Valérie Cabanes, *Un nouveau droit pour la Terre: Pour en finir avec l'écocide*. Paris: Seuil, 2016.
20 Robert Bullard, *Dumping in Dixie: Race, Class and Environmental Quality*. Boulder: Westview Press, 2000, p. 98.
21 Lydie Laigle e Sophie Moreau, *Justice et environnement: Les citoyens interpellent le politique*. Paris: Infolio, 2018, pp. 115-25; David Blanchon, Jean Gardin e Sophie Moreau (orgs.), *Justice et injustices environnementales*. Nanterre: Presses Universitaires de Paris-Ouest, 2012.
22 Dominique Lapointe e Christiane Gagnon, "À l'ombre des parcs: La conservation comme enjeu de justice environnementale pour les communautés locales?", in D. Blanchon, J. Gardin e S. Moreau (orgs.), *Justice et injustices environnementales*, op. cit., pp. 149-69.
23 Anil Agarwal e Sunita Narain, "Le réchauffement climatique dans un monde inégalitaire: Un cas de colonialisme environnemental", in D. Bourg e A. Fragnière (orgs.), *La pensée écologique: Une anthologie*. Paris: Presses Universitaires de France, 2014, pp. 761-72; Juan Martinez-Alier, *The Environmentalism of the Poor: A Study of Ecological Conflicts and Valuation*. Cheltenham: Edward Elgar Publishing, p. 233; Catherine Larrère, "Qu'est-ce que la justice climatique?", in A. Michelot (org.), *Justice climatique/Climate justice: Enjeux et perspectives/Challenges and perspectives*. Bruxelles: Bruylant, 2016, pp. 5-18.
24 Michel Bourban, *Penser la justice climatique: Devoirs et politiques*. Paris: Presses Universitaires de France, 2018; Olivier Godard, *La Justice climatique mondiale*. Paris: La Découverte, 2015.

25 Lang F. Dampha, *Afrique subsaharienne: Mémoire, histoire et reparation*. Paris: L'Harmattan, 2013; Bouda Etemad, *Crimes et réparations: L'Occident face à son passé colonial*. Bruxelles: André Versaille Éditeur, 2008; Louis-Georges Tin (org.), *De l'esclavage aux réparations: Les textes clés d'hier et d'aujourd'hui*. Paris: Les Petits Matins, 2013.
26 L.-G. Tin (org.), *De l'esclavage aux réparations...*, op. cit., pp. 11–12.
27 Ver caricomreparations.org.
28 Ver National African-American Reparations Commission (Naarc): ibw21.org/initiatives/national-african-american-reparations-commission/#naarc-members.
29 Aimé Césaire, *Nègre je suis, Nègre je resterai: Entretien avec Françoise Vergès*. Paris: Albin Michel, 2005, pp. 38–42.
30 Convenção das Nações Unidas sobre a imprescritibilidade dos crimes de guerra e dos crimes contra a humanidade, ratificada em 26 nov. 1968; Fernne Brennan e John Packer (orgs.), *Colonialism, Slavery, Reparations and Trade: Remedying the Past?* New York: Routledge, 2012.
31 Na França, ver o programa de pesquisa da Agence Nationale de la Recherche (ANR), "Réparations, compensations et indemnités au titre de l'esclavage (Europe-Amériques-Afrique) (XIXe-XXIe siècles)", de 2015, coordenado por Myriam Cottias, disponível em: repairs.hypotheses.org; na Inglaterra, ver os projetos da University College London sobre a herança da propriedade britânica de escravizados humanos de 2009 a 2015, disponível em: ucl.ac.uk/lbs.
32 Louis-Georges Tin, *Esclavage et réparations: Comment faire face aux crimes de l'histoire...* Paris: Stock, 2013.
33 Jean Rahier (org.), *Black Social Movements in Latin America: From Monocultural Mestizaje to Multiculturalism*. Basingstoke: Palgrave Macmillan, 2012.
34 Nações Unidas, "2015–2024: Década Internacional de Afrodescendentes", disponível em: https://decada-afro-onu.org/.
35 Resolução do Parlamento Europeu, de 26 mar. 2019, sobre os direitos fundamentais dos afrodescendentes na Europa (2018/2899(RSP)).
36 Garcin Malsa, *L'écologie ou La passion du vivant, quarante ans d'écrits écologiques*. Paris: L'Harmattan, 2008.
37 Bénédicte Savoy e Felwine Sarr, *Restituer le patrimoine africain*. Paris: Philippe Rey-Seuil, 2019, p. 75.

epílogo

1 Isabelle Stengers, *No tempo das catástrofes: Resistir à barbárie que se aproxima*, trad. Eloisa Araújo Ribeiro. São Paulo: Cosac Naify, 2015.
2 Barbara Glowczewski, "Au cœur du soleil ardent: La catastrophe selon les Aborigènes". *Communications*, n. 96, 2015, pp. 53–96.
3 Christiane Taubira, *Nous habitons la Terre*. Paris: Philippe Rey, 2017; Patrick Chamoiseau, *Frères migrants*. Paris: Seuil, 2017.
4 Étienne Tassin, "Philosophie /et/ politique de la migration". *Raison Publique*, v. 21, n. 1, 2017, pp. 197–215.
5 Aimé Césaire, *Discurso sobre o colonialismo*, trad. Noémia de Sousa. Lisboa: Livraria Sá da Costa, 1978, p. 18; Olympe de Gouges, *Avante, mulheres! Declaração dos Direitos da Mulher e da Cidadã e outros textos*, trad. Leandro Cardoso Marques da Silva. São Paulo: Edipro, 2020; Sylvia Wynter, "Unsettling the Coloniality of Being/Power/Truth/Freedom: Towards the Human, After Man, Its Overrepresentation – An Argument". *CR: The New Centennial Review*, v. 3, n. 3, 2003, pp. 257–337; Jacques Derrida, *O animal que logo sou*, trad. Fábio Landa São Paulo: Editora Unesp, 2002; Élisabeth de Fontenay, *Le silence des bêtes: La philosophie à l'épreuve de l'animalité*. Paris: Fayard, 1998.
6 Souleymane Bachir Diagne, "Pour un universel, vraiment universel", in A. Mbembe e F. Sarr (orgs.), *Écrire l'Afrique-monde*. Paris/Dakar: Philippe Rey/Jimsaan, 2017, pp. 71–78.

7 V. Y. Mudimbe, *The Invention of Africa*. Bloomington: Indiana University Press, 1998.
8 Walter Rodney, *Como a Europa subdesenvolveu a África*, trad. Edgar Valles. Lisboa: Seara Nova, 1975; René Dumont, *L'Afrique noire est mal partie*. Paris: Seuil, 1962.
9 Cheikh Anta Diop, *Nations nègres et culture: De l'Antiquité nègre égyptienne aux problèmes culturels de l'Afrique noire d'aujourd'hui* [1954]. Paris: Présence Africaine, 1992.
10 Norman Ajari, *La dignité ou la mort: Éthique et politique de la race*. Paris: La Découverte, 2019, pp. 203–30.
11 Csilla Ariese-Vandemeulebroucke, *The Social Museum in the Caribbean: Grassroots Heritage Initiatives and Community Engagement*. Leiden: Sidestone Press, 2018.

posfácio

sociedade contra a *Plantation*: uma ressemantização ecológica dos quilombos

Guilherme Moura Fagundes

Conheci Malcom Ferdinand em novembro de 2019, em Paris, na ocasião do colóquio *Penser le marronnage: Vers une autre histoire de l'émancipation* [Pensar a marronagem: por uma outra história da emancipação]. Mantivemos diálogos desde então, enquanto eu acompanho com entusiasmo sua obra disseminar-se fora da Europa. Meu interesse em suas reflexões é marcado por uma profunda identificação, no sentido que a psicanálise dispensa ao termo. Assim como ele, sou um acadêmico preto das humanidades que faz dos problemas ecológicos seu eixo de pesquisas. Ambos experienciamos a ausência de pessoas racializadas tanto nos fóruns de debates ambientais como nos referenciais analíticos acionados para pensar a emergência climática. Lidamos, também, com aquilo que Malcom chama de "simpatia sem vínculo" entre os movimentos ambientalistas e antirracistas, ou seja, quando o reconhecimento da origem comum da crise ecológica e dos conflitos raciais é apenas residual, se não deliberadamente silenciado.

Com a tradução de *Uma ecologia decolonial* para o português, a questão que se coloca para nós, leitoras e leitores do Brasil, é como receber essa instigante proposição gestada a partir da marronagem caribenha. As respostas podem ser múltiplas, mas eu gostaria de chamar a atenção para uma delas: seus efeitos sobre o modo como compreendemos a quilombagem afro-brasileira. Afinal, ao restituir a experiência histórica da tradição civilizatória afro-americana, Malcom promove uma mudança de rota na nau da ecologia moderna. Além de tratar os navios negreiros como o porão da modernidade, uma das maiores virtudes deste livro consiste em fornecer um horizonte especulativo no qual o aquilombamento é visto enquanto matriz ecológica. Cabe a nós embarcar nessa experiência de pensamento e também procurar pelas propriedades ecológicas disso que entendemos por quilombos. Para fazê-lo, convém situar a proposição deste livro no interior de uma linhagem de ressemantizações pela qual a categoria quilombo vem passando no Brasil a partir do século XX.

As primeiras menções às palavras quilombo e quilombolas no país aparecem em ordenamentos jurídicos do período colonial. Em meio ao temor que girava em torno do maior adensamento territorial de escravizados fugitivos nas Américas, o Quilombo dos Palmares (*c.* 1580-1710), ordens régias, alvarás e provisões emitidos entre os séculos XVII e XVIII qualificavam quilombos como qualquer reduto de escravos fugidos de seus senhores brancos. A Lei Áurea de 1888 não interrompeu a reprodução dessas comunidades negras rurais, mas preservou sua invisibilidade durante quase um século após a abolição da escravatura. Entre os anos de 1960 e o fim da década de 1980, entretanto, ocorreu o que poderíamos chamar de a primeira ressemantização da categoria quilombo no Brasil. Sob influência de tradições pan-africanistas e marxistas, escritores e ativistas pretos e pretas como Abdias Nascimento, Clóvis Moura e Beatriz Nascimento deslocaram essa categoria de sua carga depreciativa ao tomar o quilombo como mote de celebração da resistência negra e como referência para a organização da luta antirracista.

Além de uma extensa e crescente literatura produzida pela intelectualidade afro-brasileira, exemplo dessa primeira ressemantização é a exaltação dos quilombos pela escola de samba Grêmio Recreativo de Arte Negra e Escola de Samba Quilombo. Concebida nos anos de 1970 pelo mestre sambista Candeia e seus parceiros Wilson Moreira, Neizinho e Darcy do Jongo, "A Quilombo", conforme ficou conhecida, se fez reduto de agremiação dos pretos e pretas ante a apropriação e o embraquecimento do Carnaval carioca. Ainda nessa década, ocorreu o emblemático ato público de criação do Movimento Negro Unificado (MNU), nas escadarias do Theatro Municipal de São Paulo, em 7 de julho de 1978, que consolidou a figura de Zumbi dos Palmares como ícone do movimento negro brasileiro. Mesmo o lançamento do sincrético disco *Missa dos quilombos*, de Milton Nascimento, em parceria com dom Pedro Casaldáliga e Pedro Tierra, em 1982, em plena ditadura militar, e o lançamento do filme *Quilombo*, de Cacá Diegues, em 1984, dão prova desse revisionismo a respeito das imagens da escravidão e da agência afrodiaspórica nas Américas.

No fim dos anos de 1980 começou a ser gestada uma segunda ressemantização dos quilombos no Brasil, dessa vez na esfera das políticas públicas e da linguagem do direito. A efeméride do centenário da abolição da escravatura no Brasil, em 1988, que coincidiu com o processo de redemocratização do país, desatou a categoria quilombo de sua acepção colonial, associada a contravenções à ordem jurídica. Os esforços de diversas entidades vinculadas ao movimento negro, fortalecidos pelos poucos parlamentares pretos e pretas que puderam contribuir com a Assembleia Nacional Constituinte de 1987-1988, culminaram na elaboração do Artigo 68 do Ato das Disposições Constitucionais Transitórias da Constituição Federal (ADCT 68). Esse texto constitucional forjou as bases da cidadania quilombola e forneceu fundamentação jurídica para a emissão de títulos de propriedade fundiária coletiva aos territórios quilombolas no Brasil.

A Associação Brasileira de Antropologia (ABA) foi convocada por juristas do Ministério Público Federal para essa que seria uma ressemantização antropológica da categoria quilombo. A ABA pôde contribuir formalmente para a regulamentação do ADCT 68 no ano de 1994, a partir da criação do Grupo de Trabalho sobre Comunidades Negras Rurais e da troca de cartas com parlamentares e juristas. Os desdobramentos dessa assessoria se expressam na formatação da categoria quilombo em uma gramática antropológica informada pelos estudos de etnicidade e campesinato negro. As expectativas se dirigiam a uma reforma agrária que tomasse como modelo as terras de uso comum. Essa segunda ressemantização desativou, a um só tempo, uma semântica historiográfica da noção de quilombo, bastante tributária do modelo palmarino, e outra propriamente política, orientada pelas lutas do pan-africanismo. Essa última havia adquirido contornos próprios no livro *O quilombismo*, de Abdias Nascimento, publicado em 1980, no qual os quilombos se atualizam não apenas através das comunidades negras rurais como também dos terreiros, escolas de samba e qualquer outra forma de agremiação afrodiaspórica que seja herdeira do que Abdias chamava de "exigência vital dos africanos escravizados".

A proposta de Malcom Ferdinand fornece elementos para uma terceira ressemantização da categoria quilombo. Sob o prisma de *Uma ecologia decolonial*, quilombos, *palenques*, mocambos, *cumbes*, territórios *marrons*, *maroons* e *cimarrones* passam pelo que poderíamos nomear uma "ressemantização ecológica". Embora Beatriz Nascimento já tivesse chamado a atenção para a dimensão ecológica que é própria à espacialidade quilombola, o filósofo e engenheiro ambiental martinicano dá um passo adiante. Isso porque ele retoma o sentido prospectivo dos quilombos, já presente na formulação quilombista de Abdias Nascimento, mas dessa vez orientado por uma "ecologia do mundo". Uma ecologia que reconhece a continuidade colonial entre a escravização dos seres e a exploração dos ambientes, ambos convertidos à categoria abjeta de negros (*nègres*). Ao demonstrar o vínculo indesatável entre as lutas por liberdade afro-americanas e o ato de fuga do habitar colonial, essa ecologia revela o aquilombamento de humanos e não humanos enquanto prática de resistência ecológica. Assim, as formas sociais da territorialidade quilombola nas Américas se deslocam tanto da semântica historiográfica quanto da antropológica, além de ampliar o escopo de seu campo político. Elas fornecem uma ecologia alternativa àquela da era geológica nomeada de maneira provocativa por Malcom Ferdinand de *Negroceno*.

Podemos desdobrar ao menos duas implicações dessa instigante proposição. A primeira delas consiste em acolher a urgência das lutas contemporâneas do movimento quilombola por seus territórios sem reduzi-las às dinâmicas de reconhecimento e reparação histórica. Malcom nos convoca a conceber a resistência quilombola também como uma resistência eminentemente ecológica. Ele nos lembra de que sempre foi próprio aos quilombos o elemento da diversidade, humana e não humana. Nesses territórios de alianças interespécies, ocorre o encontro de povos de origem africana com as populações indígenas e mesmo com aquelas de origem europeia, assim como o encontro de plantas nativas e exóticas, constituindo um habitar crioulo que nada tem em comum com a homogeneidade dos engenhos canavieiros e das lavouras cafeeiras. Quilombos coproduzem formas *de* vida e formas *da* vida, sociodiversidade e biodiversidade. Aqui compreendemos a insistência de Malcom em afirmar que a negação da ordem colonial, aquilo que Clóvis Moura chamou de a condição de "ser para si" do sujeito quilombola, opera em dois níveis: o das relações sociais e o das relações ecológicas. Com efeito, a forma social quilombo não se contrapõe apenas às relações de trabalho escravagista mas também a outras duas características do habitar colonial. De um lado, a propriedade privada da terra como motor de sua exploração; de outro lado, sua forma de ocupação baseada em infraestruturas de maquinação do trabalho humano e animal. Este livro não nos deixará esquecer que quilombos, *marrons* e *palenques* são, primordialmente, sociedades contra a *Plantation*.

A segunda implicação dessa ecologia decolonial para o público brasileiro, quero sugerir, consiste em superar o que Malcom nomeia de "ambientalismo da arca de Noé", que também tem sua versão luso-tropical. Apesar de dispormos de uma tradição paralela, o chamado socioambientalismo, cujas origens remontam à Aliança dos Povos da Floresta, no Acre, e à luta sindical de Chico Mendes, há um ambientalismo brasileiro que permanece colonial. Sua topologia segue racialmente estratificada, e ainda é raro encontrar pessoas racializadas entre as lideranças dos movimentos em defesa da justiça climática e nas ciências do clima, nos cargos de coordenação das organizações não governamentais e no alto escalão dos órgãos públicos de conservação ambiental. Não estamos distantes, portanto, da situação francesa descrita por Malcom. Por aqui, corpos pretos também são minoria nas conversas sobre meio ambiente. Quando presentes, predominam em dois papéis: como populações tradicionais que demandam reconhecimento e lutam por direitos; ou como trabalhadores de limpeza, hotelaria e segurança que garantem a realização de reuniões de importância "global".

Se, como diz Frantz Fanon a respeito do contexto acadêmico colonial, "o negro que cita Montesquieu deve ser vigiado",[1] no ambientalismo brasileiro os corpos racializados são encarados sob outro tipo de suspeita. Em um contexto onde ainda vigora a oposição entre conservacionistas socioambientais e preservacionistas da natureza, entre os que compatibilizam a permanência de comunidades locais em áreas de proteção ambiental e aqueles que militam pela expulsão dessas últimas, pesquisadores pretos e pretas somos antecipadamente acu-

---

[1] *Pele negra, máscaras brancas*, trad. Sebastião Nascimento e Raquel Camargo. São Paulo: Ubu Editora, 2020, p. 49.

sados de estarmos sempre em favor dos humanos e, em consequência, *contra* as outras formas viventes. Com Malcom, reconhecemos que esse teatro das subjetividades raciais e seu decorrente mal-estar está no cerne da atual crise ecológica. Ele é sintoma de uma "dupla fratura", que articula as fraturas colonial e ambiental da modernidade. De um lado, a história ambiental e seus porta-vozes brancos e brancas racialmente negacionistas; de outro lado, a história colonial, as lutas pós-coloniais e suas vocalizações por vezes desambientadas.

Para finalizar com o mais urgente, essa ressemantização ecológica dos quilombos requer uma orientação epistemológica também renovada. Ela nos demanda ecologizar o pensamento e localizar – ou seja, tornar local – o que entendemos abstratamente por conhecimento ambiental. Há muito que a literatura arqueológica e etnográfica sobre a Amazônia, por exemplo, tem se debruçado sobre a incidência do habitar indígena, com seus saberes, cosmologias e práticas, para a promoção da biodiversidade agrícola ou agrobiodiversidade. No entanto, a literatura quilombola brasileira ainda é bastante tímida quanto a essa dimensão ecológica do habitar. Pensar *com* as artesãs, pescadoras e agricultores quilombolas contemporâneos nos impele a acolher essas variações da "ecologia do mundo" como modos de conhecimento. Isso não se confunde com a relação extrativista de apropriação dos saberes locais para "descolonizar" as instituições e os modelos de conservação ambiental, uma ansiedade bastante em voga atualmente. Antes, o livro de Malcom nos demanda reconhecer que já dispomos de ecologias decoloniais – ou *contracoloniais*, como prefere o lavrador e pensador quilombola Antônio Bispo – presentes no habitar quilombola e indígena das Américas. O gesto de *Uma ecologia decolonial* não é outro senão o de pluralizar as ecologias.

GUILHERME MOURA FAGUNDES é antropólogo e documentarista. Concluiu o doutorado em Antropologia Social pela Universidade de Brasília (UnB), com período sanduíche no Laboratoire d'Anthropologie Sociale, do Collège de France. Atualmente, é pesquisador-associado de pós-doutorado na Princeton University.

sobre o autor

MALCOM FERDINAND nasceu na Martinica em 1985. É graduado em engenharia ambiental pela University College London (UCL) e doutor em filosofia política e ciência política pela Université Paris Diderot (Paris 7). Por esta obra, recebeu o Prix du Livre de la Fondation de l'Écologie Politique em 2019. Atualmente, é pesquisador do Centre National de la Recherche Scientifique (CNRS) e atua no Institut de Recherche Interdisciplinaire en Sciences Sociales (Irisso) da Université Paris Dauphine-PSL (Paris 9).

obras selecionadas

"Toxic Time-Scape and the Double Fracture of Modernity: Chlordecone Contamination of Martinique and Guadeloupe", in S. M. Müller & M.-B. Ohman Nielsen (orgs.), *Toxic Time-scapes: Examining Toxicity Across Time and Space*. Columbus: Ohio State University Press, 2022.

"Bridging the Divide to Face the Plantationocene: The Chlordecone Contamination and the 2009 Social Events in Martinique and Guadeloupe", in H. Adlaï Murdoch, *The Struggle of Non-Sovereign Caribbean Territories: Neoliberalism Since the French Antillean Uprisings of 2009*. New Brunswick: Rutgers University Press, 2021.

(com Gert Oostindie e Wouter Veenendaal) "A Global Comparison of Non-Sovereign Island Territories: The Search for 'True Equality'". *Island Studies Journal*, v. 15, n. 1, 2020, pp. 43-66.

(com Luc Multigner) "Chlordécone et cancer: À qui profite le doute?". *The Conversation*, 13 mar. 2019.

"Subnational Climate Justice for the French Outre-Mer: Postcolonial Politics and Geography of an Epistemic Shift". *Island Studies Journal*, v. 13, n. 1, 2018, pp. 119-34.

"De l'usage du chlordécone en Martinique et en Guadeloupe: L'égalité en question", in F. Augagneur & J. Fagnani (orgs.), *Environnement et inégalités sociales*. Paris: La Documentation Française, 2015.

Cet ouvrage a bénéficié du soutien des Programmes d'aide à la publication de l'Institut Français.
Este livro contou com o apoio à publicação do Institut Français.

© Éditions du Seuil, 2019
© Ubu Editora, 2022

capa Pintura a óleo sobre jacarandá, Rodrigo Bueno, 2022
fotografia Nino Andrés

design de capa Flávia Castanheira
composição Lívia Takemura
edição de texto Bibiana Leme
preparação Tatiana Allegro
revisão Livia Campos
produção gráfica Marina Ambrasas

Equipe Ubu

direção editorial Florencia Ferrari
coordenação geral Isabela Sanches
direção de arte Elaine Ramos, Júlia Paccola
 e Nikolas Suguiyama (assistentes)
editorial Bibiana Leme, Gabriela Naigeborin
comercial Luciana Mazolini, Anna Fournier
comunicação / circuito ubu Maria Chiaretti,
 Walmir Lacerda
design de comunicação Marco Christini
gestão site / circuito ubu Laís Matias
atendimento Micaely Silva

2ª reimpressão, 2023.

Ubu Editora
Largo do Arouche 161 sobreloja 2
01219 011 São Paulo SP
ubueditora.com.br
professor@ubueditora.com.br
/ubueditora

Dados Internacionais de Catalogação na Publicação (CIP)
Bibliotecário Odilio Hilario Moreira Junior – CRB 8/9949

F347e Ferdinand, Malcom
     Uma ecologia decolonial: pensar a partir do
mundo caribenho / Malcom Ferdinand. Tradução
Letícia Mei; prefácio Angela Davis; posfácio Guilherme
Moura Fagundes. – São Paulo: Ubu Editora, 2022. /
320 pp.
     ISBN 978 65 86497 96 0

1. Ecologia. 2. Racismo. 3. Natureza. 4. Colonialismo.
5. Política. I. Título.

2022–1227   CDD 577   CDU 574

Índice para catálogo sistemático:
1. Ecologia 577
2. Ecologia 574

fontes Tiempos e Tme
papel Pólen bold 70 g/m²
impressão Margraf